# 基于BIM的Tekla
# 钢结构设计案例教程

卫 涛◎编著

清华大学出版社

北 京

# 内 容 简 介

本书以一个已经完工并交付使用的自行车棚为例，介绍使用 Tekla 软件进行钢结构设计的相关知识。此案例虽小，但能以小衬大，常用的钢结构零件和构件在案例的实现过程中都会用到。作者专门为本书录制了大量的高品质教学视频，以帮助读者更加高效地学习。读者可以按照本书前言中的说明下载这些教学视频和其他配套教学资源，也可以直接使用手机扫描二维码在线观看这些教学视频。

本书共 10 章：首先介绍绘图前的准备工作，以及基础部分的绘制、主体构件的绘制、柱间支撑、屋面连接、屋面装饰等相关知识；然后介绍模型建完之后的相关处理，如碰撞检查、导入 Revit、统计工程量、创建报告、输出图纸等知识。本书内容通俗易懂，讲解由浅入深，完全按照专业设计、工程算量和现场装配施工的高要求介绍整个操作过程，可以让读者更加深刻地理解所学知识，从而更好地进行绘图操作。

本书内容翔实，案例典型，讲解细腻，特别适合结构设计、建筑设计、钢结构设计等相关从业人员阅读，也可供房地产开发、建筑施工、工程造价和 BIM 咨询等相关从业人员阅读，还可作为相关院校及培训学校的教材。

**图书在版编目（CIP）数据**

基于 BIM 的 Tekla 钢结构设计案例教程 / 卫涛编著．—北京：清华大学出版社，2021.6
ISBN 978-7-302-58357-8

Ⅰ. ①基… Ⅱ. ①卫… Ⅲ. ①钢结构—结构设计—计算机辅助设计—应用软件—教材
Ⅳ. ①TU391.04-39

中国版本图书馆 CIP 数据核字（2021）第 102333 号

责任编辑：秦　健
封面设计：欧振旭
责任校对：徐俊伟
责任印制：沈　露

出版发行：清华大学出版社
　　　　　网　　　址：http://www.tup.com.cn，http://www.wqbook.com
　　　　　地　　　址：北京清华大学学研大厦 A 座　　　邮　　　编：100084
　　　　　社 总 机：010-62770175　　　　　　　　　邮　　　购：010-83470235
　　　　　投稿与读者服务：010-62776969，c-service@tup.tsinghua.edu.cn
　　　　　质量反馈：010-62772015，zhiliang@tup.tsinghua.edu.cn
印 装 者：三河市金元印装有限公司
经　　销：全国新华书店
开　　本：185mm×260mm　　　印　　张：20　　　字　　数：503 千字
版　　次：2021 年 7 月第 1 版　　　　　　　　印　　次：2021 年 7 月第 1 次印刷
定　　价：79.80 元

产品编号：091859-01

# 前　　言

笔者将 Revit 作为主要设计工具已经五年了，在此期间根据自己的理解和实践经验编写并出版了一系列 Revit 技术图书。为什么在没有任何征兆的情况下转而使用 Tekla 呢？是因为钢结构。Tekla 这款软件就是为钢结构设计而开发的。

钢结构的优点与缺点皆鲜明，它与砼结构是一对相互矛盾的结构体系，二者的对比如表 1 所示。

表 1　钢结构与砼结构的对比

| 序　号 | 项　　目 | 钢　结　构 | 砼　结　构 |
|--------|----------|------------|------------|
| 1 | 自重 | 轻 | 重 |
| 2 | 跨度 | 大 | 小 |
| 3 | 耐火 | 差 | 好 |
| 4 | 耐腐蚀 | 差 | 好 |

可以看到，在表 1 中，1 和 2 项是钢结构的优点，但却是砼结构的缺点，3 和 4 项是砼结构的优点，但却是钢结构的缺点。下面来对比一下 Revit 与 Tekla 这两款软件。

为什么要对比这两款软件呢？不是因为笔者能流畅地操作 Revit，也不是因为笔者出版了一系列的 Revit 技术图书，而是因为这两款软件既有相同点，又有不同点。相同点是两款软件都属于 BIM 软件的范畴，都可以设计钢结构；不同点是，Revit 不仅可以设计钢结构，而且可以设计砼结构，而 Tekla 只能设计钢结构。

砼结构设计图采用的是整体性的平面表示法，其图纸是以楼层为单位的整体性布图，没有分细节（细节的图纸在图集中已经表示，只用列举图集中的编号即可）。钢结构设计图采用的是分布式表示法，从大到小分级别进行布图，即按照"整体布置图→节点（构件）布置图→零件图"的级别布图。

在 Revit 的绘图操作中，图纸的功能性还是以整体性布图为主。换言之，图纸的功能性还是以设计砼结构为主。使用 Revit 软件可以建立钢结构模型，也可以进行碰撞检查，还可以统计工程量并出图。但是 Revit 出的图纸既不能送到车间加工零件，又不能进行现场装配。

而 Tekla 就不一样了，其流程为"建立钢结构模型→碰撞检查→统计工程量→出图→输出数据到数控机床→生成零件"。很明显，Tekla 可以进行一条龙的服务。Tekla 统计工程量可以直接下料，出的图纸可以现场装配，也可以送到工厂制造零件，还可以利用数控机床直接生成零件。当然，Tekla 也有缺点，其碰撞检查只能在结构专业中进行，而 Revit 的碰撞检查可以在各专业间进行。

国内图书市场上仅有一两本 Tekla 图书，其内容比较简单，而且缺乏项目案例，于是笔者编写了本书。本书介绍了将 Tekla 导入 Revit 的一般流程，这样在进入 Revit 之后就可以进行专业之间的碰撞了。东莞厚街体育馆就是将 Tekla 与 Revit 相结合而完成设计的。在这个项目中，用 Tekla 进行钢结构设计，用 Revit 进行建筑与机电设计，并对这些设计进行碰撞检查。

本书以天宝（Trimble）公司旗下最新的 Tekla Structures 2020 简体中文版为讲解软件，以一个自行车棚为案例，详细介绍"建立钢结构模型→碰撞检查→输出到 Revit 中→统计工程量→出图"的一般流程。读者如果想要详细了解 Tekla 的基础知识及阅读本书时需要扩展的相关知识，可以参阅本书的姊妹篇《基于 BIM 的 Tekla 钢结构设计基础教程》。

## 本书特色

### 1. 配大量高品质教学视频，提高学习效率

为了便于读者更加高效地学习本书内容，笔者专门为本书录制了大量的高品质教学视频（MP4 格式）。这些视频和本书涉及的模型文件等资源一起收录于本书的配套资源中。读者可以用微信扫描下面的二维码进入百度网盘或腾讯微云，然后在"本书 MP4 教学视频"文件夹下直接用手机端观看教学视频。读者也可以将视频下载到手机、平板电脑、计算机或智能电视中进行观看与学习。

手机端在线观看视频有两个优点：一是不用下载视频文件，在线就可以观看；二是可以边用手机看视频，边用计算机操作软件，不用来回切换视窗，可大大提高学习效率。手机端在线看视频也有缺点：一是视频不太清晰；二是声音比较小。

百度网盘　　　　　　　　　　　　腾讯微云

### 2. 双屏幕操作，提高作图效率

本书配套教学视频是使用一主一副两个屏幕进行录制的。主屏幕显示平面视图与立面视图，副屏幕显示自定义视图与三维视图。这样在操作时不用来回频繁地切换视图，可极大地提高作图效率。设置与操作双屏幕的方法可参考本书姊妹篇《基于 BIM 的 Tekla 钢结构设计基础教程》一书的附录 D。

### 3. 选用经典案例进行教学

本书选用一个自行车棚为教学项目案例。该项目已经完工，笔者创造性地将重钢中的 X 型柱间支撑、花篮螺栓和檩条等节点融入项目设计中，这样可以大大提升案例教学的效果，用尽量少的篇幅让读者学到更多的知识。

经过笔者修改之后的这个教学案例虽然小，但却能以小衬大，将钢结构设计中的常用节点类型都包含其中，而且该案例也为读者展示了钢结构设计的整个过程。

### 4. 提供完善的技术支持和售后服务

本书提供专门的技术支持 QQ 群（796463995 或 48469816），读者在阅读本书的过程

中若有疑问，可以通过加群获得帮助。

### 5. 使用快捷键提高工作效率

本书完全按照实战要求介绍相关的操作步骤，不仅准确，而且高效，能用快捷键操作的步骤尽量用快捷键操作。本书的附录 A 介绍了 Tekla 的常见快捷键用法。

## 本书内容

第 1 章介绍项目的设置、操作界面的定制、零件与构件的命名等前期设置工作，以及绘制轴网与标高、保存视图样板、根据样板生成平面和立面视图等相关操作。

第 2 章介绍承台、垫层、基础梁等现浇砼部分的绘制步骤，以及预制排水沟、排水箅子和地脚锚栓等预制部分的绘制步骤。

第 3 章介绍如何使用 SketchUp 制作调节螺母、垫圈、波形采光板、支架、自攻螺钉等特殊造型的零件。

第 4 章介绍钢梁和钢柱等主体构件的绘制，以及钢梁与钢柱之间的两种连接方法。

第 5 章介绍 X 型柱间支撑与钢柱的连接方法，以及 X 型柱间支撑的内部连接方法，如断开支撑杆件、绘制连接板、绘制端板及螺栓连接方法等。

第 6 章介绍檩条、斜拉杆、直拉杆、套管及隅撑等屋面主要零件的绘制与连接方法，以及形成自定义组件的设置步骤。

第 7 章介绍支架、马鞍扣、垫圈、自攻螺钉等支架组的绘制过程及形成自定义组件的设置方法，另外还会介绍波形采光板的插入与固定方法。

第 8 章介绍柱脚部分的完善，以及如何用花篮螺栓连接两轴间的钢柱等模型修饰方面的操作，另外还会介绍碰撞检查以及如何将模型导入 Revit 等相关操作。

第 9 章介绍零件编号的方法与注意事项，以及如何创建合计型和记录型等类型的报告，并介绍创建报告模板的一般方法。

第 10 章介绍生成图纸与管理图纸的方法，并介绍如何修改图纸的三个层级，以及零件图、构件图、现场装配图和多件图的生成与修改方法。

附录 A 介绍 Tekla 常用快捷键的用法。

附录 B 提供与本书配套的钢结构设计图纸。

## 本书配套资料

为了方便读者高效学习，本书特意提供以下学习资料：

❑ 同步教学视频；

❑ 本书教学课件（教学 PPT）；

❑ 本书中分步骤的文件夹（Tekla 以文件夹的形式保存档案）；

❑ 本书涉及的快捷键和快速访问栏配置文件；

❑ 本书涉及的各类模板文件；

❑ 本书涉及的需要导入的 DWG 格式文件；

❑ 本书涉及的需要导入的 SKP 格式文件。

这些学习资料需要读者自行下载，请登录清华大学出版社网站 www.tup.com.cn，搜索到本书，然后在本书页面上的"资源下载"模块中即可下载。读者也可以扫描前文给出的二维码进行获取。

## 本书读者对象

- ❑ 从事建筑设计的人员；
- ❑ 从事结构设计的人员；
- ❑ 从事钢结构设计的人员；
- ❑ 钢结构加工、制造、备料与施工人员；
- ❑ 从事 BIM 咨询设计的人员；
- ❑ Tekla 二次开发人员；
- ❑ 房地产开发人员；
- ❑ 建筑施工人员；
- ❑ 工程造价从业人员；
- ❑ 建筑软件和三维软件爱好者；
- ❑ 建筑学、土木工程、工程管理、工程造价和城乡规划等相关专业的学生；
- ❑ 需要一本案头必备查询手册的人员。

## 阅读建议

阅读本书，读者不仅要动眼，更要动手。武汉人常说"黄陂到孝感——县（现）过县（现）"，意思是做事情要现做，而不能等，更不能拖。这个说法也可以用在本书的学习上。当你每阅读完一节或者一章，而且也观看了对应的教学视频后，就应该马上动动手，把相关步骤亲自做一做。当你跟随本书完成了书中的案例后，将会加深对 Tekla 和钢结构设计的理解，而且也会更加理解笔者为何要用该案例进行教学。

## 本书作者

本书由卫老师环艺教学实验室的创始人卫涛编写。

本书的编写承蒙卫老师环艺教学实验室其他同仁的支持与关怀，在此表示感谢！另外还要感谢清华大学出版社的编辑在本书的策划、编写与统稿中所给予的帮助。

虽然我们对书中所讲内容都尽量核实，并多次进行文字校对，但因时间所限，书中可能还存在疏漏和不足之处，恳请读者批评、指正。

卫涛

于武汉光谷

2021 年 2 月

# 目　　录

# 第1章 绘图前的准备工作

笔者比较推崇案例式教学，这种方式可以将割裂的知识点使用案例串联起来，不仅可以让读者加深对知识点的理解，还能够了解使用软件进行绘图设计的一般流程。

本章主要介绍绘图之前的一些准备工作。千万不要"小瞧了"这部分工作，有了这些铺垫，后面的绘图工作才会得心应手。如果跳过本章直接学习后面具体绘图的内容，读者有可能在惊叹笔者流畅操作的同时，抱怨不理解操作的细节。由于知识内容与讲授方法的原因，本章没有提供配套教学视频。请读者们一定耐心、仔细地阅读本章内容。

## 1.1 项 目 设 置

本节中主要介绍项目的设置、自定义 Tekla 的界面和零件构件的命名规则等内容。这些内容不仅适合本书所讲的案例，掌握原理之后，还可以运用到其他实际项目中。

### 1.1.1 项目设置操作

本节介绍使用 Tekla 进行钢结构设计之前所要做的一些必要的设置工作。其中更为详细的操作或采用这些操作方法的原因，请读者参阅笔者的另一本书《基于 BIM 的 Tekla 钢结构设计基础教程》。

（1）环境配置。双击桌面上的 Tekla Structures 2020 图标启动软件。在弹出的 Tekla Structures 对话框中，切换"环境"栏为 China 选项，切换"任务"栏为 All 选项，切换"配置"栏为"钢结构深化"选项，单击"确认"按钮，如图 1.1 所示。

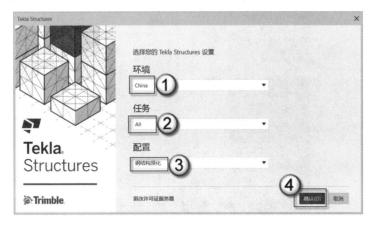

图 1.1　Tekla Structures 对话框

（2）新建项目。在弹出的 Tekla Structures 2020 对话框中，选择"新建"选项卡，在"名称"栏中输入"自行车棚"字样（这就是项目的名称），选择"单用户"单选按钮，去掉"开始 Trimble Connect 协作"复选框的勾选，单击"创建"按钮，如图 1.2 所示。

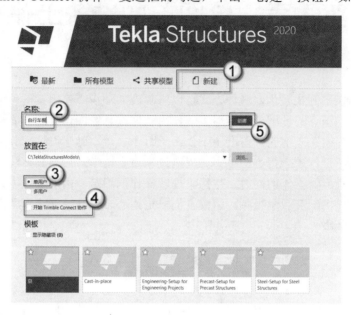

图 1.2 Tekla Structures 2020 对话框

（3）工程属性。选择"菜单"|"工程属性"命令，在弹出的"工程属性"对话框中输入相应的工程信息，单击"修改"按钮完成操作，如图 1.3 所示。这些信息在后面的出图中会用到，也可以在出图之前再次修改。

图 1.3 "工程属性"对话框

（4）增加缩略图。选择"菜单"|"打开模型文件夹"命令，打开本项目所在的文件夹，路径为 C:\TeklaStructuresModels\自行车棚，将配套下载资源中的 thumbnail.png 文件复制进来，如图 1.4 所示。

图 1.4　复制 thumbnail.png 文件

注意：缩略图就是一个名称为 thumbnail 的 PNG 文件。可以是软件中的截屏图，可以是实拍照片，也可以是用 Photoshop 等图像处理软件修饰过的图片。

（5）查看缩略图。重启 Tekla 软件，如图 1.5 所示，选择"最新"选项卡，在"姓名"栏选择"自行车棚"项目，可以观察到其缩略图（图中③处），单击"打开"按钮，这样就可以进入 Tekla 的默认操作界面了，下一节将介绍如何设置操作界面以达到实际图要求。

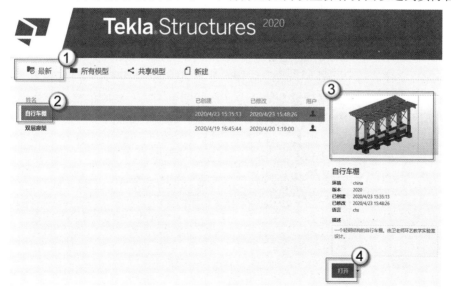

图 1.5　缩略图

注意：设置缩略图很重要。在实际工作中，可能会利用 Tekla 设计多个项目，通过缩略图区分比项目名称区分更直观。

## 1.1.2　设置操作界面

在《基于 BIM 的 Tekla 钢结构设计基础教程》这本书中笔者介绍过，Tekla 的命令分为 4 个级别。最常用的命令采用快捷键的方式，次之的命令采用快速访问工具栏的方式。本节主要介绍如何将快速访问工具栏设置得更为合理，以及如何设置与笔者相同的快捷键。

### 1．设置快速访问工具栏

启动 Tekla 之后，可以看到默认的快速访问工具栏中只有 4 个按钮，如图 1.6 所示。

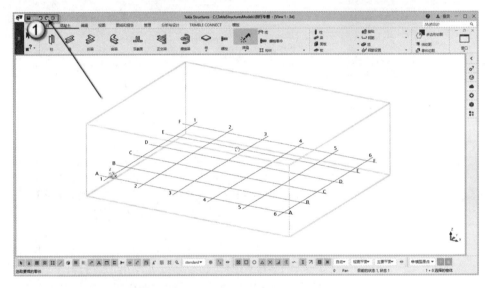

图 1.6　默认的快速访问工具栏

打开 C:\用户\Administrator\AppData\Local\Trimble\Tekla Structures\2020.0\UI\Ribbons 目录，如图 1.7 所示。这个目录可能是个空目录，也可能有一个 albl_up_Steel_Detailing--main_menu 的 XML 文件（图中②处），这个文件就是记录快速访问工具栏信息的文件。将配套下载资源中的"快速访问栏"目录下的 7 个文件（图中④处）复制进来，会弹出一个"替换或跳过文件"对话框，选择"替换目标中的文件"选项，如图 1.8 所示。

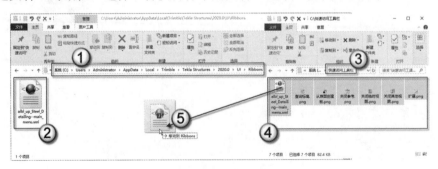

图 1.7　复制文件

注意：如果读者没有编辑过快速访问工具栏，Ribbons 目录就是空目录。如果编辑过快速访问工具栏，Ribbons 目录中就有这个名为 albl_up_Steel_Detailing--main_menu 的 XML 文件。

如图 1.9 所示，当前目录中有 1 个 XML 文件（图中①处）和 6 个 PNG 文件（图中②处），如图 1.9 所示。这 6 个 PNG 文件是图标文件。因为

图 1.8　替换目标中的文件

对应的这 6 个命令是宏命令，软件没有为它们分配相应的图标，所以笔者为它们设计了相应的图标文件。

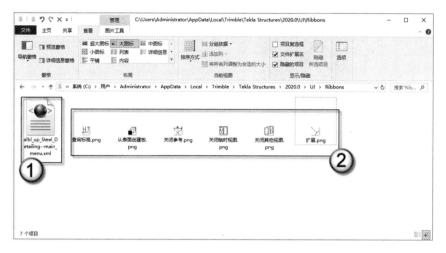

图 1.9　检查目录中的文件

重启 Tekla 软件后可以看到，快速访问工具栏比默认情况已经多出几个命令按钮了，如图 1.10 所示。这样可以方便地单击相应按钮，快速发出命令了。

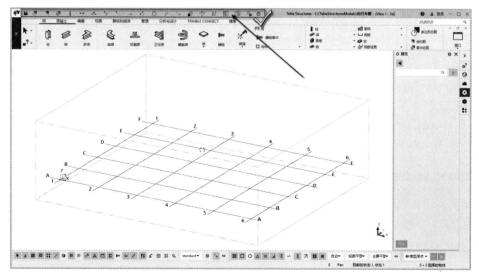

图 1.10　调整后的快速访问工具栏

### 2. 导入自定义快捷键

选择"菜单"|"设置"|"快捷键"命令，如图 1.11 所示，或者直接按 Ctrl+Alt+C 快捷键，会弹出"快捷键"对话框。单击"输入"按钮，在弹出的"打开"对话框中找到配套下载资源中"快捷键"目录下的"快捷径"XML 文件，单击"打开"按钮，再单击"关闭"按钮，如图 1.12 所示，可将笔者提供的快捷键导入到软件中。

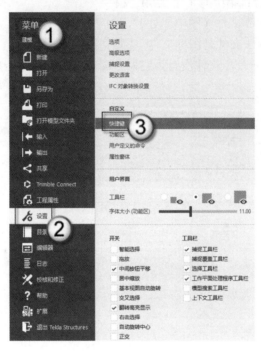

图 1.11　快捷键

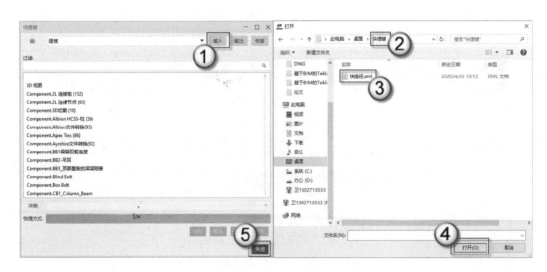

图 1.12　导入快捷键

💭注意：具体的快捷键内容，如默认快捷键、自定义快捷键和快捷键的分类等，请参看附录 A。

### 3. 设置工具栏图标的显示大小

选择"菜单"|"设置"命令，在弹出的"设置"面板（见图1.13）中找到"工具栏"，可以看到默认情况下是小图标显示（图中③处），需要切换到中图标（图中④处）。

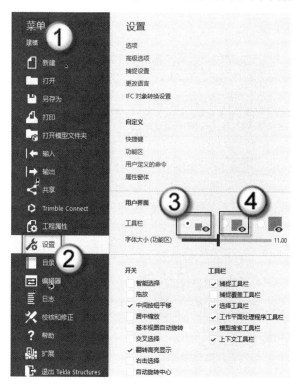

图 1.13　设置工具栏图标

如果工具栏上的图标偏小，单击工具按钮时容易选错，如图1.14所示。切换到中图标后，工具栏按钮容易选错的问题就可以避免了，如图1.15所示。

图 1.14　小图标

图 1.15　中图标

⚠注意：在"工具栏"处可以切换的选项是小图标、中图标和大图标共三项。只有使用带鱼屏显示器时才需要调整为大图标选项。因为带鱼屏显示器很长，使用大图标时所有工具栏可以摆放为一行。而使用其他类型的显示器时，如果切换为大图标，工具栏会摆成两行甚至三行，影响绘图区域。因此一般情况下宜使用中图标选项。

## 1.1.3 零件与构件的命名规则

在 Tekla 中，对构件与零件的命名非常讲究，这直接影响到建模完成后的统计工程量（报表）和出图等工作。命名的总体思路是：构件的命名以图纸为主；零件的命名以截面形状为主。具体见表 1.1 所示。

表 1.1 零件与构件的命名规则

| 构件名称 | 零件编号 | 释 义 | 构 件 编 号 | 颜色（等级） |
|---|---|---|---|---|
| 钢柱 | ZH | Z代表柱，H代表截面是H型钢 | GZ1- | 7 |
| 钢梁 | BH | B代表梁，H代表截面是H型钢 | GL1- | 3 |
| 预埋件 | | | MJ1- | 2 |
| 隅撑 | YL | Y代表隅撑，L代表截面是L型钢 | YC1- | 4 |
| 板 | P□ | P代表板，□代表矩形 | PL- | 14 |
| | PD | P代表板，D代表半圆形 | | |
| 支撑 | C◎ | C代表支撑，◎代表截面是圆孔（圆管） | ZC | 10 |
| 砼 | C20、C40 | 以具体砼等级命名 | JKL*、JL1、CT1、DZ1、PS | 1 |
| 屋面檩条 | WC | W代表檩条，C代表截面是C型钢 | WT1- | 8 |
| 拉条 | LO | L代表拉条，O代表截面是圆形管 | LT1- | 9 |
| | L◎ | L代表拉条，◎代表截面是圆孔（圆管） | LT2- | |
| 金属件 | | | JS1（马鞍扣） | 11 |
| | | | JS2（支架） | |
| | | | JS3（连接件） | |
| | | | JS4（花篮螺栓） | |
| | | | JS5（排水算子） | |
| 波形板 | | | XB | 5 |
| 螺母 | | | M24、M8、M6、M4 | 12 |
| 垫片 | | | M8、M4 | 6 |
| 自攻螺钉 | | | M4×25、M4×40 | 13 |

> 注意：在零件命名规则中，第一个符号代表零件的类别，第二个符号代表截面。其中，第一个符号用英文字母表示，并且不同零件类别用不同的字母。对于一些小构件，如预埋件、金属件、波形板、螺母、垫片和自攻螺钉等，只需要对构件命名，不需要对零件命名。

本书中的建模、统计工程量和出图，皆使用以上命名规则。读者学习完本书后，在绘制其他钢结构项目之前，建议参照表 1.1 来设计符合具体案例的命名方法。

# 1.2　生　成　视　图

本节将介绍如何根据项目的具体情况生成常用的视图，以及如何将设置好的视图参数另存为视图样板。这些视图样板在以后的工作中可以方便地调用。

## 1.2.1　轴网与标高

轴网与标高两项是 Tekla 设计中的关键定位工具。二者的设置在一个位置。轴网的具体数值可以参看附录 B 中的相应图纸，标高的数值见表 1.2 所示。

表 1.2　标高一览表

| 序　　号 | 标 高 名 称 | 标高值/m |
|---|---|---|
| 4 | 柱顶 | 2.600 |
| 3 | 地坪 | ±0.000 |
| 2 | 预制底 | −0.500 |
| 1 | 基础顶 | −0.850 |

双击任意一根轴线，在侧窗格处会自动弹出"矩形轴线"面板。在"坐标"栏中，设置 X 为"0.00 4*1800"，Y 为"0.00 1500"，Z 为"−850 −500 0 2600"字样；在"标签"栏中，设置 X 为"1 2 3 4 5"，Y 为 A　B，Z 为"基础顶、预制顶、地坪、柱顶"字样，单击"修改"按钮，如图 1.16 所示。

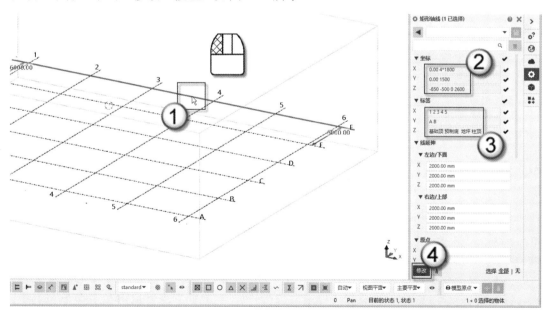

图 1.16　输入轴网与标高数值

可以看到，轴网已经绘制完成，字母轴为 A、B 两根轴线，数值轴为 1～5 五根轴线，如图 1.17 所示。按 Ctrl+P 快捷键转换到平面视图中，检查平面上的轴网，如图 1.18 所示。

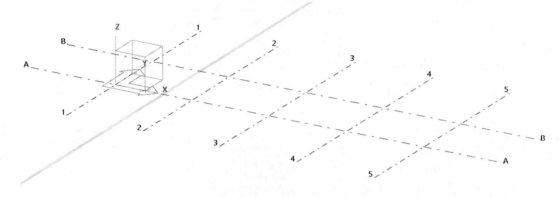

图 1.17　检查三维轴网

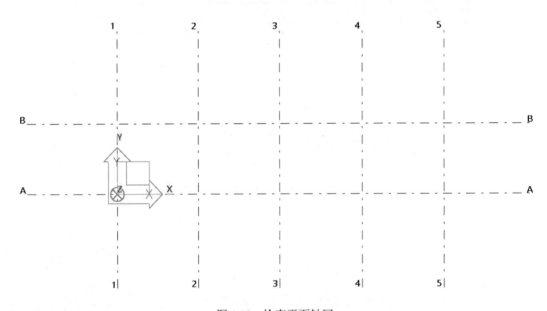

图 1.18　检查平面轴网

## 1.2.2　视图样板

在设计钢结构时会使用一系列平面图、立面图和 3D 视图。如果每个视图都要进行设置，则会浪费大量的时间。只要设置了视图样板，新生成的新图可以继承样板中的属性，提高绘图的速度。

（1）复制视图样板文件。打开"C:\ TeklaStructuresModels\自行车棚\attributes"文件夹，将配套下载资源的"视图样板"目录中的"平面""立面"两个 MVI 文件复制到其中，如图 1.19 所示。

（2）另存为视图样板。选择"视图"|"新视图"|"沿轴线"命令，弹出"沿着轴线生成视图"对话框。在 XY 行的"视图名称前缀"列中输入"平面图-标高为："字样，在

"视图属性"列中选择"平面"样板（这个样板就是前一步复制过来的"平面"MVI 文件）；在 ZY 行的"视图名称前缀"列中输入"数字轴立面图-轴："字样，在"视图属性"列中选择"立面"样板（这个样板就是前一步复制过来的"立面"MVI 文件）；在 XZ 行"视图名称前缀"列中输入"字母轴立面图-轴："字样，在"视图属性"列中也选择"立面"样板，在"另存为"栏中输入"视图样板"字样，单击"另存为"按钮，如图 1.20 所示。

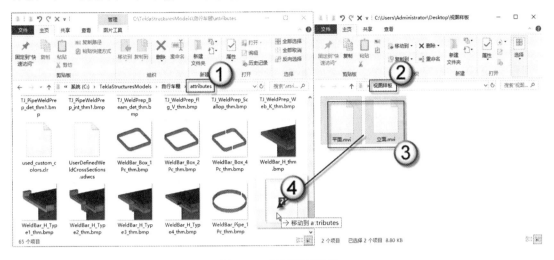

图 1.19　复制视图样板

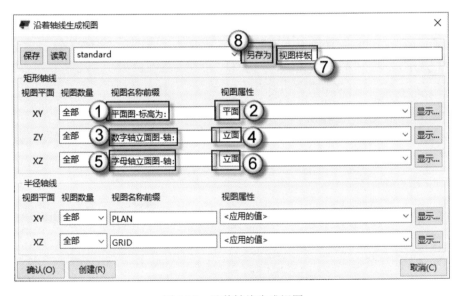

图 1.20　沿着轴线生成视图

这样就有三个样板了，即平面样板、立面样板、视图样板。打开"C:\ TeklaStructures-Models\自行车棚\attributes"文件夹，如图 1.21 所示（图中①处），可以看到，"立面""平面"两个样板文件是 MVI 格式（图中②处），而"视图样板"是 GVI 格式（图中③处）。MVI 格式是平面、立面的视图样板文件格式，而 GVI 格式是所有视图样板的文件格式。

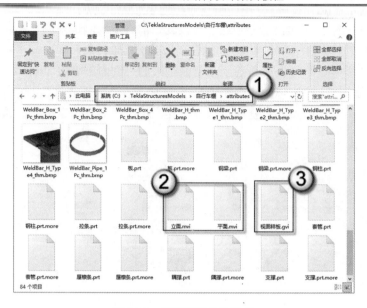

图 1.21　视图样板文件格式

## 1.2.3　生成平面和立面视图

上一节中生成的"视图样板"GVI 文件将在本节中使用。

（1）沿轴线生成视图。选择"视图"|"创建模型视图"|"沿着轴线"命令，弹出"沿着轴线生成视图"对话框。切换至"视图样板"（这个"视图样板"就是上一节另存为的 GVI 文件）选项，单击"读取"按钮，再单击"创建"按钮，如图 1.22 所示。

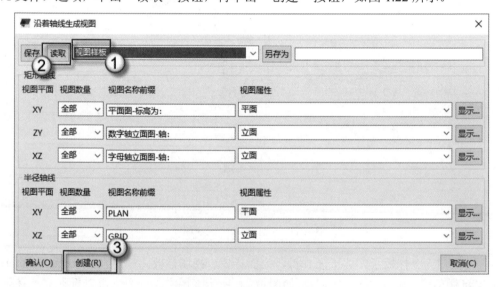

图 1.22　读取视图样板

（2）检查视图列表。在弹出的"视图"对话框中，如图 1.23 所示，可以看到刚刚生成的视图列表。列表中有平面视图，如平面图-标高为：地坪、平面图-标高为：基础顶、平面图-标高为：预制底、平面图-标高为：柱顶（图中①处）。列表中有数字轴立面图，如数字轴立面图-轴：1、数字轴立面图-轴：2、数字轴立面图-轴：3、数字轴立面图-轴：4、数字轴立面图-轴：5（图中②处）。列表中有字母轴立面视图，如字母轴立面图-轴：A、字母轴立面图-轴：B（图中③处）。设计者可以通过检查视图列表看看是否有缺图的情况。

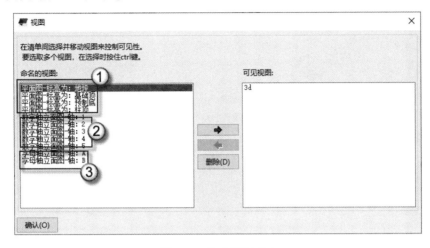

图 1.23　检查视图列表

（3）检查视图。在检查完视图列表之后，还需要检查视图。一般从平面图、数字轴立面图和字母轴立面图中各选一幅图为代表进行检查。这里将平面图-标高为：地坪、数字轴立面图-轴：1 和字母轴立面图-轴：A 这 3 个视图移入"可见视图"栏，将 3d 视图移入"命名的视图"栏，如图 1.24 所示。

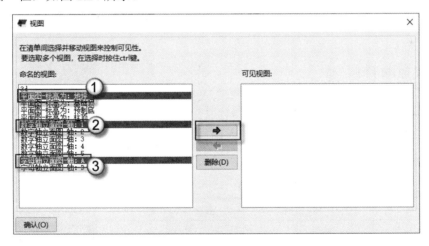

图 1.24　检查生成的视图

🔔注意：　"可见视图"栏是可以显示的视图列表栏，"命名视图"栏是不能的视图列表栏。

（4）排列视口。由于共显示了三个视图，与其对应就有三个视口。单按 T 快捷键，或选择"窗口"|"垂直平铺"命令，这三个视口会并排显示且大小相同，如图 1.25 所示。其中，图①为"数字轴立面图-轴：1"视图，图②为"字母轴立面图-轴：A"视图，图③为"平面图-标高为：地坪"视图。此时应重点检查视图中的轴线、标高是否齐全，图名与视图是否相符。

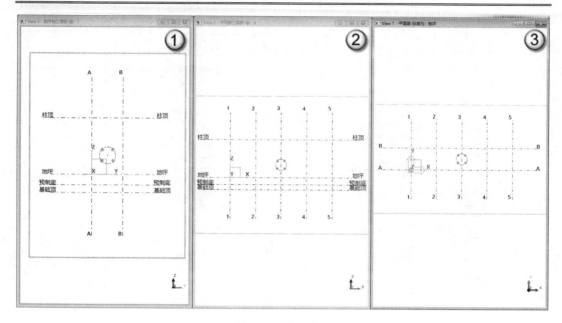

图 1.25　排列视口

# 1.3　绘图的准备工作

本节中将介绍设置新材料的方法，以及制作基于"梁"命令的各类构件样板的方法。读者要熟练掌握本节中演示的操作方法，以便在今后的实际项目中能运用自如。

## 1.3.1　设置新材料

Tekla 中有默认的材料，但是材料的类别有限，因此 Tekla 也提供了新建材料的功能。自行车棚例子中新建的 3 个材料详见表 1.3 所示。

表 1.3　新建材料一览表

| 序　　号 | 材　料　名　称 | 密度（kg/m³） |
|---|---|---|
| 1 | 铸铁 | 7430 |
| 2 | 304不锈钢 | 7930 |
| 3 | FRP | 1850 |

（1）打开材料目录。选择"菜单"|"目录"|"材料目录"命令，如图 1.26 所示。

（2）修改材质目录。在弹出的"修改材质目录"对话框中，右击"其他"选项卡，在弹出的快捷菜单中选择"添加等级"命令，将出现一个"材料 1"材质，如图 1.27 所示。

图 1.26　选择"材料目录"

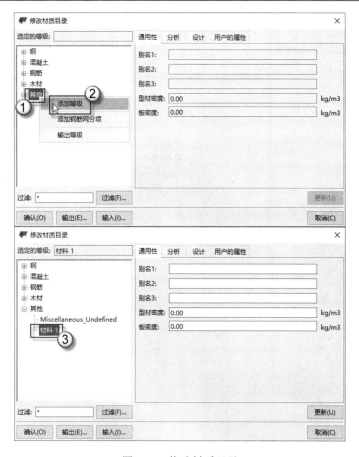

图 1.27　修改材质目录

（3）新建铸铁材质。选择上一步的"材料 1"材质，按 F2 键对其重命名为"铸铁"，在"型材密度"与"板密度"数值框中皆输入 7430 个单位，单击"更新"按钮，如图 1.28 所示。

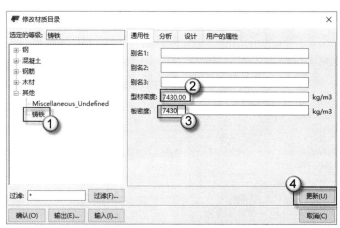

图 1.28　铸铁材质

（4）新建 304 不锈钢和 FRP 材质。使用同样的方法新建"304 不锈钢"材质，在"型材密度"与"板密度"数值框中皆输入 7930 个单位，单击"更新"按钮；再新建 FRP 材质，在"型材密度"与"板密度"数值框中皆输入 1850 个单位，单击"更新"按钮。单击"确认"按钮后会弹出"保存确认"对话框，直接单击"确认"按钮，如图 1.29 所示。

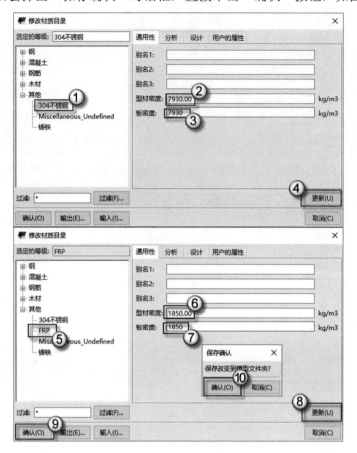

图 1.29　304 不锈钢和 FRP 材质

（5）输出 LIS 文件。当完成新建 3 种材质之后（如图 1.30 所示），单击"输出"按钮，弹出"输出材质目录"对话框，在"选择"栏中输入"三种材质"字样，单击"确认"按钮，可以输出一个"三种材质"的 LIS 文件，这个 LIS 文件就是材质文件。如果其他项目中需要这样的材质，可以单击"输入"按钮（图中④处），调用这个 LIS 文件。

图 1.30　输出 LIS 文件

## 1.3.2　创建基于"梁"命令的各类构件样板

在 Tekla 中，"梁"命令是一个特殊的命令。使用"梁"命令不仅能绘制梁构件，还可以绘制板、柱、拉条和檩条等其他构件。"梁"命令实际上是一种选定截面后的线性绘图命令。

本节不是使用"梁"命令绘制各类构件，而是在"梁"命令下建立各类构件的样板。这样在后面的具体操作中可以方便地选择各类构件样板去绘制相应的构件。例如，在"梁"命令下选择柱样板绘制柱，选择檩条样板绘制檩条等。具体编制的内容，可以参看表 1.4。

表 1.4　各类构件样板编制一览表

| 序号 | 样板名称 | 截面选项 | 零件编号 | 构件编号 | 等级（颜色） | 材料 |
|---|---|---|---|---|---|---|
| 1 | 板 | PL | P□ | PL- | 14 | Q235B |
| 2 | 屋檩条 | C10 | WC | WT1- | 8 | Q235B |
| 3 | 隅撑 | L20*4 | YL | YC1- | 4 | Q235B |
| 4 | 拉条 | φ8 | LO | LT1 | 9 | Q235B |
| 5 | 套管 | O | L◎ | LT2 | 9 | Q235B |
| 6 | 支撑 | O | C◎ | ZC1- | 10 | Q235B |
| 7 | 钢柱 | H300*150*6.5*9 | ZH | GZ1- | 7 | Q235B |
| 8 | 钢梁 | H100*50*5*7 | BH | GL1- | 3 | Q235B |

注意：表 1.4 实际上是表 1.1 的简化与变化版，两个表格读者都可以参看。

（1）创建板样板。双按 L 快捷键，侧窗格将弹出"钢梁"面板，如图 1.31 所示。在"名称"栏中输入"板"字样，在"型材/截面"栏中单击 按钮，在弹出的"选择截面"对话框中选择 PL 选项，单击"确认"按钮。在"材料"栏中切换为 Q235B 选项，在"等级"栏中切换为 14 号颜色，在"零件编号"中输入 P□字样，在"构件编号"栏中输入PL-字样，输入"板"样板名称（图中⑨处），单击 按钮完成操作。

注意：在"零件编号"栏中输入的 P 代表"板"，□代表矩形。本书中的自行车棚的板大致为 P□与 PD 两种。PD 为半圆形板，这种板不用"梁"命令画，因此这里就不新建 PD 样板了。

（2）创建屋檩条样板。双按 L 快捷键，侧窗格将弹出"钢梁"面板，如图 1.32 所示。在"名称"栏中输入"屋檩条"字样，在"型材/截面"栏中单击 按钮，弹出"选择截面"对话框，选择"C 截面"下的 C10 选项，单击"确认"按钮。在"材料"栏中切换为 Q235B选项，在"等级"栏中切换为 8 号颜色，在"零件编号"中输入 WC 字样，在"构件编号"栏中输入 WT1-字样，输入"屋檩条"样板名称（图中⑩处），单击 按钮完成操作。

注意：在"零件编号"栏中输入的 W 代表"屋檩条"，C 代表型材截面形式为 C 型。

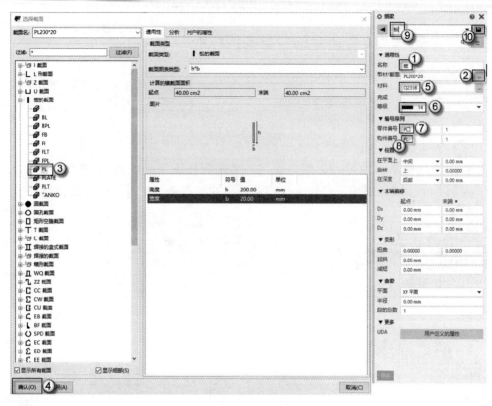

图 1.31　创建板样板

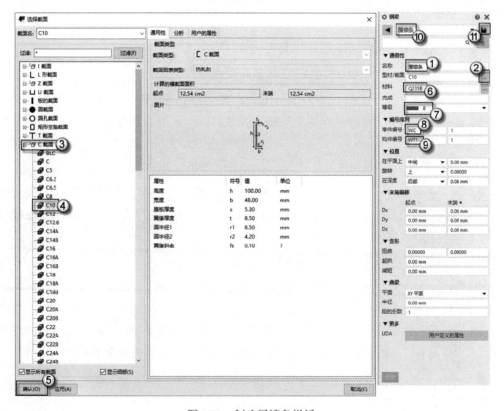

图 1.32　创建屋檩条样板

（3）创建隔撑样板。双按 L 快捷键，侧窗格将弹出"钢梁"面板，如图 1.33 所示。在"名称"栏中输入"隔撑"字样，在"型材/截面"栏中单击…按钮，弹出"选择截面"对话框，选择"L 形截面"0-50 下的 L20*4 选项，单击"确认"按钮。在"材料"栏中切换为 Q235B 选项，在"等级"栏中切换为 4 号颜色，在"零件编号"栏中输入 YL 字样，在"构件编号"栏中输入 YC1-字样，输入"隔撑"样板名称（图中⑩处），单击▤按钮完成操作。

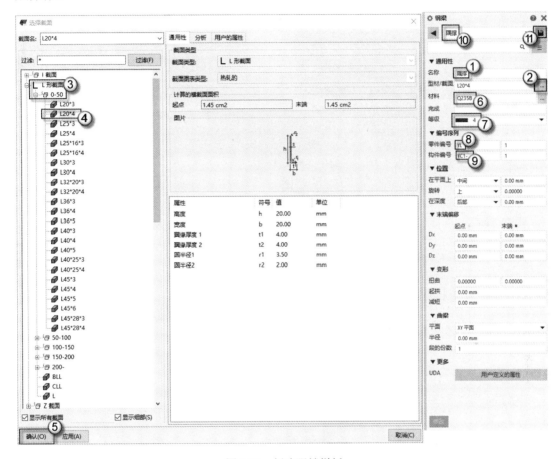

图 1.33　创建隔撑样板

🔔注意：在"零件编号"栏中输入的 Y 代表"隔撑"，L 代表型材截面形式为 L 型。

（4）创建拉条样板。双按 L 快捷键，侧窗格将弹出"钢梁"面板，如图 1.34 所示。在"名称"栏中输入"拉条"字样，在"型材/截面"栏中单击…按钮，弹出"选择截面"对话框，选择"圆截面"|"圆钢"下的 φ8 选项，单击"确认"按钮。在"材料"栏中切换为 Q235B 选项，在"等级"栏中切换为 9 号颜色，在"零件编号"栏中输入 LO 字样，在"构件编号"栏中输入 LT1-字样，输入"拉条"样板名称（图中⑩处），单击▤按钮完成操作。

🔔注意：在"零件编号"栏中输入的 L 代表"拉条"，O 代表型材截面形式为圆形截面。

（5）创建套管样板。双按 L 快捷键，侧窗格将弹出"钢梁"面板，如图 1.35 所示。

在"名称"栏中输入"套管"字样,在"型材/截面"栏中单击**按钮,弹出"选择截面"
对话框,选择"圆孔截面"下的 O 选项,单击"确认"按钮,在"材料"栏中切换为 Q235B
选项,在"等级"栏中切换为 9 号颜色,在"零件编号"中输入 L◎字样,在"构件编号"
栏中输入 LT2-字样,输入"套管"样板名称(图中⑩处),单击**按钮完成操作。

注意:在"零件编号"栏中输入的 L 代表"拉条"(拉条与套管是一个类别),◎代表
型材截面形式为圆孔(或者叫"圆管")。另外,此处截面的数值为默认数值,
在具体绘制套管时应该进行设定。

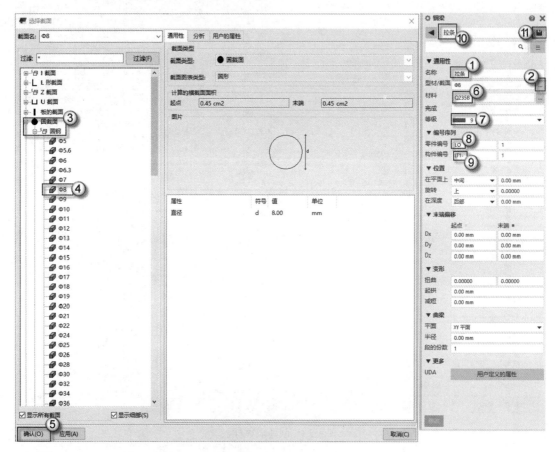

图 1.34  创建拉条样板

(6)创建支撑样板。双按 L 快捷键,侧窗格将弹出"钢梁"面板,如图 1.36 所示。
在"名称"栏中输入"支撑"字样,在"型材/截面"栏中单击**按钮,弹出"选择截面"
对话框,选择"圆孔截面"下的 O 选项,单击"确认"按钮。在"材料"栏中切换为 Q235B
选项,在"等级"栏中切换为 10 号颜色,在"零件编号"栏中输入 C◎字样,在"构件编
号"栏中输入 ZC1-字样,输入"支撑"样板名称(图中⑩处),单击**按钮完成操作。

注意:在"零件编号"栏中输入的 C 代表"支撑",◎代表型材截面形式为圆孔(或者
叫"圆管")。另外,此处截面的数值为默认数值,在具体绘制套管时会进行
设定。

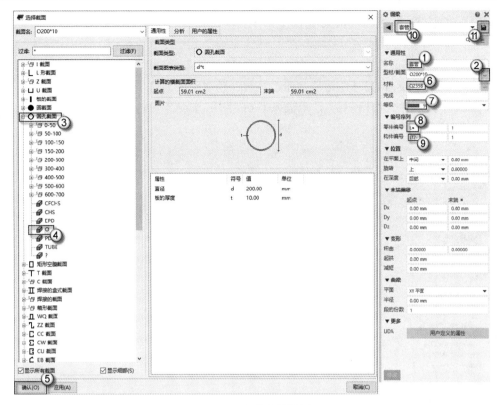

图 1.35　创建套管样板

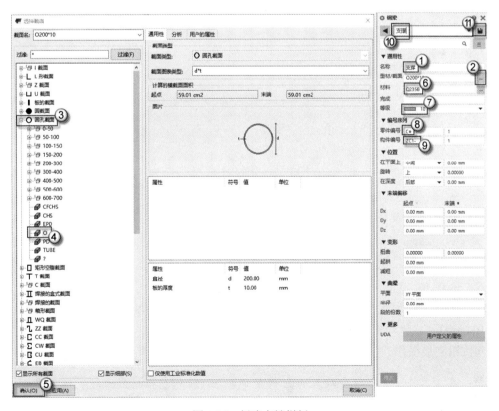

图 1.36　创建支撑样板

（7）创建钢柱样板。双按 L 快捷键，侧窗格将弹出"钢梁"面板，如图 1.37 所示。在"名称"栏中输入"钢柱"字样，在"型材/截面"栏中单击 ⋯ 按钮，弹出"选择截面"对话框，选择"I 截面"|"H"|"0-500"下的 H300*150*6.5*9 选项，单击"确认"按钮。在"材料"栏中切换为 Q235B 选项，在"等级"栏中切换为 7 号颜色，在"零件编号"栏中输入 ZH 字样，在"构件编号"栏中输入 GZ1-字样，输入"钢柱"样板名称（图中⑩处），单击 ⎙ 按钮完成操作。

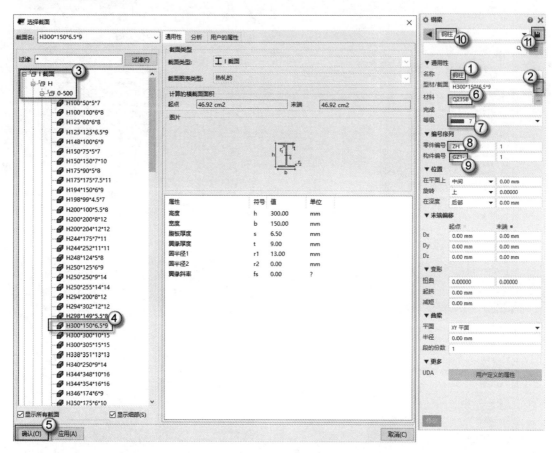

图 1.37　创建钢柱样板

🔔注意：在"零件编号"栏中输入的 Z 代表"柱"，H 代表型材截面形式为 H 型钢。

（8）创建钢梁样板。双按 L 快捷键，侧窗格将弹出"钢梁"面板，如图 1.38 所示。在"名称"栏中输入"钢梁"字样，在"型材/截面"栏中单击 ⋯ 按钮，弹出"选择截面"对话框，选择"I 截面"|"H"|"0-500""H100*50*5*7"选项，单击"确认"按钮。在"材料"栏中切换为 Q235B 选项，在"等级"栏中切换为 3 号颜色，在"零件编号"栏中输入 BH 字样，在"构件编号"栏中输入 GL1-字样，输入"钢梁"样板名称（图中⑨处），单击 ⎙ 按钮完成操作。

🔔注意：在"零件编号"栏中输入的 B 代表"梁"，H 代表型材截面形式为 H 型钢。

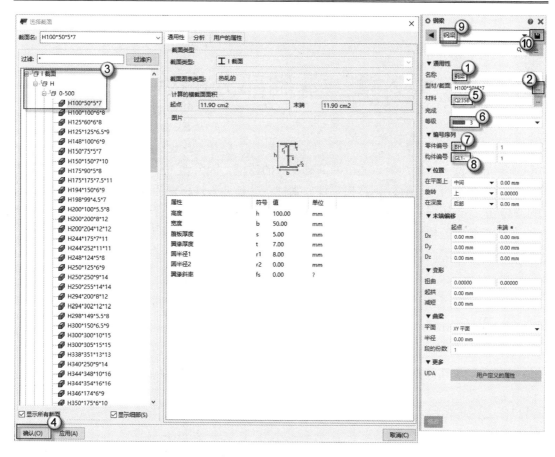

图 1.38　创建钢梁样板

再次打开"C:\ TeklaStructuresModels\自行车棚\attributes"目录，可以看到其中有一些 PRT 与 MORE 文件，如图 1.39 所示。这些文件就是刚建立的各类构件样板，其文件名就是样板名。如果读者需要使用 Tekla 设计其他项目，可以将这些文件复制到对应的目录中，在使用"梁"命令时可以直接调用。

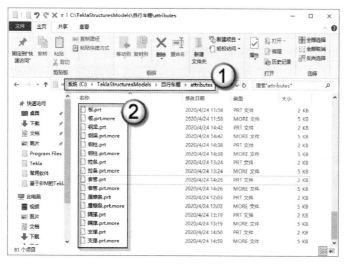

图 1.39　PRT 与 MORE 文件

# 第 2 章　基础部分的绘制

本章介绍位于"地坪"层之下的基础部分的建模。因为地下比较潮湿,所以地下部分的零件以砼材质为主。有些钢结构零件如钢柱,会延伸入地下,因此其地下部分同样需要用砼材质进行包边保护。钢柱与承台基础的连接采用预埋件(此处用的是地脚锚栓)。

基础部分的砼构件分为两类:现浇砼与预制砼。预制砼与现浇砼的连接也采用预埋件。现浇砼主要是考虑到其耐用性,而预浇砼主要是考虑到其施工方便。

## 2.1　现浇砼部分

承台基础、基础梁和垫层皆采用现浇砼。现浇砼虽然有施工周期长、影响因素多等缺点,但是由于其具有整体性好、防水和防潮性好的优点,往往应用于基础部分中。

### 2.1.1　绘制承台与垫层

自行车棚例子的基础形式采用的是承台,承台下面还有 100mm 厚的砼垫层,两者的砼等级不一样。具体绘制过程如下:

(1)调整视图界面。打开项目后,选择"视图"|"视图列表"命令,或者直接按 Ctrl+I 快捷键,弹出"视图"对话框,在"可见视图"栏下保留"平面图-标高为:基础顶""数字轴立面图-轴:1"两个视图,单击"确认"按钮完成操作,如图 2.1 所示。选择"窗口"|"垂直平铺"命令,或者直接单按 T 快捷键发出"垂直平铺"命令,将视图平铺在窗口中,平铺后的视图窗口如图 2.2 所示。单击侧窗格区的"属性"按钮(图中①处),弹出"属性"面板(图中②处),如图 2.3 所示。

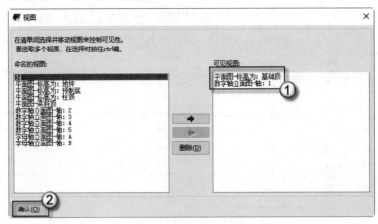

图 2.1　保留两个视图

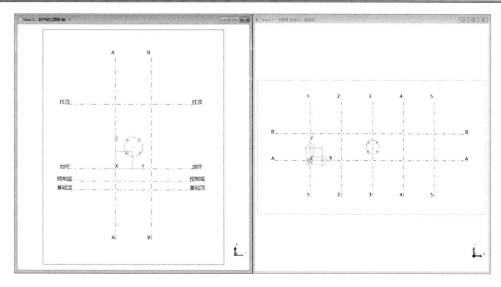

图 2.2　平铺视图

注意：在 Tekla 中发出一些命令时如"钢梁""钢柱""焊接"等，需要设置相应的参数，侧窗格的"属性"面板就是用于设置这些参数的，因此需要将这个面板激活。

（2）创建并放置承台。选择"混凝土"|"基础"|"填充基础"命令，侧窗格将弹出"填充基础"面板，在"通用性"设置栏的"名称"栏中输入 CT1 字样，在"型材/截面/型号"栏中输入 700*500 字样，在"材料"栏中单击 按钮，弹出"选择材质"对话框。在"混凝土"材质下选择 C40 选项，单击"确定"按钮。在"等级"栏中选择 1 选项，在"位置"设置栏的"下"栏中输入-450.00 个单位，在"浇筑体"设置栏的"浇筑体"栏中选择"当场浇筑"选项，如图 2.4 所示。在"平面图-标高为：基础顶"视图中放置承台，承台的位置是 A 轴与 1 轴相交处，如图 2.5 所示。在"数字轴立面图-轴：1"视图中选择已绘制的承台，按 Ctrl+M 快捷键发出"移动"命令，将承台由"地坪"层与 A 轴的交点（图中①处）移动至"基础顶"层与 A 轴交点（图中②处），如图 2.6 所示。移动之后，可以看到承台的顶部已经严丝合缝地与"基础顶"层对齐，如图 2.7 所示。

图 2.3　弹出"属性"面板

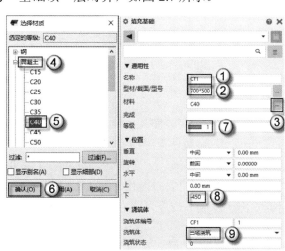

图 2.4　设置参数

🔔**注意**：自行车棚例子中的排水沟为预制构件，其余皆为现浇构件。

（3）创建并放置砼垫层。选择"混凝土"
|"基础"|"填充基础"命令，侧窗格将弹出
"填充基础"面板。在"通用性"设置栏的
"名称"栏中输入"砼垫层"字样，在"型
材/截面/型号"栏中输入 900*700 字样，在"材
料"栏中单击 ⋯ 按钮，弹出"选择材质"对
话框，在"混凝土"材质下选择 C20 选项，
单击"确认"按钮。在"等级"栏中选择 1
选项，在"位置"设置栏下的"下"栏中输
入-100.00mm 字样，在"浇筑体"设置栏下
的"浇筑体编号"栏中输入 CF2 字样，在"浇
筑体"栏中选择"当场浇筑"选项，如图 2.8
所示。在"平面图-标高为：基础顶"视图中

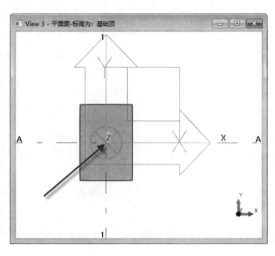

图 2.5  放置承台

放置砼垫层，砼垫层的位置是 A 轴与 1 轴相交处，如图 2.9 所示。在"数字轴立面图-轴：
1"视图中（见图 2.10）选择已绘制的砼垫层，按 Ctrl+M 快捷键发出"移动"命令，将砼
垫层由"地坪"层与 A 轴的交点（图中①处）移动至承台下方（图中②处）。之后可以看
到砼垫层的顶部已经严丝合缝地与承台底对齐，如图 2.11 所示。

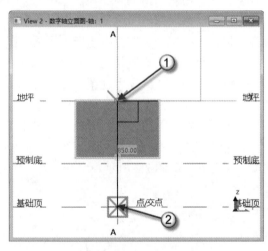

图 2.6  移动承台

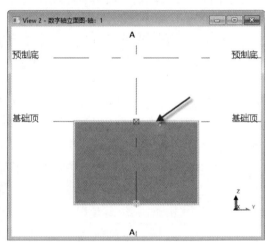

图 2.7  移动后的承台

（4）复制承台与砼垫层。同时选择承台与砼垫层，单按 C 快捷键发出"复制-线性"
命令，弹出"复制-线性"对话框。在"复制的份数"栏中输入 4 字样，依次选择两个交点，
分别是 1 轴与 A 轴的交点、2 轴与 A 轴的交点，单击"复制"按钮，横向复制承台与砼垫
层，单击"确认"按钮完成操作，如图 2.12 所示。最后选择所有的承台与砼垫层，按 Ctrl+C
快捷键发出"复制"命令，将它们向上复制到 B 轴上。

🔔**注意**：此处的"复制-线性"命令是按照指定距离执行的复制命令，也可以一次性复制
多个构件。而"复制"命令，一次只能复制一个构件。

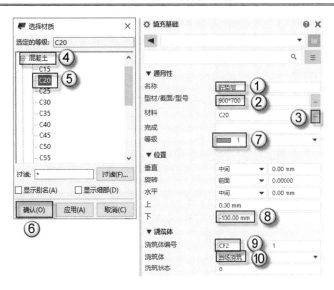

图 2.8　设置砼垫层参数

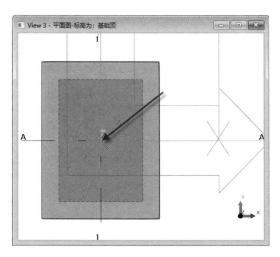

图 2.9　放置砼垫层

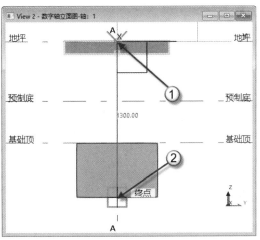

图 2.10　移动砼垫层

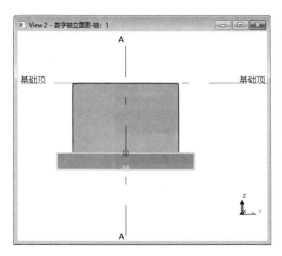

图 2.11　移动后的砼垫层

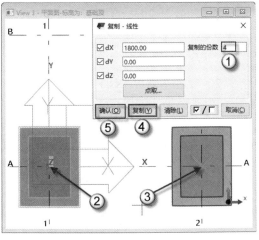

图 2.12　选择性复制承台与砼垫层

## 2.1.2 绘制基础梁

连接基础的梁叫作基础梁。基础梁也分为两种：着力点在基础上的基础梁叫 JKL，着力点在梁上的基础梁叫 JL。具体绘制过程如下：

（1）创建并绘制基础梁 JKL1。选择"混凝土"|"梁"|"梁"命令，在侧窗格将弹出"混凝土梁"面板，在"通用性"设置栏下的"名称"栏中输入 JKL1 字样，在"型材/截面/型号"栏中输入 200*200 字样，在"材料"栏中单击■按钮，弹出"选择材质"对话框，在"混凝土"材质下选择 C40 选项，单击"确认"按钮。在"等级"栏中选择 1 选项，在"浇筑体"设置栏下的"浇筑体编号"栏中输入 CG2 字样，在"浇筑体"栏中选择"当场浇筑"选项，如图 2.13 所示。在"平面图-标高为：基础顶"视图中绘制基础梁 JKL1，梁的两个端点分别如图 2.14①处和②处所示。

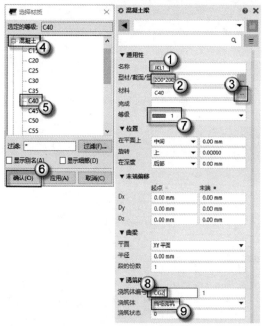

图 2.13 设置混凝土梁参数

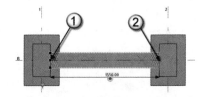

图 2.14 绘制 JKL1

🔔**注意**：绘制基础梁的范围是从承台边界到另一个承台边界，不要捕捉到砼垫层的边界。

（2）复制基础梁 JKL1。在图 2.15 所示的视图中选择已绘制的基础梁 JKL1（图中①处），单按 C 快捷键发出"复制-线性"命令，弹出"复制-线性"对话框。在"复制的份数"栏中输入 3 字样（图中②处），依次选择两个交点，分别是 1 轴与 B 轴的交点（图中③处）、2 轴与 B 轴的交点（图中④处），单击"复制"按钮，横向复制基础梁 JKL1，单击"确认"按钮完成操作。选择位于 B 轴上的所有的基础梁，按 Ctrl+C 快捷键发出"复制"命令，将它们复制到 A 轴上。

（3）绘制辅助线。在图 2.16 所示的视图中单按 E 快捷键发出"辅助线"命令，使用临时参考点法，按住 Ctrl 键不放，单击图中①处所在的点（这个就是临时参考点），单按 O 快捷键发出"正交"命令，垂直向下移动光标以确定方向，输入 750 个单位，在弹出的

"输入数字位置"对话框中，单击"确认"按钮。从左往右水平绘制一条辅助线，这条辅助线距离 B 轴 750 个单位（距离 A 轴也是 750 个单位），如图 2.17 所示。

注意：捕捉临时参考点是 Tekla 中常见的定位方法。即按住 Ctrl 键不放，单击临时参考点（图 2.16①处），移动光标以确定位置，再输入相应的距离，按"确认"按钮或 Enter 键就可以得到一个正式捕捉点。临时参考点的目的是为了少画辅助线而得到正式捕捉点。得到正式捕捉点后，临时参考点会自动消失。

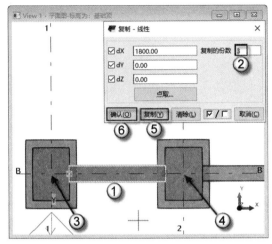

图 2.15　复制基础梁 JKL1

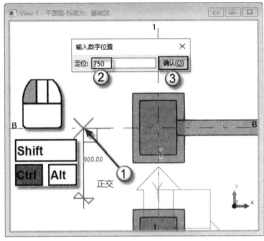

图 2.16　绘制辅助线

（4）继续绘制辅助线。在图 2.18 所示的视图中，单按 E 快捷键发出"辅助线"命令，使用临时参考点法，按住 Ctrl 键不放，单击图中①处所在的点（这个就是临时参考点），单按 O 快捷键发出"正交"命令，水平向左移动光标以确定方向，输入 150 个单位，在弹出的"输入数字位置"对话框中，单击"确认"按钮。从上往下垂直绘制一条辅助线（图 2.19 中①到②处），这条辅助线距离 1 轴 150 个单位。

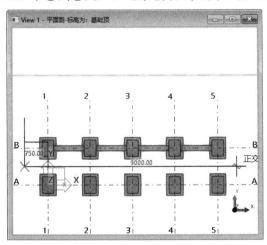

图 2.17　绘制辅助线

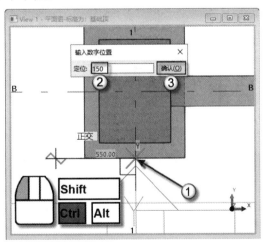

图 2.18　准备绘制辅助线

（5）镜像辅助线。在图 2.20 所示的视图中选择辅助线（图中①处），单按 W 快捷键发出"复制-镜像"命令，以 3 轴为对称轴（图中②处），在弹出的"复制-镜像"对话框中，单击"复制"按钮（图中③处），将此辅助线镜像，单击"确认"按钮（图中④处）完成操作。

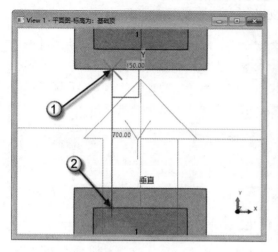

图 2.19　绘制辅助线

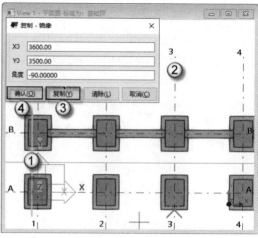

图 2.20　镜像辅助线

（6）创建并绘制基础梁 JL1。选择"混凝土"|"梁"|"梁"命令，侧窗格将弹出"混凝土梁"面板，在"通用性"设置栏下的"名称"栏中输入 JL1 字样，在"型材/截面/型号"栏中输入 550*200 字样，在"材料"栏中单击■按钮，弹出"选择材质"对话框，在"混凝土"材质下选择 C40 选项，单击"确认"按钮。在"等级"栏中选择 1 选项，在"浇筑体"设置栏下的"浇筑体编号"栏中输入 CG2 字样，在"浇筑体"栏中选择"当场浇筑"选项，如图 2.21 所示。在图 2.22 所示的"平面图-标高为：基础顶"视图中从左侧辅助线交点（图中①处）到右侧辅助线交点（图中②处）绘制基础梁 JL1。在图 2.23 所示的"数字轴立面图-轴：1"视图中选择已绘制的基础梁 JL1，按 Ctrl+M 快捷键发出"移动"命令，将基础梁 JL1 由"基础顶"层（图中①处）移动至"预制底"层（图中②处）。之后可以看到基础梁 JL1 的顶部已经严丝合缝地与"预制顶"层对齐，如图 2.24 所示。

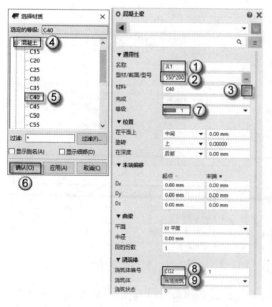

图 2.21　设置参数

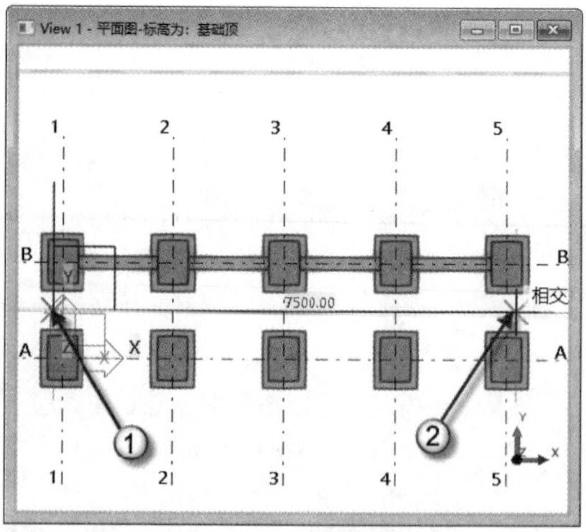

图 2.22　绘制基础梁 JL1

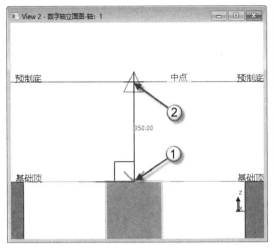
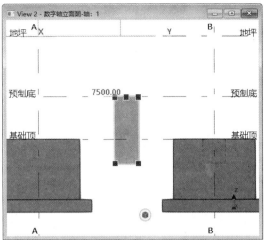

图 2.23 　移动基础梁 JL1 　　　　　　图 2.24 　移动后的基础梁

（7）创建并绘制基础梁 JKL2。选择"混凝土"|"梁"|"梁"命令，侧窗格将弹出"混凝土梁"面板。在"通用性"设置栏下的"名称"栏中输入 JKL2 字样，在"型材/截面/型号"栏中输入 200*200 字样，在"材料"栏中单击 按钮，弹出"选择材质"对话框，在"混凝土"材质下选择 C40 选项，单击"确认"按钮。在"等级"栏中选择 1 选项，在"浇筑体"设置栏下的"浇筑体编号"栏中输入 CG2 字样，在"浇筑体"栏中选择"当场浇筑"选项，如图 2.25 所示。在图 2.26 所示的"平面图-标高为：基础顶"视图中沿着 1 轴绘制两段基础梁 JKL2，第一段是从①点→②点，第二段是从③点→④点。

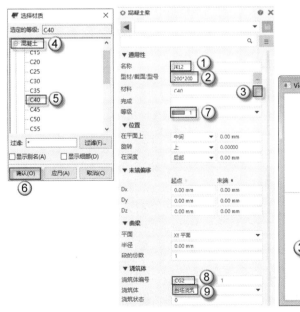
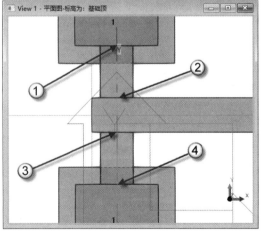

图 2.25 　设置参数 　　　　　　　　图 2.26 　绘制基础梁 JKL2

（8）复制基础梁 JKL2。如图 2.27 所示，选择已绘制的基础梁 JKL2（图中①处），单按 C 快捷键发出"复制-线性"命令，弹出"复制-线性"对话框。在"复制的份数"栏中输入 4 字样（图中②处），依次单击两个交点，分别是 1 轴与 B 轴的交点（图中③处）、2 轴与 B 轴的交点（图中④处），单击"复制"按钮，横向复制基础梁 JKL2，单击"确认"按钮完成操作。

（9）创建并绘制地柱 DZ1。调整视图界面，使"数字轴立面图-轴：1"与"平面图-标高为：地坪"视图垂直平铺，选择"混凝土"|"基础"|"填充基础"命令，侧窗格将弹出"填充基础"面板。在"通用性"设置栏下的"名称"栏中输入 DZ1 字样，在"型材/截面/型号"栏中输入 450*250 字样，在"材料"栏中单击 按钮，弹出"选择材质"对话

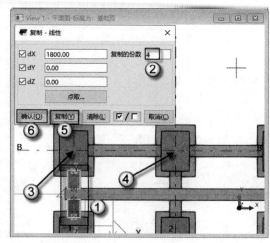

图 2.27　复制基础梁 JKL2

框，在"混凝土"材质下选择 C20 选项，单击"确认"按钮。在"等级"栏中选择 1 选项，在"位置"设置栏下的"上"栏中输入 150mm，在"下"栏中输入-850mm 字样，在"浇筑体"设置栏下的"浇筑体编号"栏中输入 CF3 字样，在"浇筑体"栏中选择"当场浇筑"选项，如图 2.28 所示。在图 2.29 所示的"平面图-标高为：地坪"视图中的 1 轴与 B 轴交点（图中①处）上放置地柱 DZ1（图中②处）。

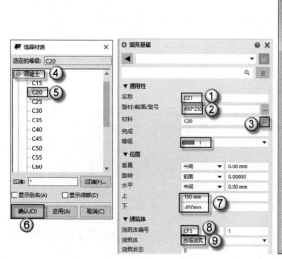

图 2.28　设置参数

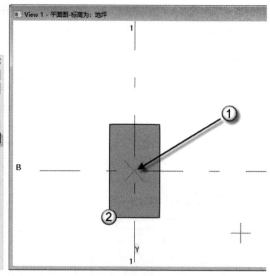

图 2.29　放置地柱 DZ1

（10）复制地柱。在图 2.30 所示的视图中选择已绘制的地柱（图中①处），单按 C 快捷键发出"复制-线性"命令，在弹出的"复制-线性"对话框的"复制的份数"栏中输入 4 字样（图中②处），依次单击两个交点，分别是 1 轴与 B 轴的交点（图中③处）、2 轴与 B 轴的交点（图中④处），单击"复制"按钮，横向复制地柱，单击"确认"按钮完成操作。最后选择 B 轴所有的地柱，按 Ctrl+C 快捷键发出"复制"命令，将它们向下复制到 A 轴上。

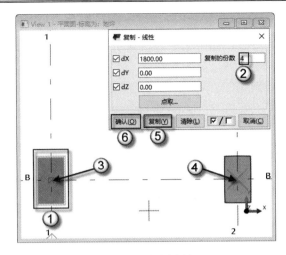

图 2.30　复制地柱

🔔注意：地柱 DZ1 的作用就是用砼保护在地坪以下的钢柱不受侵蚀。

# 2.2　预制砼部分

设置预制砼主要是考虑其施工方便。自行车棚例中的预制砼构件就是排水沟。将其放置在基础梁上，在预留孔中穿入锚栓，然后用螺母拧紧就安装完成了。

## 2.2.1　绘制预制排水沟

这里的预制排水沟是用 SketchUp 制作好的，本书的配套下载资源中提供了 SKP 文件，读者只需要导入即可。但要注意设置材料，便于后面的统计工作。

（1）导入预制排水沟文件。选择"钢"｜"项"命令，或者单按 K 快捷键发出"项"命令，侧窗格将弹出"项"面板，如图 2.31 所示。在"通用性"设置栏下的"形状"栏中单击 按钮（图中①处），在弹出的"形状目录"对话框中，将原有的形状全部删除，使"名称"栏下是空的（图中②处），单击"输入"按钮，在弹出"输入形状"对话框的"目录"栏中找到 SKP 文件夹，选择"预制排水沟.skp"文件，单击"确认"按钮（图中⑥处），再单击"确认"按钮（图中⑦处）完成操作。

（2）创建并放置预制排水沟。单按 K 快捷键发出"项"命令，侧窗格将弹出"项"面板。在"通用性"设置栏下的"名称"栏中输入"预制排水沟"字样，在"材料"栏中单击 按钮，在弹出的"选择材质"对话框中的"混凝土"材质下选择 C40 选项，单击"确认"按钮。在"等级"栏中选择 1 选项，在"编号序列"设置栏下删除"零件编号"栏中的内容，在"构件编号"栏中输入 PS 字样，如图 2.32 所示。在图 2.33 所示的"平面图-标高为：地坪"视图中的 1 轴与基础梁 JL1 交点（图中①处）放置预制排水沟。选择预制排水沟，按 Ctrl+M 快捷键发出"移动"命令，将预制排水沟移动至与基础梁 JL1 的边对齐，如图 2.34 所示。进入"数字轴立面图-轴：1"视图（见图 2.35）中，选择已放置的预制排水沟，按 Ctrl+M 快捷键发出"移动"命令，捕捉预制排水沟的底边中点（图中①处），再捕捉基础梁 JL1 的顶边中点（图中②处）。移动之后可以看到，预制排水沟底部已经严丝合缝地与基础梁 JL1 顶部对齐，如图 2.36 所示。

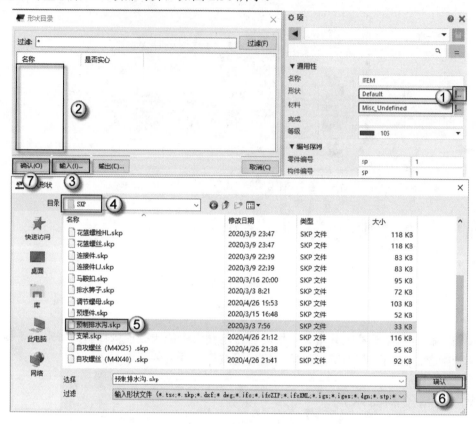

图 2.31　导入预制排水沟文件

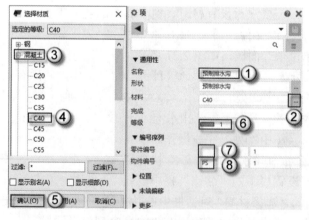

图 2.32　设置参数

（3）复制预制排水沟。在图 2.37 所示的视图中，选择已绘制的预制排水沟，单按 C 快捷键发出"复制-线性"命令，弹出"复制-线性"对话框。在"复制的份数"栏中输入 9 字样（图中①处），依次选择预制排水沟的左端点（图中②处）与右端点（图中③处），单击"复制"按钮，横向复制预制排水沟，单击"确认"按钮完成操作。

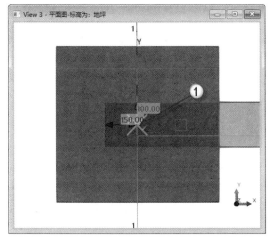

图 2.33　放置预制排水沟

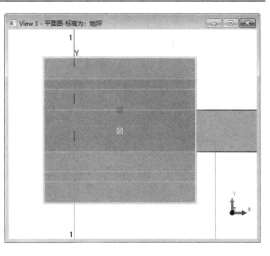

图 2.34　移动后的预制排水沟

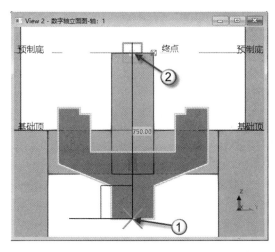

图 2.35　移动预制排水沟

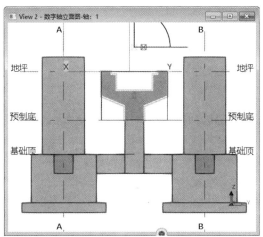

图 2.36　移动后的预制排水沟

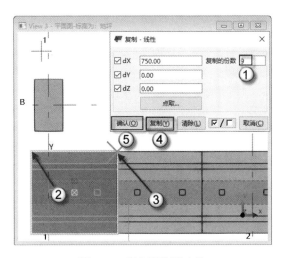

图 2.37　复制预制排水沟

## 2.2.2　绘制排水篦子

排水篦子又叫雨水篦子，使用铸铁焊接而成。其造价低、强度高，施工时直接搁在预制排水沟上就可以了。具体操作如下：

（1）导入排水篦子文件。单按 K 快捷键发出"项"命令，侧窗格将弹出"项"面板，如图 2.38 所示。在"通用性"设置栏下的"形状"栏中单击 按钮（图中①处），在弹出的"形状目录"对话框中，单击"输入"按钮（图中②处），弹出"输入形状"对话框。在"目录"栏中找到 SKP 文件夹（图中③处），选择"排水篦子.skp"文件（图中④处），单击"确认"按钮（图中⑤处），再单击"确认"按钮（图中⑥处）完成操作。

图 2.38　导入排水篦子文件

（2）创建并放置排水篦子。单按 K 快捷键发出"项"命令，侧窗格将弹出"项"面板，如图 2.39 所示。在"通用性"设置栏下的"名称"栏中输入"排水篦子"字样（图中①处），在"材料"栏中单击 按钮（图中②处），在弹出的"选择材质"对话框中选择"其他"栏的"铸铁"选项（图中④处），单击"确认"按钮（图中⑤处）。在"等级"栏中选择 11 选项（图中⑥处），在"编号序列"设置栏下删除"零件编号"栏中的内容（图中⑦处），在"构件编号"栏中输入 BZ 字样（图中⑧处）。在图 2.40 所示的"平面图-标高为：地坪"视图中放置排水篦子，使其位于预制排水沟的中心位置。在"数字轴立面图-轴：1"视图中选择排水篦子，按 Ctrl+M 快捷键发出"移动"命令，移动排水篦子，使其在预制排水沟上方，这样排水算子的底部就严丝合缝地与预制排水沟对齐了，如图 2.41 所示。

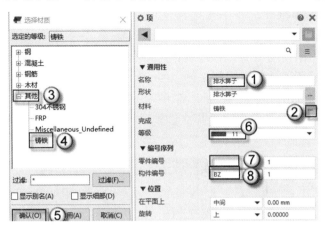

图 2.39　设置参数

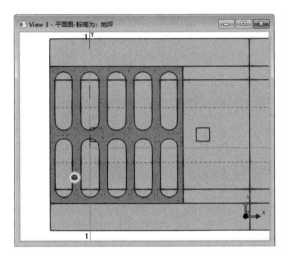

图 2.40　放置排水算子

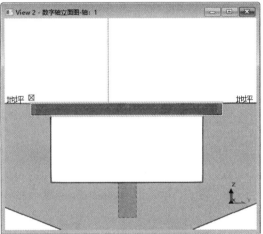

图 2.41　移动预制排水算子

（3）复制排水算子。在图 2.42 所示的视图中，选择已绘制的排水算子，单按 C 快捷键发出"复制-线性"命令，弹出"复制-线性"对话框。在"复制的份数"栏中输入 14 字样（图中①处），依次选择排水算子的左端点（图中②处）与右端点（图中③处），单击"复制"按钮（图中④处），横向复制排水算子，单击"确认"按钮（图中⑤处）完成操作。

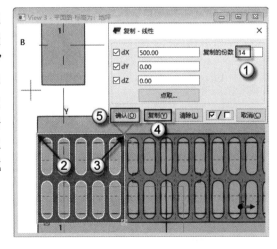

图 2.42　复制排水算子

### 2.2.3 绘制预埋锚栓

自行车棚例子中采用的是 L 型预埋锚栓，锚栓顶部设置有丝口，可以用螺母连接相关零件。锚栓导入之后还要注意设置其材料，便于后期的统计工作。具体操作如下：

（1）单独显示预制排水沟。在图 2.43 所示的视图中右击预制排水沟（图中①处），按住 Shift 键，在弹出的快捷菜单中选择"只显示所选项"命令（图中②处），将预制排水沟单独显示。

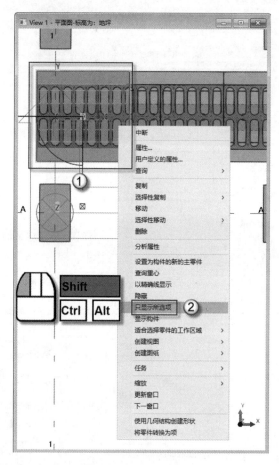

图 2.43　单独显示预制排水沟

（2）创建并绘制垫板。在图 2.44 所示的视图中单按 B 快捷键发出"压型板"命令，侧窗格将弹出"压型板"面板。在"通用性"设置栏下的"名称"栏中输入"垫板"字样（图中①处），在"型材/截面/型号"栏中输入 PL5 字样（图中②处），在"材料"栏中单击┄按钮（图中③处），弹出"选择材质"对话框，在"钢"材料下选择 Q235B 选项（图中⑤处），单击"确认"按钮（图中⑥处）。在"等级"栏中选择 14 选项（图中⑦处），在"编号序列"设置栏下的"零件编号"栏中输入 P□字样（图中⑧处），在"构件编号"栏中输入 PL-字样（图中⑨处），在"平面图-标高为：地坪"视图中绘制垫板（图中⑩处）。在图 2.45 所示的"数字轴立面详图-轴：1"视图中选择垫板，按 Ctrl+M 快捷键发出"移动"命令，依次单击垫板角点（图中①处）和排水沟沟洞角点（图中②处），这样垫板底部就能够严丝合缝地与预制排水沟对齐了，如图 2.46 所示。

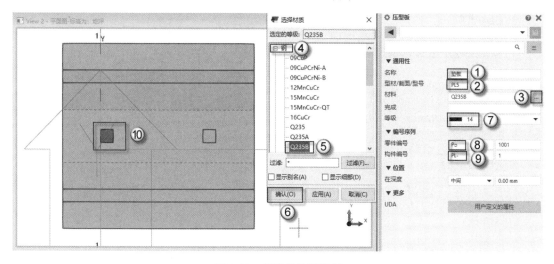

图 2.44　创建并放置垫板

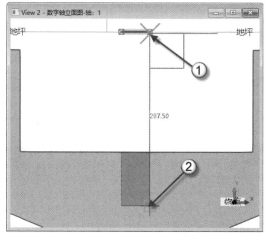

图 2.45　移动垫板

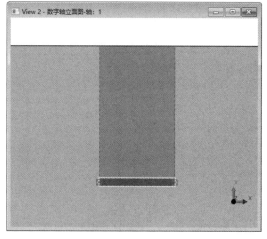

图 2.46　移动之后的垫板

（3）输入预埋件形状。单按 K 快捷键发出"项"命令，侧窗格将弹出"项"面板，如图 2.47 所示。在"通用性"设置栏下"形状"栏中单击 按钮（图中①处），弹出"形状目录"对话框，单击"输入"按钮（图中②处），在弹出的"输入形状"对话框的"目录"栏中找到 SKP 文件夹（图中③处），选择"预埋件.skp"文件（图中④处），单击"确认"按钮（图中⑤处），再单击"确认"按钮（图中⑥处）完成操作。

（4）创建并放置锚栓。单按 K 快捷键发出"项"命令，侧窗格将弹出"项"面板，如图 2.48 所示。在"通用性"设置栏下的"名称"栏中输入"锚栓"字样（图中①处），在"材料"栏中单击 按钮（图中②处），弹出"选择材质"对话框。选择"钢"材料下的 Q235B 选项（图中④处），单击"确认"按钮（图中⑤处）。在"等级"栏中选择 2 选项（图中⑥处），在"编号序列"设置栏下删除"零件编号"栏中的内容（图中⑦处），在"构件编号"栏中输入 MJ-字样（图中⑧处）。在"平面图-标高为：地坪"视图中放置锚栓，放置位置为锚栓中心距垫板上边界和左边界 25 个单位处，如图 2.49 所示。

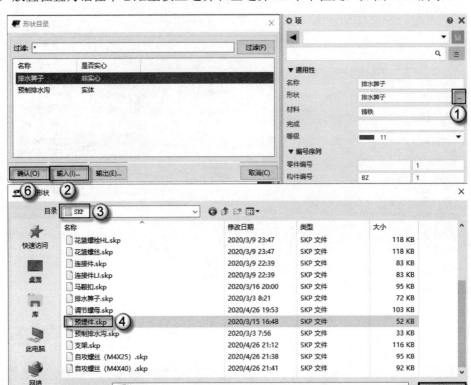

图 2.47　输入预埋件形状

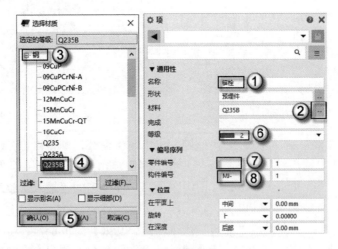

图 2.48　设置参数

（5）修改锚栓位置。在图 2.50 所示的"数字轴立面图-轴：1"视图中选择已放置的锚栓，按 Ctrl+M 快捷键发出"移动"命令，依次单击锚栓顶点（图中①处）与垫板底部点（图中②处），将锚栓移动至垫板正下方。继续按 Ctrl+M 快捷键发出"移动"命令，在图 2.51 所示的视图中单击锚栓顶部点（图中①处）为基准点，垂直向上移动光标以确

定方向，然后输入 60 个单位，在弹出的"输
入数字位置"对话框中单击"确认"按钮完
成操作。

（6）输入螺母形状。单按 K 快捷键发
出"项"命令，侧窗格将弹出"项"面板，
如图 2.52 所示。在"通用性"设置栏下的"形
状"栏中单击┅按钮（图中①处），弹出"形
状目录"对话框，单击"输入"按钮（图中
②处）。在弹出的"输入形状"对话框的"目
录"栏中找到 SKP 文件夹（图中③处），选
择"M24 螺母.skp"文件（图中④处），单
击"确认"按钮（图中⑤处），再单击"确
认"按钮（图中⑥处）完成操作。

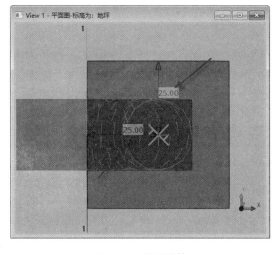

图 2.49　放置锚栓

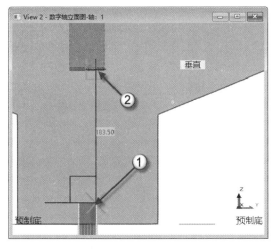

图 2.50　移动锚栓

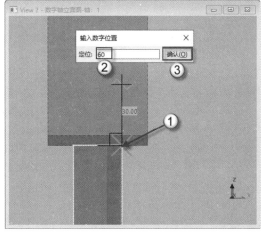

图 2.51　移动锚栓

（7）创建并放置 M24 螺母。单按 K 快捷键发出"项"命令，侧窗格将弹出"项"面
板，如图 2.53 所示。在"通用性"设置栏下的"名称"栏中输入"M24 螺母"字样（图中
①处），在"材料"栏中单击┅按钮（图中②处），在弹出的"选择材质"对话框中选择
"钢"材料下的 Q235B 选项（图中④处），单击"确认"按钮（图中⑤处）。在"等级"
栏中选择 12 选项（图中⑥处），在"编号序列"设置栏下删除"零件编号"栏中的内容（图
中⑦处），在"构件编号"栏中输入 M24 字样（图中⑧处）。在"平面图-标高为：地坪"
视图中放置螺母，让其对准锚栓，如图 2.54 所示。在图 2.55 所示的"数字轴立面图-轴：1"
视图中选择螺母，按 Ctrl+M 快捷键发出"移动"命令，依次单击螺母角点（图中①处）
和垫板顶部的垂足点（图中②处），将螺母移动至垫板正上方，这样就可以使 M24 螺母底
部与垫板顶部严丝合缝地对齐了，如图 2.56 所示。

（8）复制预埋件。在图 2.57 所示的"平面图-标高为：地坪"视图中选择一组预埋件
构件，即垫板、锚栓和 M24 螺母 3 个零件，按 Ctrl+C 快捷键发出"复制"命令，依次单
击两个孔洞角点（图中②→③处），将预埋件构件复制到排水沟的另一个孔洞中。在图 2.58

所示的视图中复选已放置好的两组预埋件构件（图中①处），单按 C 快捷键发出"复制-线性"命令，在弹出的"复制-线性"对话框中的"复制的份数"栏中输入 9 字样（图中②处），依次单击预制排水沟的左端点（图中③处）与右端点（图中④处），单击"复制"按钮（图中⑤处），横向复制预埋件构件，单击"确认"按钮（图中⑥处）完成操作。

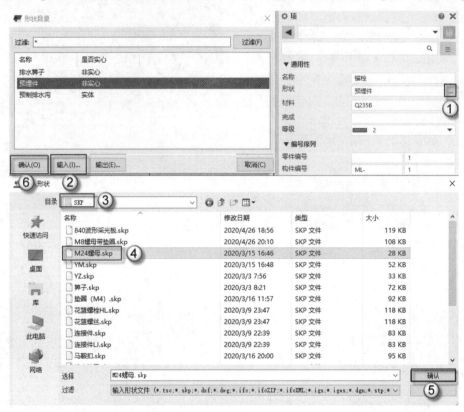

图 2.52　输入螺母形状

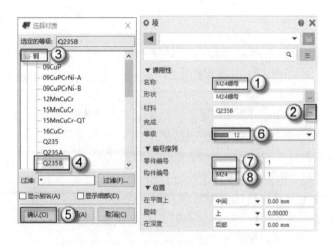

图 2.53　设置参数

🔔注意：复制单组预埋件构件是在排水沟中复制，这是因为同一排水沟中有两组这样的预埋件构件。先复制单组预埋件构件，这样就形成了一个完整的排水沟配置，之后则是在排水沟间复制这两组预埋件构件，完成其他排水沟的配置。

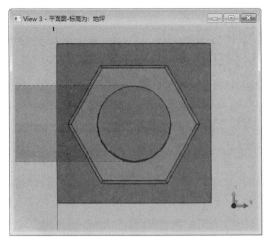

图 2.54　放置 M24 螺母

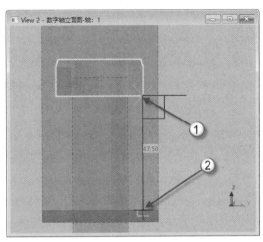

图 2.55　移动 M24 螺母

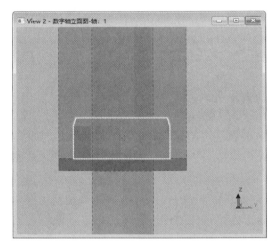

图 2.56　移动之后的螺母

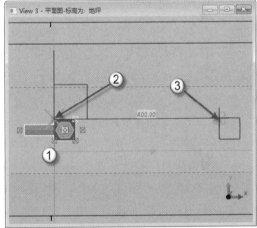

图 2.57　复制单个预埋件

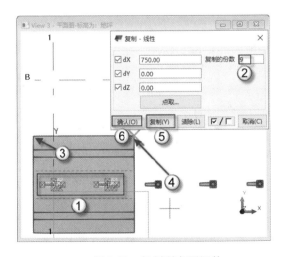

图 2.58　复制所有预埋件

# 第3章　使用 SketchUp 绘制特殊形状的零件

SketchUp 是天宝公司旗下的一款工程类软件。其建模的方法虽然简单，但是却可以创建出一系列复杂的模型，这个方面正好弥补了 Tekla 软件的不足。

Tekla 可以很便捷地导入由 SketchUp 建的 SKP 文件，然后使用"项"命令插入模型中。导入 Tekla 中的 SKP 文件，不仅可以设置零件名、构件名，还可以设置相应的材料，这样在后面就可以使用"报表"功能统计工程量。注意，在使用 SketchUp 制作导入 Tekla 的 SKP 文件时，模型不能太复杂，否则会出现一些问题，如 Tekla 不识别、无法统计模型重量等。

## 3.1　螺　母

螺母就是螺帽，与螺栓或螺杆拧在一起用来紧固零件。螺母通过内侧的螺纹，与同等规格螺栓连接在一起时才能发挥作用，如 M8 螺母只能与 M8 系列的螺栓进行连接（在螺母中，M8 指螺母内径大约为 8mm）。

虽然 Tekla 也有螺母，但是其螺母是与螺栓合并在一起的（也就是不能单独使用螺母功能）。在自行车棚例子中，地脚锚栓和拉杆等都需要单独的螺母进行固定（即不需要螺栓的螺母），因此本节介绍使用 SketchUp 绘制两种螺母的方法。

### 3.1.1　调节螺母

调节螺母是能够锁紧/解锁的螺母和套环，应用于需要夹紧、锁紧的场合。调节螺母的外观特点是螺母的上下皆有倒角。其具体尺寸如图 3.1 所示。

（1）绘制正六边形。选择"绘图"|"形状"|"多边形"命令，在软件界面的原点处绘制出一个直径为 43mm 内接于圆的正六边形，如图 3.2 所示。

（2）绘制圆。按 C 快捷键发出"圆"命令，以软件界面的原点为圆心，绘制出一个直径为 24mm 的圆，如图 3.3 所示。

（3）删除圆形面。按 Space 键发出"选择"命令，选择上一步绘制好的圆，按 Delete 键将其删除，如图 3.4 所示。

（4）向上拉伸。按 P 快捷键发出"推/拉"命令，配合 Ctrl 键向上拉伸，如图 3.5 所示。如图 3.6 所示，向上拉出三个高度，分别是 3mm（图中①处）、12mm（图中②处）和 3mm（图中③处）。

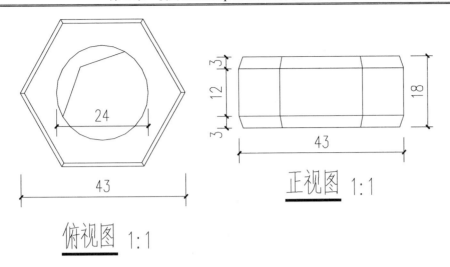

图 3.1　调节螺母详图

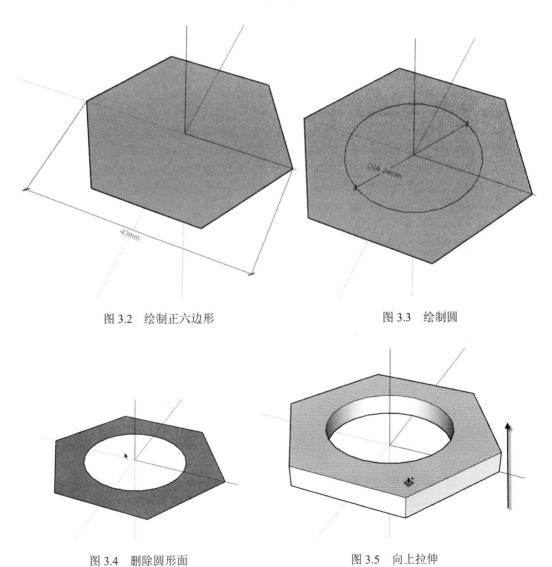

图 3.2　绘制正六边形　　　　　　　　　图 3.3　绘制圆

图 3.4　删除圆形面　　　　　　　　　图 3.5　向上拉伸

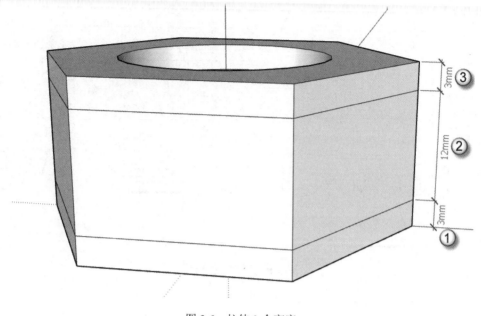

图 3.6　拉伸 3 个高度

（5）缩小顶面。选择顶部的面，按 S 快捷键发出"缩放"命令，按住 Ctrl 键不放，以中心为基准，向内缩小 0.95 个单位，如图 3.7 所示。使用同样的方法对底面也进行同样的缩放操作，如图 3.8 所示。

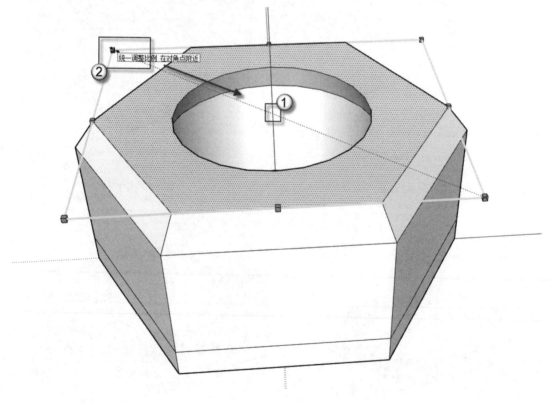

图 3.7　缩小顶面

（6）另存为 SKP 文件。选择"文件"|"另存为"命令，在弹出的"另存为"对话框中，选择目标目录为模型文件夹下的 SKP 子文件夹，在"文件名"栏中输入"调节螺母"字样，单击"保存"按钮，如图 3.9 所示。

🔔说明：笔者一般会将同一项目中所有用 SketchUp 创建的 SKP 文件放到一个文件夹中，并且将这个文件夹命名为 SKP，然后将其放入项目对应的模型文件夹中。这样，后面查找、调用和管理起来就方便多了。

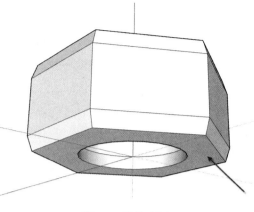

图 3.8　缩放底面

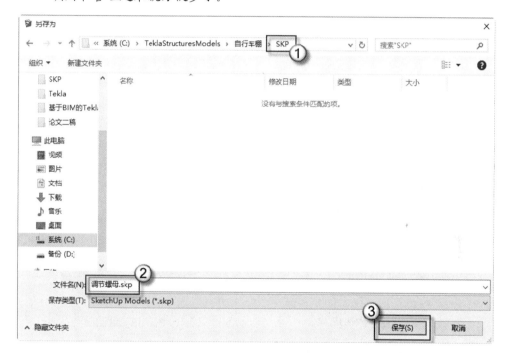

图 3.9　另存为 SKP 文件

## 3.1.2　M8 螺母带垫圈

在 LT1 与 LT2 的两端皆设置有 M8 螺母与 M8 垫圈。它们本来是两个零件，但为了方便建模和统计工程量，将它们合二为一，具体尺寸如图 3.10 所示。

（1）绘制正六边形。选择"绘图"|"形状"|"多边形"命令，在软件界面的原点处绘制出一个直径为 12mm 的内接于圆的正六边形，如图 3.11 所示。

（2）绘制圆。按 C 快捷键发出"圆"命令，以软件界面的原点为圆心，绘制出一个直径为 8mm 的圆，如图 3.12 所示。

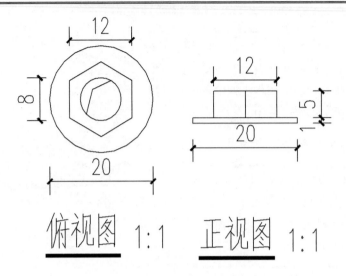

图 3.10　M8 螺母带垫圈详图

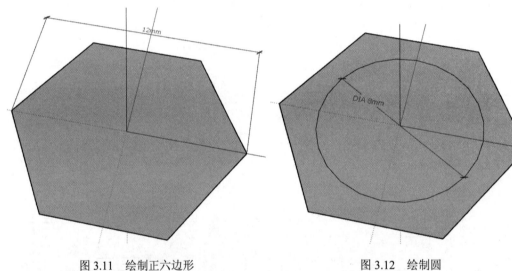

图 3.11　绘制正六边形　　　　　　　　　图 3.12　绘制圆

（3）删除圆形面。按 Space 键发出"选择"命令，选择上一步绘制好的圆，按 Delete 键将其删除，如图 3.13 所示。

（4）向上拉伸。按 P 快捷键发出"推/拉"命令，向上拉出 5mm 的高度，如图 3.14 所示。

（5）创建群组。选择整个模型，然后右击这个模型，在弹出的快捷菜单中选择"创建群组"命令，如图 3.15 所示。创建群组之后，模型就由以面为单位变为以整体为单位，再选择这个模型就是一个整体了。这样方便管理模型，特别是选择模型时更方便。

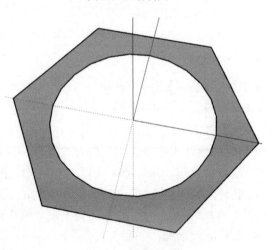

图 3.13　删除圆形面

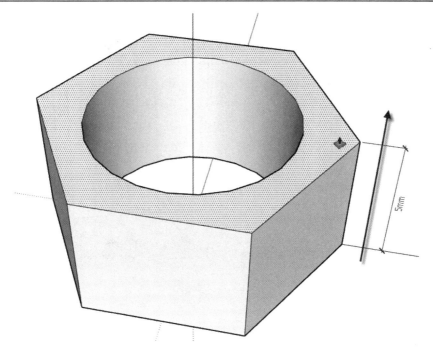

图 3.14　向上拉伸

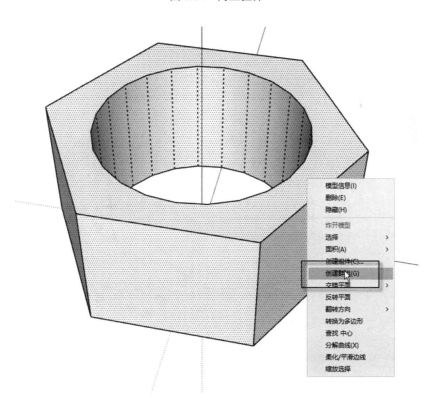

图 3.15　创建群组

（6）向上移动。选择这个模型（由于整个模型已经成为一个群组，选择起来就方便多了），按 M 快捷键发出"移动"命令，将模型向上移动 1mm 的距离，如图 3.16 所示。

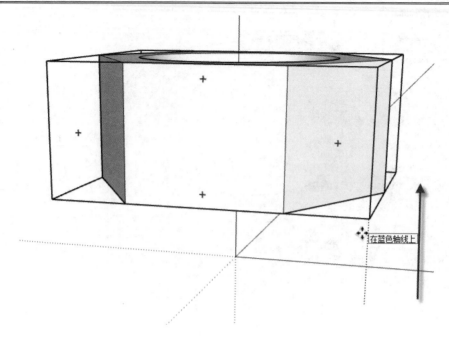

图 3.16　向上移动模型

（7）绘制圆。按 C 快捷键发出"圆"命令，以软件的原点为圆心，绘制出一个直径为 20mm 的圆形，如图 3.17 所示。

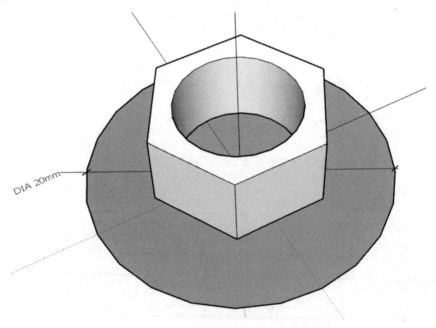

图 3.17　绘制圆

（8）向上拉伸。按 P 快捷键发出"推/拉"命令，向上拉伸 1mm 的高度，如图 3.18 所示。这样就形成了垫圈的厚度。

（9）绘制底部圆。将视图转动到垫圈的底部，按 C 快捷键发出"圆"命令，以软件的原点为圆心，绘制出一个直径为 8mm 的圆，如图 3.19 所示。

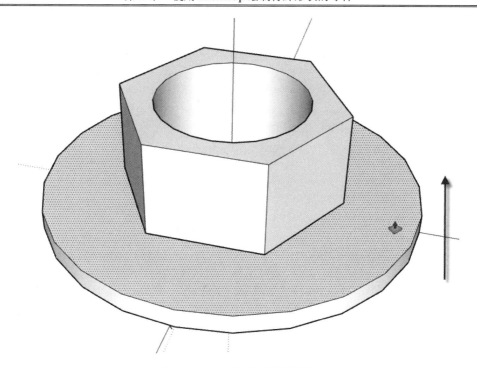

图 3.18　向上拉伸垫圈的厚度

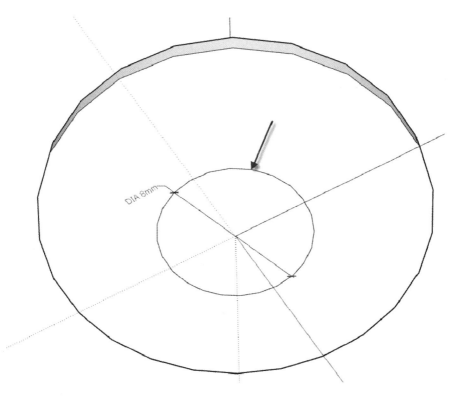

图 3.19　绘制底部圆

（10）拉出垫圈孔洞。按 P 快捷键发出"推/拉"命令，向上拉伸 1mm 的高度，这样就可以拉出垫圈的孔洞，如图 3.20 所示。整个模型完成后的效果如图 3.21 所示。

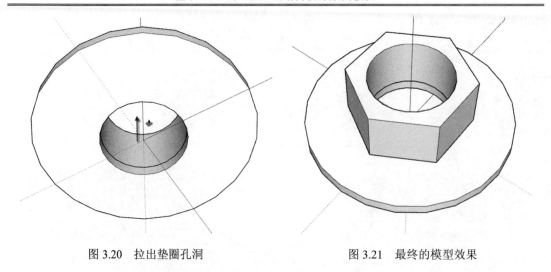

图 3.20　拉出垫圈孔洞　　　　　　　　图 3.21　最终的模型效果

（11）另存为 SKP 文件。选择"文件"|"另存为"命令，在弹出的"另存为"对话框中，选择目标目录为模型文件夹下的 SKP 子文件夹，在"文件名"栏中输入"M8 螺母带垫圈"字样，单击"保存"按钮，如图 3.22 所示。

图 3.22　另存为 SKP 文件

## 3.2　波形采光板

本节不仅介绍如何绘制 840 波形采光板，而且会讲解固定采光板的支架、自攻螺钉的绘制方法。这几个零件皆使用 SketchUp 建模。

## 3.2.1　840 波形采光板

840 波形采光板是指相邻两个波峰间距为 210mm，总宽度为 840mm 的采光板，材质为 FRP（纤维增强复合材料）。840 波形采光板的详图请读者查阅附录 B。840 波形采光板的绘制过程如下：

（1）导入截面文件。选择"文件"|"导入"命令，在弹出的"导入"对话框中切换至"AutoCAD 文件（*.dwg, *.dxf）"选项，单击"选项"按钮，弹出"导入 AutoCAD DWG/DXF 选项"对话框。切换"单位"为"毫米"选项，单击"确定"按钮，进入"C:\ TeklaStructuresModels\ 自行车棚\DWG"目录，选择"840 采光板截面"DWG 文件，单击"导入"按钮，如图 3.23 所示。之后会弹出一个"导入结果"对话框，单击"关闭"按钮，如图 3.24 所示。这个"导入结果"对话框用于提示设计师检查导入的内容是否正确和完整。之后就可以看到导入的图形位于 XY 平面上，如图 3.25 所示。

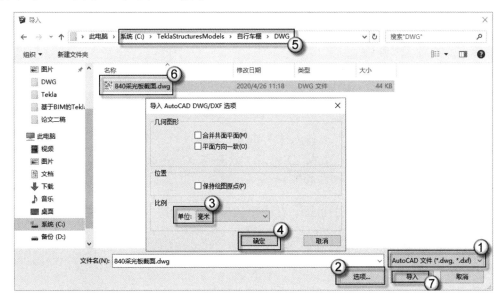

图 3.23　导入截面文件

图 3.24　导入结果

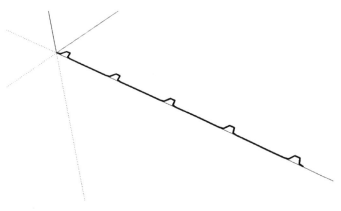

图 3.25　导入的图形

🔔**说明**：笔者一般会将同一项目中所有的 DWG 文件放到一个文件夹中，并将这个文件夹命名为 DWG，然后将其放入项目对应的模型文件夹中，方便查找、调用和管理。

（2）旋转截面。选择导入的截面，按 Q 快捷键发出"旋转"命令，将其旋转到 Z 轴上，即出现"在蓝色轴线上"的字样，如图 3.26 所示。

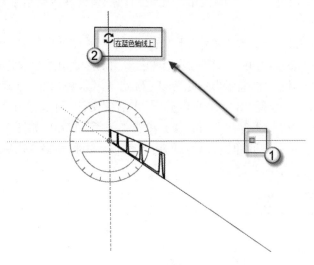

图 3.26　旋转截面

🔔**注意**：导入的 DWG 截面图形文件默认是在 XY 轴组成的平面中，而在建模时需要将这个截面图形设置为在 YZ 或 ZX 平面中（即与 XY 平面成 90 度交角）。要达到这个目的，就需要使用"旋转"命令。

（3）炸开模型。右击导入的截面，在弹出的快捷菜单中选择"炸开模型"命令，如图 3.27 所示。导入的这个截面模型是一个群组（即一个整体），无法进行后面的操作，因此必须将其炸开，分散成以面为单位的个体。

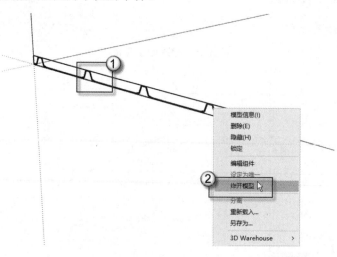

图 3.27　炸开模型

（4）补线生成面。按 L 快捷键发出"直线"命令，对截面任意相连的两个端点进行补线操作，如图 3.28 所示。补线之后，这个截面会生成面。

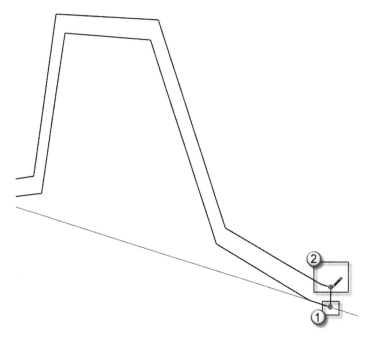

图 3.28　补线生成面

注意：在 SketchUp 中闭合的图形会自动生成面。导入的这个截面文件虽然是一个闭合
的图形，但是没有自动生成面。原因是这个图形是通过 DWG 导入的，而不是在
SketchUp 中绘制的。因此必须通过补线的操作让软件对其封面。有了"面"，才
能进行后面的推/拉操作。

（5）推/拉操作。按 P 快捷键发出"推/拉"命令，将已经封面的截面向一侧拉伸，如
图 3.29 所示。在数值输入框中输入 1800 个单位，按 Enter 键完成"推/拉"操作。绘制好
的 840 波形采光板的模型如图 3.30 所示。

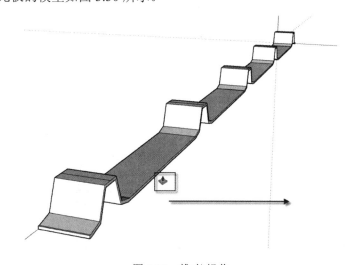

图 3.29　推/拉操作

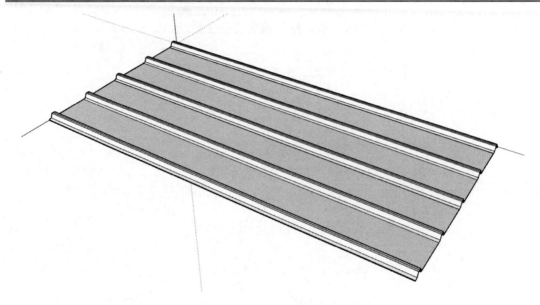

图 3.30　完成模型绘制

（6）另存为 SKP 文件。选择"文件"|"另存为"命令，在弹出的"另存为"对话框中，选择目标目录为模型文件夹下的 SKP 子文件夹，在"文件名"栏中输入"840 波形采光板"字样，单击"保存"按钮，如图 3.31 所示。

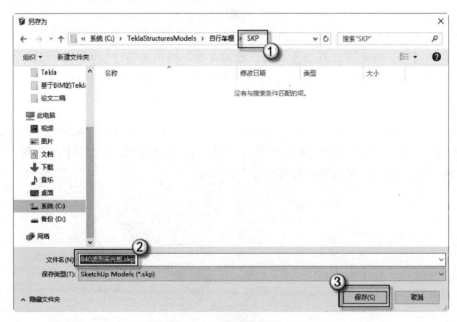

图 3.31　另存为 SKP 文件

## 3.2.2　支架

支架的作用是固定 840 波形采光板，具体尺寸详见图 3.32 所示。支架的具体建模方法如下：

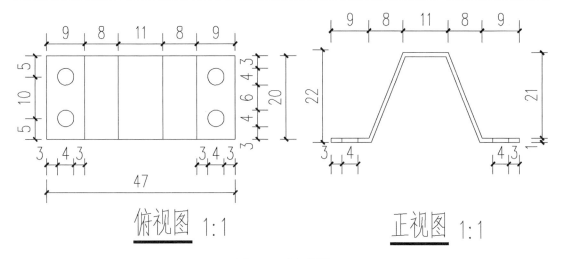

图 3.32 支架详图

（1）导入截面文件。选择"文件"|"导入"命令，在弹出的"导入"对话框中切换至"AutoCAD 文件（*.dwg，*.dxf）"选项，单击"选项"按钮，弹出"导入 AutoCAD DWG/DXF 选项"对话框。切换"单位"为"毫米"选项，单击"确定"按钮，进入"C:\ TeklaStructuresModels\自行车棚\DWG"目录，选择"支架截面"DWG 文件，单击"导入"按钮，如图 3.33 所示。之后会弹出一个"导入结果"对话框，单击"关闭"按钮，如图 3.34 所示。这个"导入结果"对话框用于提示设计师检查导入的内容是否正确和完整。此时可以看到导入的图形位于 XY 平面上，如图 3.35 所示。

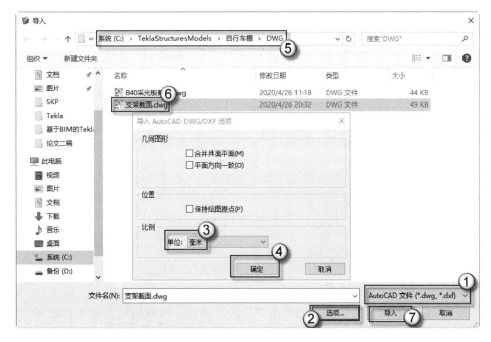

图 3.33 导入截面文件

（2）旋转截面。选择导入的截面，按 Q 快捷键发出"旋转"命令，将其旋转到 Z 轴上，即出现"在蓝色轴线上"的字样，如图 3.36 所示。

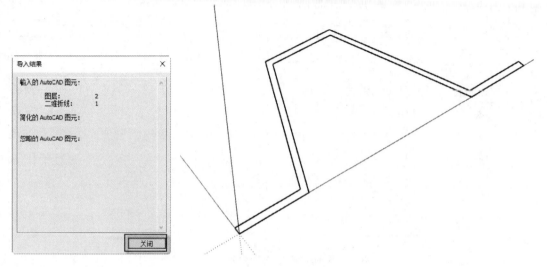

图 3.34　导入结果　　　　　　　　　　　　图 3.35　导入结果

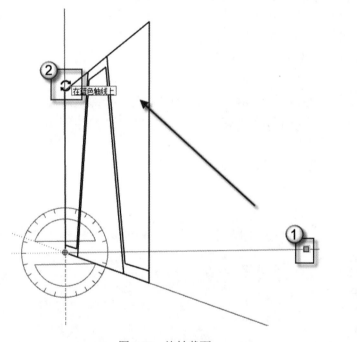

图 3.36　旋转截面

（3）炸开模型。右击导入的截面，在弹出的快捷菜单中选择"炸开模型"命令，如图 3.37 所示。导入的这个截面模型是一个群组（即一个整体），无法进行后面的操作，必须将其炸开，分散成以面为单位的个体。

（4）补线生成面。按 L 快捷键发出"直线"命令，对截面任意相连的两个端点进行补线操作，如图 3.38 所示。补线之后，这个截面会生成面。

（5）推/拉操作。按 P 快捷键发出"推/拉"命令，将已经封面的截面分别向两侧各拉伸出 10mm（共 20mm）的厚度，如图 3.39 和图 3.40 所示。此时可以看到支架的大体轮廓已经形成了。

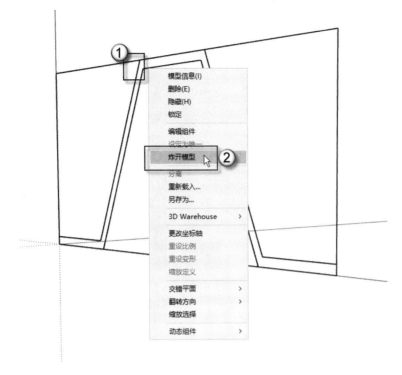

图 3.37　炸开模型

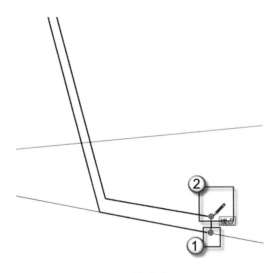

图 3.38　补线生成面

（6）圆心定位点。按 T 快捷键发出"卷尺"命令，将图 3.41 中的①线沿箭头方向偏移 5mm 的距离，从而形成一条辅助线。然后将图 3.42 中的②线沿箭头方向偏移 5mm 的距离，从而形成另一条辅助线，这两条辅助线的交点就是圆心点。

（7）绘制圆。按 C 快捷键发出"圆"命令，以上一步定位的圆心点为圆心绘制出一个直径为 4mm 的圆，如图 3.43 所示。使用同样的方法在另一侧绘制出另一个圆，如图 3.44 所示。

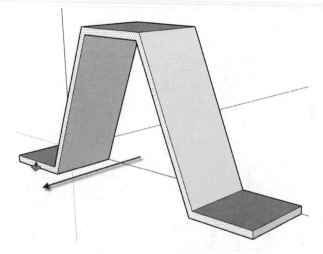

图 3.39 向一侧拉伸 10mm

图 3.40 向另一侧再拉伸 10mm

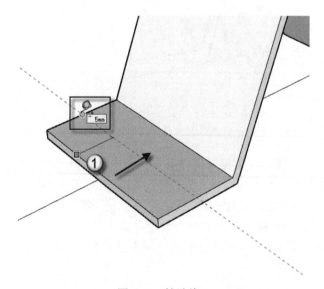

图 3.41 辅助线 1

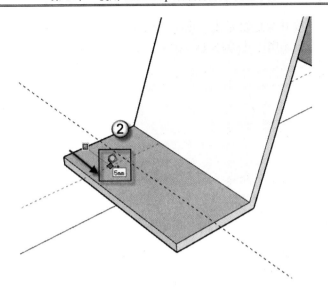

图 3.42　辅助线 2

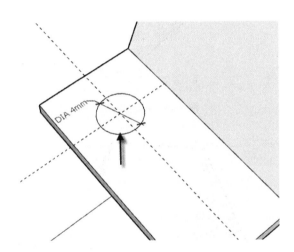

图 3.43　绘制圆 1

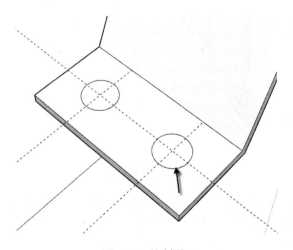

图 3.44　绘制圆 2

（8）推出圆孔。按 P 快捷键发出"推/拉"命令，向下推 1mm 的厚度，这样就可以推出圆孔，如图 3.45 所示。使用同样的方法，在另一侧也形成两个同样尺寸的圆孔，如图 3.46 所示。

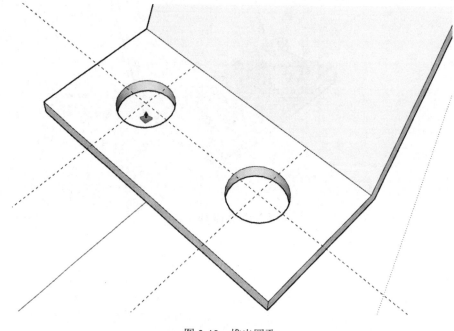

图 3.45　推出圆孔

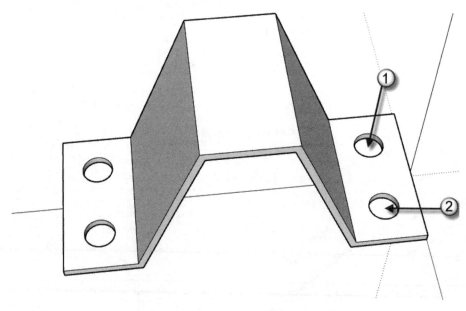

图 3.46　另一侧的圆孔

（9）移动到原点。选择整个模型，按 M 快捷键发出"移动"命令，将其移动至软件的原点，如图 3.47 所示。这一步操作的好处是在导入 Tekla 之后，可以方便地与模型对齐，否则需要在 Tekla 中进行多次的对位移动。

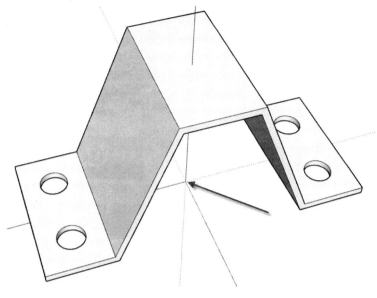

图 3.47　移动到原点

（10）另存为 SKP 文件。选择"文件"|"另存为"命令，在弹出的"另存为"对话框中，选择目标目录为模型文件夹下的 SKP 子文件夹，在"文件名"栏中输入"支架"字样，单击"保存"按钮，如图 3.48 所示。

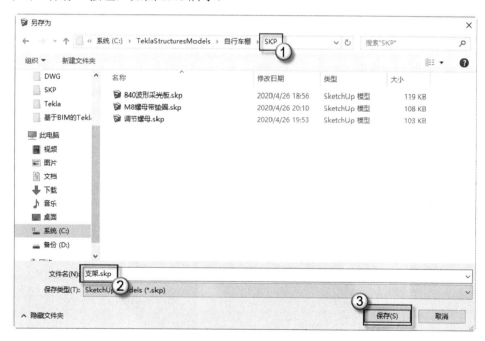

图 3.48　另存为 SKP 文件

## 3.2.3　自攻螺钉

自攻螺钉又称快牙螺钉，为钢制的经表面钝化处理的快装紧固件。自攻螺钉多用于薄的金属板（钢板、锯板等）之间的连接。本节要制作两种型号的自攻螺钉，具体尺寸如图 3.49 所示。

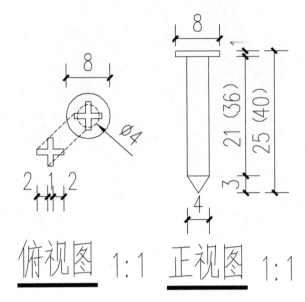

图 3.49　自攻螺钉详图

⏳ **注意**：图 3.49 中螺钉高度尺寸有两种，不带括号的尺寸属于 M4×25 螺钉，带括号的尺寸属于 M4×40 螺钉。

（1）绘制圆形。按 C 快捷键发出"圆"命令，以软件的原点为圆心，绘制一个直径为 8mm 的圆形，如图 3.50 所示。

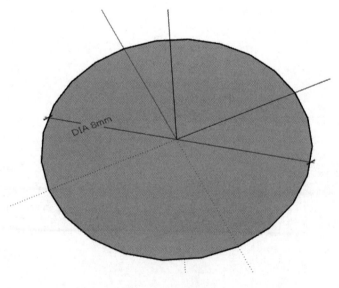

图 3.50　绘制圆形

（2）拉伸高度。按 P 快捷键发出"推/拉"命令，将上一步绘制的圆形向上拉出 1mm 的高度，如图 3.51 所示。

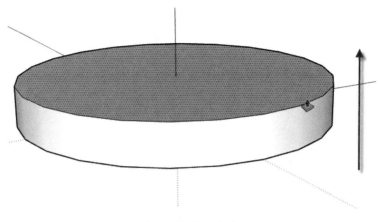

图 3.51　拉伸高度

（3）绘制两条辅助线。按 T 快捷键发出"卷尺"命令，在圆形表面绘制出两个相互垂直的辅助线，如图 3.52 所示（图中①、②处）。

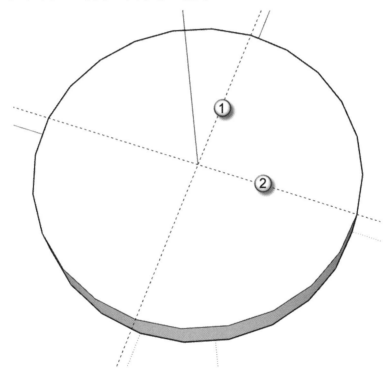

图 3.52　绘制两条辅助线

（4）绘制辅助线。按 T 快捷键发出"卷尺"命令，绘制与辅助线①平行的两条辅助线③与④，①-③间距和①-④间距皆为 0.5mm。同样，绘制与辅助线②平行的两条辅助线⑤与⑥，②-⑤间距和②-⑥间距皆为 0.5mm，如图 3.53 所示。

（5）绘制螺丝刀孔轮廓线。按 L 快捷键发出"直线"命令，绘制出如图 3.54 所示的螺丝刀孔轮廓线。注意图中①、②两点之间连线的距离为 2mm。

（6）形成螺丝刀孔，按 P 快捷键发出"推/拉"命令，向下推出 0.9mm 的距离，形成螺丝刀孔，如图 3.55 所示。

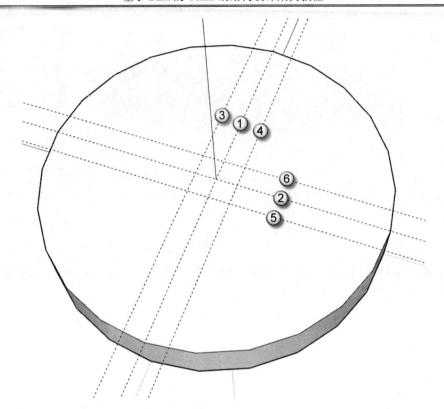

图 3.53　绘制辅助线

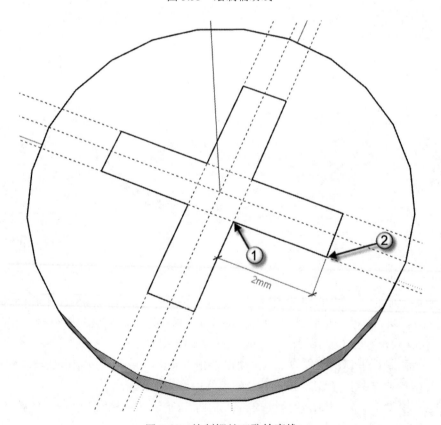

图 3.54　绘制螺丝刀孔轮廓线

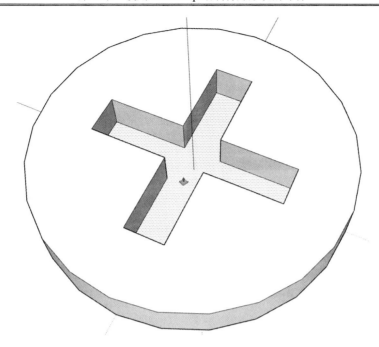

图 3.55　形成螺丝刀孔

（7）在底部绘制圆形。旋转视图至模型底部，按 C 快捷键发出"圆"命令，以软件的原点为圆心，绘制出一个直径为 4mm 的圆形，如图 3.56 所示。

（8）拉伸出两段高度。按 P 快捷键发出"推/拉"命令，按住 Ctrl 键不放，将绘制的圆形向下拉伸出两段高度，如图 3.57 所示。图中①处高度为 21mm，图中②处高度为 3mm。

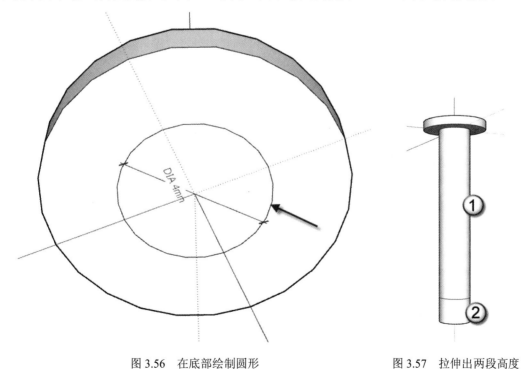

图 3.56　在底部绘制圆形　　　　　　图 3.57　拉伸出两段高度

（9）缩小形成螺钉尖部。螺钉要打穿钢板，前端必须是尖的，这样可以增大压强。选择底部的圆，按 S 快捷键发出"缩放"命令，按住 Ctrl 键不放，将螺钉前端向内缩小 0.001 个单位，如图 3.58 所示。完成后可以看到前端形成了一个圆锥形，这就是螺钉尖部，如图 3.59 所示。

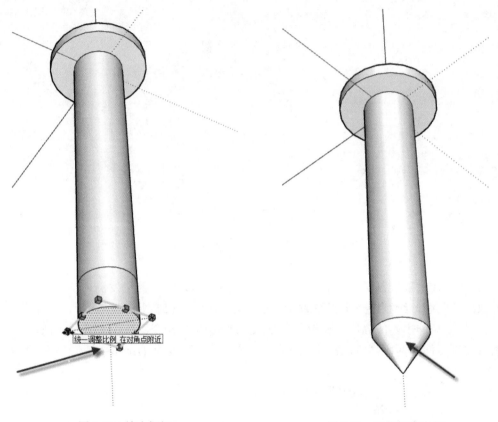

统一调整比例 在对角点附近

图 3.58　缩小螺钉　　　　　　　　　图 3.59　形成螺钉尖部

注意：在 SketchUp 中缩小的数值最小不能等于 0，此处设置缩小数值为 0.001 个单位就近似于 0 了。这样就可以将一个圆形近似缩小成为一个点，即形成尖部。

（10）另存为 SKP 文件。选择"文件"|"另存为"命令，在弹出的"另存为"对话框中，选择目标目录为模型文件夹下的 SKP 子文件夹，在"文件名"栏中输入"自攻螺钉（M4×25）"字样，单击"保存"按钮，如图 3.60 所示。

在完成 M4×25 自攻螺钉绘制后，只需要对其进行局部修改，就能形成 M4×25 的自攻螺钉。

（11）选择尖部。按 Space 键发出"选择"命令，从屏幕右侧向左侧拉框选择螺钉的尖部，如图 3.61 所示。

（12）向下移动。按 M 快捷键发出"移动"命令，向下移动 15mm 的距离，如图 3.62 所示。

注意：M4×40 的自攻螺钉比 M4×25 的自攻螺钉长 15mm。要制作 M4×40 的自攻螺钉，只需要将 M4×25 的自攻螺钉向下拉长 15mm 即可。

图 3.60　另存为 SKP 文件

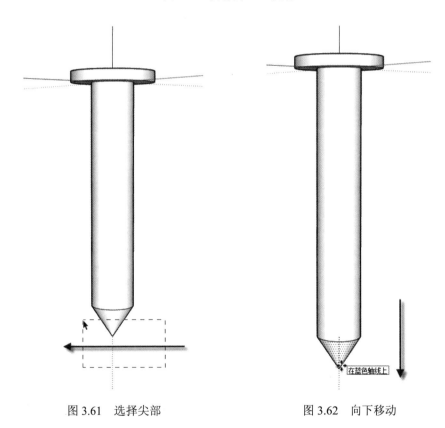

图 3.61　选择尖部　　　　　　　　　图 3.62　向下移动

　　绘制好的 M4×40 自攻螺钉，如图 3.63 所示。

　　（13）另存为 SKP 文件。选择"文件"|"另存为"命令，在弹出的"另存为"对话框中，选择目标目录为模型文件夹下的 SKP 子文件夹，在"文件名"栏中输入"自攻螺钉

（M4×40）"字样，单击"保存"按钮，如图 3.64 所示。

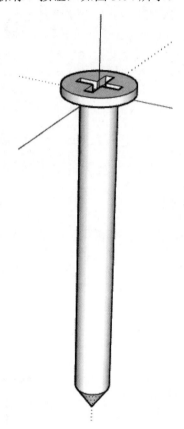

图 3.63   完成 M4×40 螺钉绘制

图 3.64   另存为 SKP 文件

# 第4章 主体构件的绘制

本章主要介绍主体构件，即钢柱 GZ、钢梁 GL 的绘制方法。主体构件绘制完成之后还要进行连接。在 Tekla 中，连接只有两种方式：焊接与螺栓连接。

## 4.1 绘 制 主 体

本节介绍 GZ1、GL1 和 GL2 的绘制方法。注意选择构件的截面、材料、编号等参数，这样便于后面的统计计算。

### 4.1.1 绘制柱脚板

本节介绍钢柱 GZ1 最底部的构件——柱脚板的绘制方法。柱脚板上的加劲板、垫板等绘制细节，将在后面介绍。

（1）整理视图。按 Ctrl+I 快捷键发出"视图列表"命令，将"平面图-标高为：基础顶"和"字母轴立面图-轴：A"视图平铺在界面上，如图 4.1 所示。

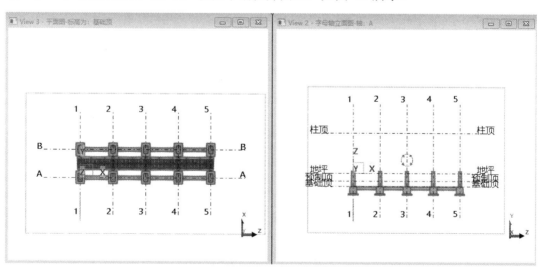

图 4.1　整理视图

（2）绘制柱脚板。双按 B 快捷键发出"压型板"命令，侧窗格将弹出"压型板"面板，如图 4.2 所示。在"通用性"设置栏下的"名称"栏中输入"柱脚板"字样，在"型材/截面/型号"栏中输入 PL10 字样，在"材料"栏中单击 ▦ 按钮，弹出"选择材质"对话框，在"钢"材料中选择 Q235B 选项，单击"确认"按钮。在"等级"栏中选择 14 选项，在"编号序列"设置栏下的"零件编号"栏中输入 P□字样，在"构件编号"栏中输入 PL-字样，在"位置"设置栏下的"在深度"栏中选择"后部"选项。在"平面图-标高为：基础顶"视图中 A 轴与 1 轴的交点处绘制柱脚板，并在"字母轴立面图-轴：A"视图中观察柱脚板的位置，如图 4.3 所示。

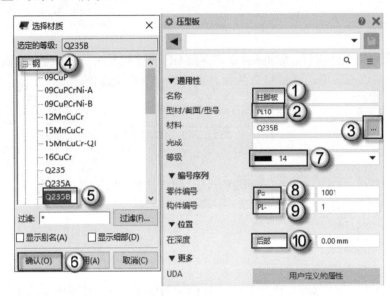

图 4.2　设置柱脚板参数

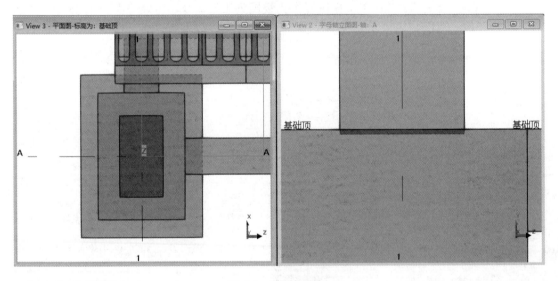

图 4.3　绘制柱脚板

（3）切割承台。在"平面图-标高为：基础顶"视图中，按 Ctrl+P 快捷键发出"切换三维/平面"命令，将该平面视图切换为三维显示模式，如图 4.4 所示。右击 1 轴和 A 轴相交处的地柱（图中①处），按住 Shift 键不放，在弹出的快捷菜单中选择"隐藏"命令，将地柱完全隐藏。按 Ctrl+4 快捷键发出"不透明显示"命令，在快速访问工具栏中选择"使用零件切割对象"命令，依次选择承台和柱脚板，切割后如图 4.5 所示。最后，单按 M 快捷键将所有视图隐藏的构件显示出来，然后按 Ctrl+P 快捷键发出"切换三维/平面"命令，将视图切换为平面模式。

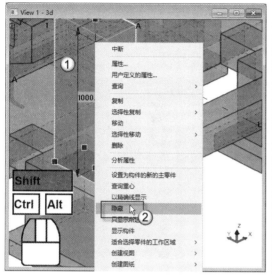

图 4.4　隐藏地柱

图 4.5　切割承台

注意：此处三维显示时，将视图调为不透明显示模式后会发现柱脚板与承台共面（就是出现"花面"），这里就需要在承台上挖出一个洞，使其与柱脚板不共面。

## 4.1.2　绘制钢柱 GZ1

本节以两种方法绘制钢柱 GZ1，其中，第（1）步是以"柱"命令绘制钢柱 GZ1，（2）和（3）步是以"梁"命令绘制钢柱 GZ1。

（1）创建并放置钢柱 GZ1。选择"混凝土"|"柱"命令，侧窗格将弹出"钢柱"面板，如图 4.6 所示。在"通用性"设置栏下的"名称"栏中输入"钢柱"字样（图中①处），在"型材/截面/型号"栏中单击 按钮（图中②处），弹出"选择截面"对话框。选择"I 截面"|H |0-500 材料下的 H300*150*6.5*9 选项（图中⑥处），单击"确认"按钮（图中⑦处）。在"材料"栏中单击 按钮，弹出"选择材质"对话框，如图 4.7 所示，在"钢"材料中选择 Q235B 选项，单击"确认"按钮。在"等级"栏中选择 7 选项，在"编号序列"设置栏下等的"零件编号"栏中输入 ZH 字样，在"构件编号"栏中输入 GZ1-字样，在"位置"设置栏下的"垂直"栏中选择"中间"选项，在"旋转"栏中选择"前面"选项，在"水平"栏中选择"中间"选项，在"上"栏中输入 2590 字样，在"下"栏中输入-850 字样。在"平面图-标高为：基础顶"视图中的 A 轴与 1 轴交点处放置钢柱 GZ1，如图 4.8 所示（图中①处）。

（2）在视图上设置工作平面。在图 4.9 所示的"字母轴立面图-轴：A"视图中，按 Shift+Z 快捷键发出"在视图面上设置工作平面"命令，单击视图空白处，视图中即可出现 UCS 图标（图中①处）。

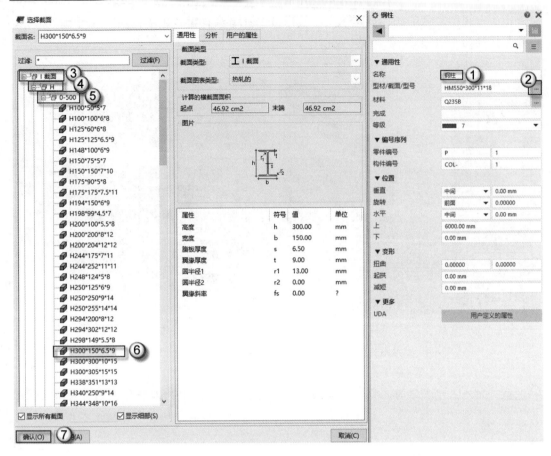

图 4.6　选择截面

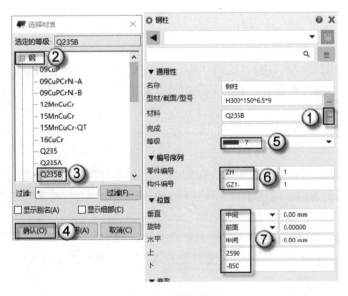

图 4.7　设置参数图

（3）绘制钢柱 GZ1。单按 L 快捷键发出"钢梁"命令，侧窗格将弹出"钢梁"面板，如图 4.10 所示。选择"钢柱"模板（图中①处），在"位置"设置栏下的"在平面上"栏中选择"中间"选项，在"旋转"栏中选择"上"选项，在"在深度"栏中选择"中间"选项（图中②处），因为已提前设置，所以这里不需要再修改参数了。在图 4.11 所示的"字母轴立面图-轴：A"视图中，捕捉"基础顶"标高与 1 轴交点（图中①处），这是钢柱的下端点。使用临时参考点法，按住 Ctrl 键不放，单击"柱顶"标高与 1 轴的交点，如图 4.12 所示（图中②处），这个点就是临时参考点，将光标放在 1 轴中点（图中③处）以确定方向，输入 10 个单位，在弹出的"输入数字位置"对话框中单击"确认"按钮，即可捕捉到钢柱的上端点。绘制完成的钢柱如图 4.13 所示。

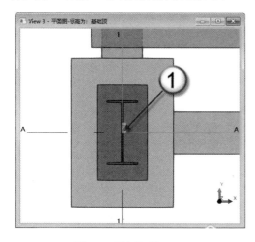

图 4.8　放置钢柱 GZ1

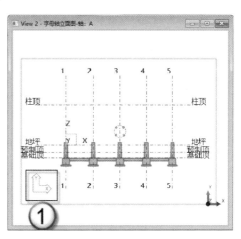

图 4.9　在视图上设置工作平面

图 4.10　创建钢柱 GZ1

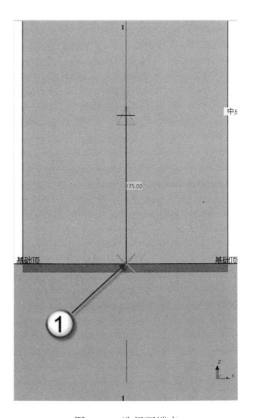

图 4.11　选择下端点

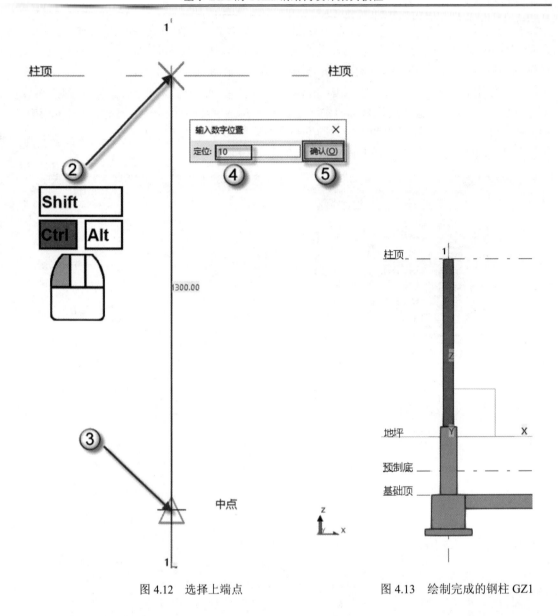

图 4.12　选择上端点　　　　　　　　图 4.13　绘制完成的钢柱 GZ1

### 4.1.3　绘制钢梁 GL1

由于前面设置了钢梁的模板，此处调用钢梁模板就可以直接绘图了。具体操作如下：

（1）调整视图界面。按 Ctrl+I 快捷键发出"视图列表"命令，将"字母轴立面图-轴：A"与"平面图-标高为：柱顶"视图垂直平铺。在"平面图-标高为：柱顶"视图中，按 Shift+Z 快捷键发出"在视图面上设置工作平面"命令，单击视图空白处，将工作平面切换到该视图上，如图 4.14 所示。

（2）创建并绘制钢梁 GL1。单按 L 快捷键发出"钢梁"命令，侧窗格将弹出"钢梁"面板，如图 4.15 所示。在其中选择"钢梁"模板，因为已提前设置，所以这里不需要再修改参数了。在图 4.16 所示的"平面图-标高为：柱顶"视图中，以 A 轴与 1 轴交点（图中①处）

为起点，以 A 轴与 2 轴交点（图中②处）为终点，水平绘制钢梁 GL1，如图 4.16 所示。

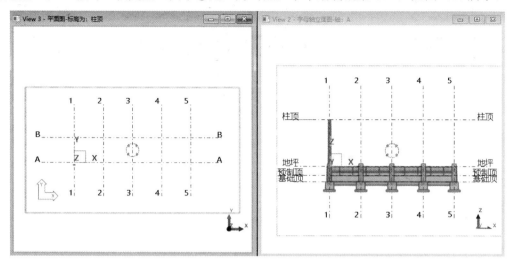

图 4.14　调整视图界面

图 4.15　创建钢梁 GL1

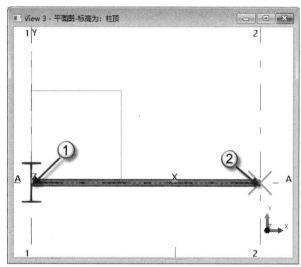

图 4.16　绘制钢梁 GL1

## 4.1.4　绘制钢梁 GL2

本节绘制的钢梁 GL2 是变截面梁，在设置参数时要选择变截面的参数。截面形状选择 PHI 截面，这个是 H 型钢的万能变截面。具体操作如下：

（1）绘制辅助线。在图 4.17 所示的"平面图-标高为：柱顶"视图中，单按 E 快捷键发出"辅助线"命令，使用临时参考点法，按住 Ctrl 键不放，单击图中①处所在的点（这个就是临时参考点），单按 O 快捷键发出"正交"命令，垂直向下移动光标以确定方向，输入 1200 个单位，在弹出的"输入数字位置"对话框中单击"确认"按钮。从左往右水平绘制一条辅助线，这条辅助线在 A 轴下方且距离 A 轴 1200 个单位，如图 4.18 所示（图中

①处）。以同样的方法，绘制一条在 A 轴上方且距离 A 轴 600 个单位的辅助线，如图 4.19 所示（图中②处）。

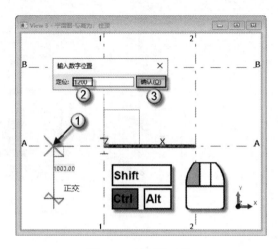

图 4.17　绘制辅助线

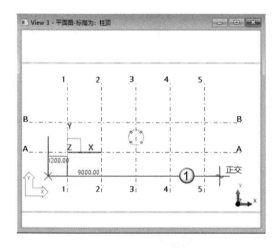

图 4.18　绘制辅助线 1

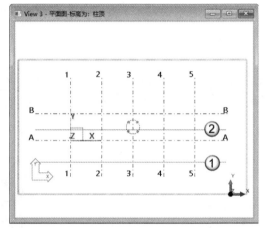

图 4.19　绘制辅助线 2

（2）创建钢梁 GL2。单按 L 快捷键发出"钢梁"命令，侧窗格将弹出"钢梁"面板，如图 4.20 所示。在"通用性"设置栏下的"名称"栏中输入"钢梁"字样（图中①处），在"型材/截面/型号"栏中单击┉按钮（图中②处），弹出"选择截面"对话框。选择"I 截面"|I 设置栏下的 PHI 选项（图中⑤处），在"通用性"选项卡的"属性"栏中，在"高度 1"对应的"值"栏中输入 250 个单位，在"高度 2"对应的"值"栏中输入 150 个单位，在"腹板厚度"对应的"值"栏中输入 8 个单位，在"翼缘厚度"对应的"值"栏中输入 10 个单位，在"宽度"对应的"值"栏中输入 100 个单位（图中⑥处），单击"确认"按钮（图中⑦处）。在"材料"栏中单击┉按钮，弹出"选择材质"对话框，在"钢"材料中选择 Q235B 选项，单击"确认"按钮，在"等级"栏中选择 3 选项，在"编号序列"设置栏下的"零件编号"栏中输入 ZH 字样，在"构件编号"栏中输入 GL2-字样，在"位置"设置栏下的"在平面上"栏中选择"中间"选项，在"旋转"栏中选择"上"选项，在"在深度"栏中选择"前面"选项，如图 4.21 所示。

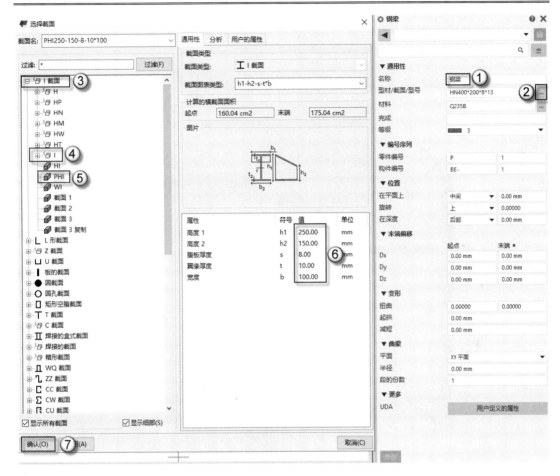

图 4.20　选择截面

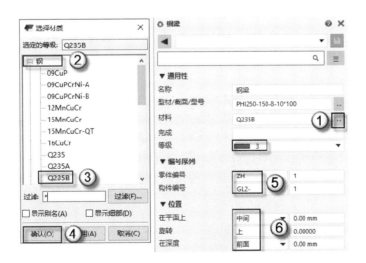

图 4.21　设置参数

（3）绘制钢梁 GL2。在图 4.22 所示的"平面图-标高为：柱顶"视图中，以 1 轴与下方辅助线交点（图中①处）为起点，以 1 轴与上方辅助线交点（图中②处）为终点，绘制 GL2。在图 4.23 所示的"字母轴立面图-轴：A"视图中，选择已绘制的钢梁 GL2（图中①

处），按 Ctrl+M 快捷键发出"移动"命令，依次单击其下端点（图中②处）和"柱顶"处端点（图中③处），将其向下移动对齐。

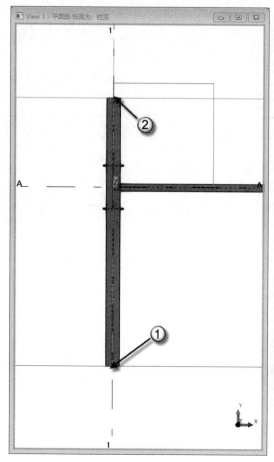

图 4.22　绘制钢梁 GL2

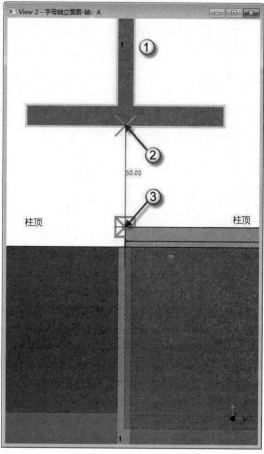

图 4.23　移动钢梁 GL2

# 4.2　GZ1 与 GL2 的连接

GZ1 与 GL2 是采用钢柱顶部的柱端板进行连接的。后续还有檩托板、隅撑连接屋面的檩条。GZ1 与 GL2 组成的节点比较复杂，请读者注意。

## 4.2.1　绘制柱端板

本节以两种方法绘制钢柱柱端板，其中，（1）和（2）步是以板绘制柱端板，第（3）步是以梁绘制柱端板。

（1）创建柱端板。单按 B 快捷键发出"压型板"命令，侧窗格将弹出"压型板"面板，如图 4.24 所示。在"通用性"设置栏下的"名称"栏中输入"柱端板"字样，在"型材/截面/型号"栏中输入 PL10 字样，在"材料"栏中单击￭按钮，在弹出的"选择材质"

对话框中在"钢"材料中选择 Q235B 选项，单击"确认"按钮。在"等级"栏中选择 14
选项，在"编号序列"设置栏下的"零件编号"栏中输入 P□字样，在"构件编号"栏中
输入 PL-字样，在"位置"设置栏下的"在深度"栏中选择"后部"选项。

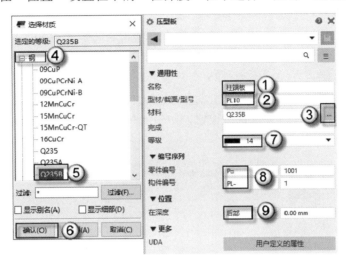

图 4.24　设置参数

（2）绘制柱端板。在图 4.25 所示的视图中，单按 B 快捷键发出"压型板"命令，使
用临时参考点法，按住 Ctrl 键不放，单击 A 轴与 1 轴的交点（图中①处），这个点就是临
时参考点。单按 O 快捷键发出"正交"命令，水平向右移动光标以确定方向，输入 125 个
单位，在弹出的"输入数字位置"对话框中单击"确认"按钮。然后垂直向上移动光标以
确定方向，输入 210 个单位，在弹出的"输入数字位置"对话框中单击"确认"按钮，
如图 4.26 所示。以同样的方法继续绘制一块长边为 420mm、短边为 250mm 的柱端板，
如图 4.27 所示。

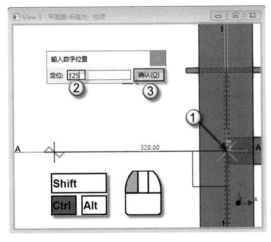

图 4.25　绘制柱端板起点

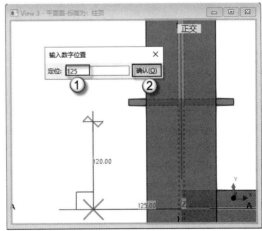

图 4.26　开始绘制柱端板

（3）创建柱端板。在图 4.28 所示的"字母轴立面图-轴：A"视图中，按 Shift+Z 快
捷键将工作平面切换到该视图中，此时视图上会出现 UCS 图标。双按 L 快捷键发出"钢

梁"命令，侧窗格将弹出"钢梁"面板，如图 4.29 所示。选择"板"模板（图中①处），在"通用性"设置栏下的"型材/截面/型号"栏中输入 PL420*10 字样（图中②处），在"位置"设置栏下的"在平面上"栏中选择"左边"选项，在"旋转"栏中选择"上"选项，在"在深度"栏中选择"中间"选项（图中③处），因为已提前设置，所以这里不需要再修改参数了。在图 4.30 所示的视图中，使用临时参考点法，按住 Ctrl 键不放，单击图中①处所在的点（这个就是临时参考点），单按 O 快捷键发出"正交"命令，水平向左移动光标以确定方向，输入 125 个单位，在弹出的"输入数字位置"对话框中单击"确认"按钮。然后水平向右移动光标以确定方向，输入 250 个单位，在弹出的"输入数字位置"对话框中单击"确认"按钮，如图 4.31 所示。完成后的柱端板在图 4.32 中的箭头所示处。

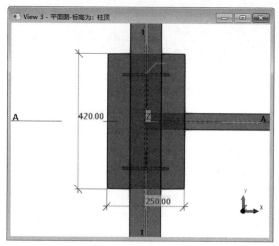

图 4.27 绘制完成的柱端板　　　　　图 4.28 设置工作平面

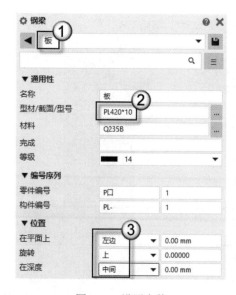

图 4.29 设置参数

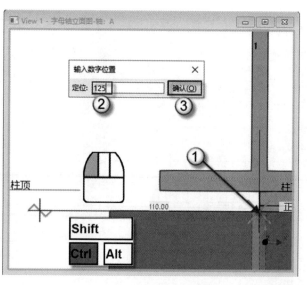

图 4.30 绘制柱端板起点

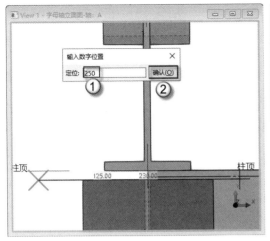

图 4.31　绘制柱端板图

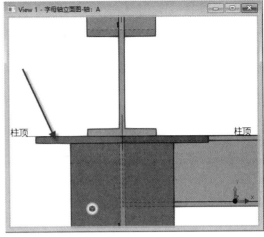

图 4.32　绘制完成的柱端板

## 4.2.2　绘制柱端板上的加劲板

柱端板上有 7 块加劲板。本节不仅要绘制这 7 块加劲板，还要对它们进行倒角操作。
具体操作如下：

（1）创建并绘制加劲板 5。在"数字轴立面图-轴：1"视图中，按 Shift+Z 快捷键将
工作平面切换到该视图上，如图 4.33 所示。单按 B 快捷键发出"压型板"命令，侧窗格将
弹出"压型板"面板，如图 4.34 所示。在"通用性"设置栏下的"名称"栏中输入"加劲
板"字样（图中①处），在"型材/截面/型号"栏中输入 PL10 字样（图中②处），在"材
料"栏中单击…按钮（图中③处），弹出"选择材质"对话框，在"钢"材料中选择 Q235B
选项（图中⑤处），单击"确认"按钮（图中⑥处）。在"编号序列"设置栏下的"零件
编号"栏中输入 P□字样，在"构件编号"栏中输入 PL-字样（图中⑦处），在"位置"
设置栏下的"在深度"栏中选择"中间"选项（图中⑧处）。在"数字轴立面图-轴：1"
视图中绘制一块 $60 \times 60$ 的加劲板，如图 4.35 所示。

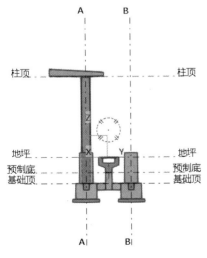

图 4.33　设置工作平面

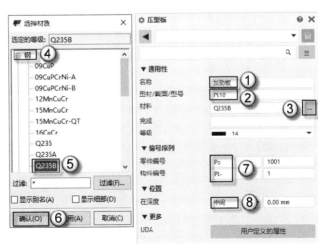

图 4.34　设置参数

（2）修改倒角。在图 4.36 所示的"数字轴立面图-轴：1"视图中，选择已绘制好的加劲板，激活所有控柄，选择左上角的点控柄（图中①处），侧窗格将弹出"拐角处斜角"面板中，在"类型"栏中选择"线"选项（图中②处），在"距离 X"栏中输入 5 个单位（图中③处），在"距离 Y"栏中输入 5 个单位（图中④处），单击"修改"按钮（图中⑤处）。在图 4.37 所示的视图中，继续修改另一个倒角，选择右下角的点控柄（图中①处），侧窗格将弹出"拐角处斜角"面板，在"类型"栏中选择"线"选项（图中②处），在"距离 X"栏中输入 20 个单位（图中③处），在"距离 Y"栏中输入 20 个单位（图中④处），单击"修改"按钮（图中⑤处）。修改完成后的加劲板有两处倒角，如图 4.38 所示。

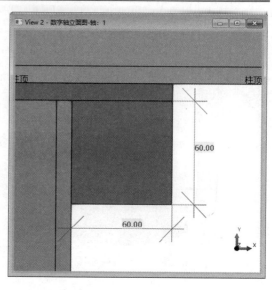

图 4.35 绘制加劲板 5

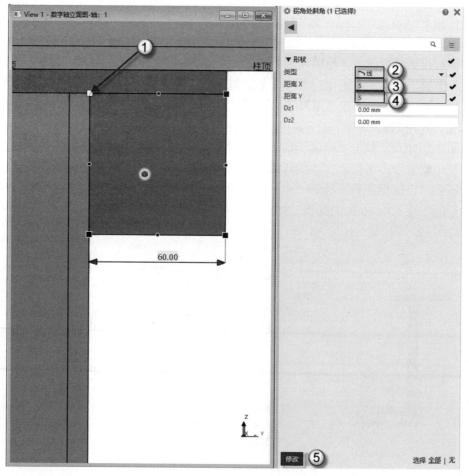

图 4.36 修改倒角

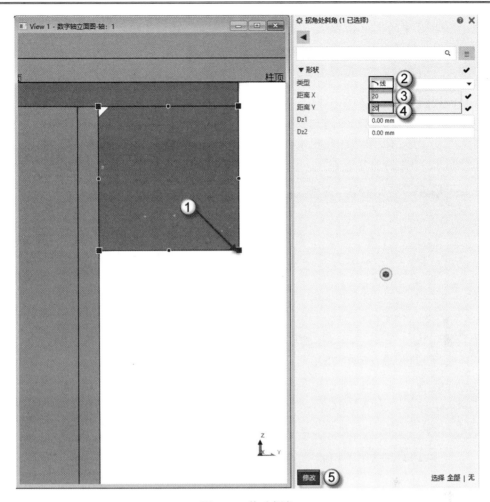

图 4.37　修改倒角

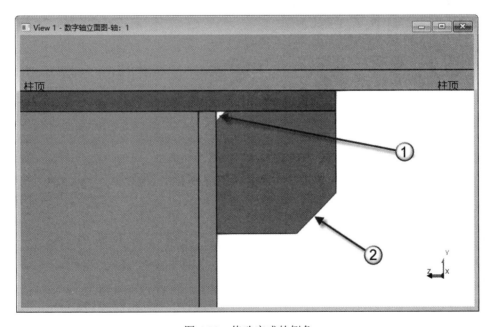

图 4.38　修改完成的倒角

注意：图 4.38 中的倒角有两处。①处的倒角是为了焊缝能穿过；②处的倒角是由于受力原因而设置的。

（3）绘制加劲板 6。在"字母轴立面图-轴：A"视图中，按 Shift+Z 快捷键将工作平面切换到该视图上，此时视图中将出现 UCS 图标，如图 4.39 所示。单按 B 快捷键发出"压型板"命令，因为之前已绘制过加劲板 5，所以这里无须再重新设置参数。如果关闭过软件，则需再设置加劲板参数，在图 4.40 所示的"字母轴立面图-轴：A"视图中，从图中①处开始绘制 72×82 的加劲板 6。

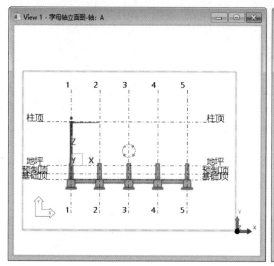

图 4.39　设置工作平面

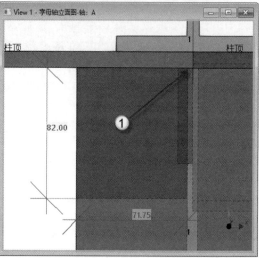

图 4.40　绘制加劲板 6

注意：图 4.40 中加劲板 6 的长度为 71.75mm，是由于需要和柱的翼缘板对齐得出的实际长度。而图纸中的尺寸是 72mm，这是因为切割机的精度是 1mm。

（4）修改倒角。在图 4.41 所示的"字母轴立面图-轴：A"视图中，选择已绘制好的加劲板 6，激活全部控柄，按住 Ctrl 键不放，依次选择右上角的点控柄（图中①处）、右下角的点控柄（图中②处），侧窗格将弹出"拐角处斜角"面板。在"类型"栏中选择"线"选项（图中③处），在"距离 X"栏中输入 5 个单位（图中④处），在"距离 Y"栏中输入 5 个单位（图中⑤处），单击"修改"按钮（图中⑥处）。

（5）绘制其他加劲板。在"平面图-标高为：柱顶"视图中，选择已绘制的加劲板 6，按 Ctrl+C 快捷键发出"复制"命令，垂直向上移动光标以确定方向，输入 60 个单位，在弹出的"输入数字位置"对话框中单击"确认"按钮，将加劲板 6 向上复制 60 个单位，如图 4.42 所示。再次选择加劲板 6，按 Ctrl+M 快捷键发出"移动"命令，垂直向上移动光标以确定方向，输入 8 个单位，在弹出的"输入数字位置"对话框中单击"确认"按钮，将其向上移动 8 个单位，如图 4.43 所示。在图 4.44 所示的 3d 视图中选择已绘制的加劲板 5（图中①处），单按 W 快捷键发出"镜像"命令，依次选择柱端板两个长边与 A 轴交点（图中②→③处），在弹出的"复制-镜像"对话框中，单击"复制"按钮（图中④处），可看到加劲板 5 已经被镜像到对面，单击"确认"按钮（图中⑤处）。以同样的方法，对剩余的加劲板 6 进行镜像，镜像完成后的效果如图 4.45 所示。其中，序号①～⑤为加劲板

5，序号⑥与⑦为加劲板 6。

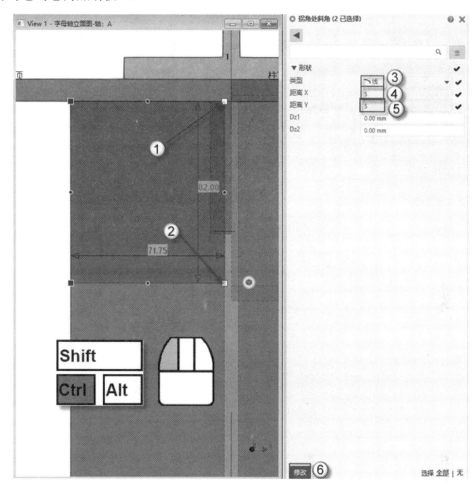

图 4.41　修改倒角

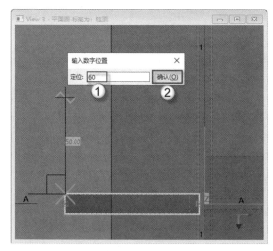

图 4.42　复制加劲板 6

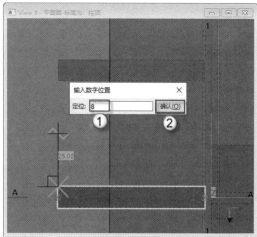

图 4.43　移动加劲板 6

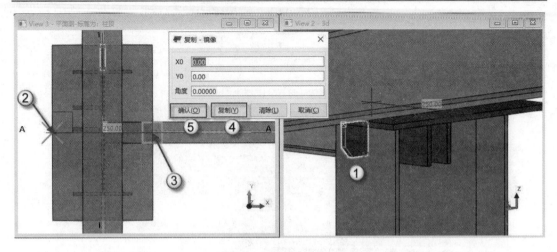

图 4.44 镜像加劲板 5

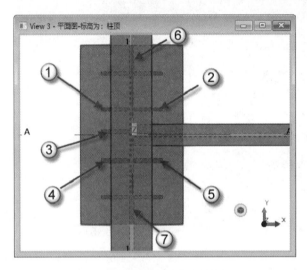

图 4.45 柱端板上的加劲板

## 4.2.3 绘制加劲板

本节介绍位于柱端板下面的两块加劲板：加劲板 8 与加劲板 9 的绘制方法。具体操作如下：

（1）绘制加劲板 8。在"平面图-标高为：柱顶"视图中，按 Shift+Z 快捷键将工作平面切换到该视图上。单按 B 快捷键发出"压型板"命令，由于前面已设置加劲板参数，此处无须再设置。若读者在绘制过程中参数发生变化，可自行按上述加劲板参数进行修改，绘制如图 4.46 所示的加劲板 8。

（2）移动加劲板 8。在图 4.47 所示的"字母轴立面图-轴：A"视图中，按 Shift+Z 快捷键将工作平面切换到该视图上。选择加劲板 8，按 Ctrl+M 键发出"移动"命令，将加劲板 8（图中②处）移动至加劲板 6（图中①处）的正下方。

（3）镜像生成加劲板 9。如图 4.48 所示，选择移动后的加劲板 8（图中①处），单按

W 快捷键发出"镜像"命令，以 1 轴为对称轴（图中②处），在弹出的"复制-镜像"对话框中单击"复制"按钮（图中③处），单击"确认"按钮（图中④处），如图 4.48 所示。在图 4.49 所示的"平面图-标高为：柱顶"视图中，选择镜像后的加劲板 8，单击板右上点控柄（图中①处），将板宽标注数字改为 122 字样（图中②处），并单击"复制"按钮（图中③处），表示板向右延伸，按键盘上 Enter 键完成操作。此处修改的板即为加劲板 9（需要修改板的名称）。

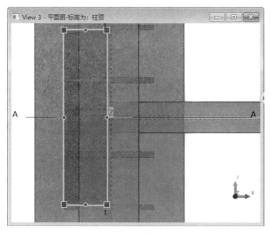

图 4.46　绘制加劲板 8　　　　　　　　图 4.47　移动加劲板 8

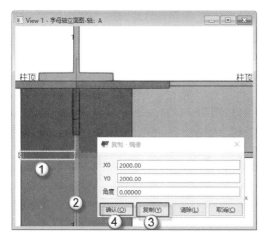

图 4.48　镜像生成加劲板 8

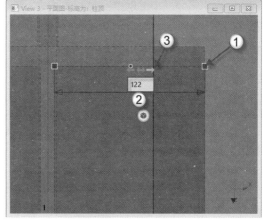

图 4.49　创建加劲板 9

## 4.2.4　螺栓连接

本节介绍两种螺栓连接方法，其中，（1）～（3）步是立面螺栓连接，（4）和（5）步是平面螺栓连接。

（1）调整视图。将"平面图-标高为：柱顶"和"数字轴立面图-轴：1"视图平铺在界面上，按 Shift+Z 快捷键将工作平面切换到"数字轴立面图-轴：1"视图上，如图 4.50 所示。本节的操作将在这两个视图中进行。

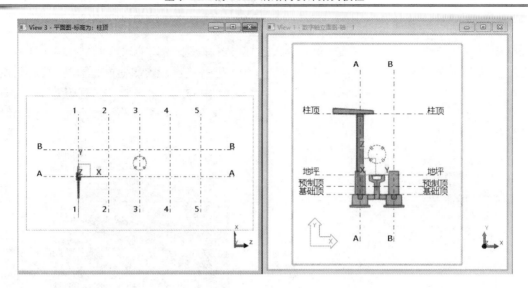

图 4.50　调整视图

（2）创建螺栓。单按 I 快捷键发出"螺栓"命令，侧窗格将弹出"螺栓"面板，如图 4.51 所示。在"螺栓"设置栏下的"标准"栏中选择 HS4.6 选项（图中①处），在"尺寸"栏中选择 12.00mm 选项（图中②处），在"构件"栏中依次勾选"螺栓""垫圈""垫圈""螺母"复选框（图中③处），在"螺栓组"设置栏的"形状"栏中选择"阵列"选项，在"螺栓 X 向间距"栏中输入 75 字样，在"螺栓 Y 向间距"栏中输入 0 字样（图中④处）。在"带长孔的零件"选项下勾选两个"特殊的孔"复选框（图中⑤处），在"位置"设置栏下的"旋转"栏中选择"上"选项，在"在深度"栏中输入 25 字样（图中⑥处），在"从…偏移"设置栏下的 Dx 栏中输入 30 字样（图中⑦处）。

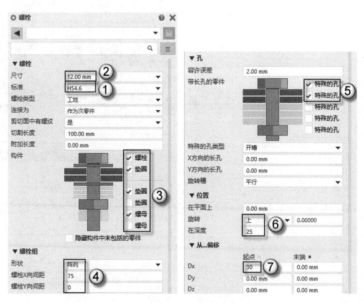

图 4.51　设置参数

（3）放置螺栓。按 I 快捷键发出"螺栓"命令，在图 4.52 所示的"数字轴立面图-轴：1"视图中，依次选择钢梁 GL2（图中①处）和柱端板（图中②处），单击鼠标中键完成选择。依次单击柱端板端点（图中③处）、"柱顶"标高和 1 轴交点（图中④处），通过这两个端点确定螺栓方向线。

（4）创建螺栓。在"平面图-标高为：柱顶"视图中，按 Shift+Z 快捷键，将工作平面切换到该视图上。单按 I 快捷键发出"螺栓"命令，侧窗格将弹出"螺栓"面板，如图 4.53 所示。在"螺栓"设置栏下的"标准"栏中选择 HS4.6 选项（图中①处），在"尺寸"栏中选择 12.00mm 选项（图中②处），在"构件"栏中依次勾选"螺栓""垫圈""垫圈""螺母" 4 个复选框（图中③处），

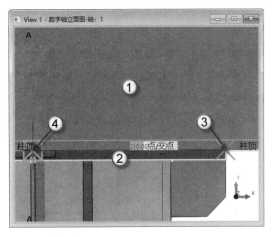

图 4.52　放置螺栓

在"螺栓组"设置栏的"形状"栏中选择"阵列"选项，在"螺栓 X 向间距"栏中输入 75 字样，在"螺栓 Y 向间距"栏中输入 0 字样（图中④处），在"带长孔的零件"选项下勾选两个"特殊的孔"复选框（图中⑤处），在"位置"设置栏下的"旋转"栏中选择"前面"选项（图中⑥处），在"从…偏移"设置栏下的 Dx 栏中输入 30 字样（图中⑦处）。

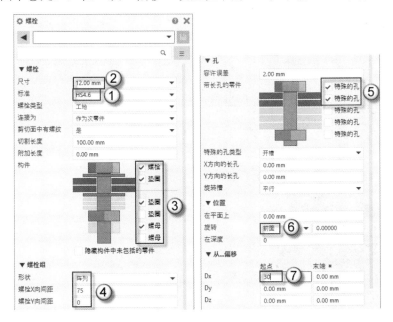

图 4.53　设置参数

（5）放置螺栓。按 I 快捷键发出"螺栓"命令，在图 4.54 所示的"平面图-标高为：柱顶"视图中，依次选择钢梁 GL2（图中①处）和柱端板（图中②处），单击鼠标中键完成选择。使用临时参考点法，按住 Ctrl 键不放，单击图中③处所在的点（这个就是临时参考点），单按 O 快捷键发出"正交"命令，光标移动至④处以确定方向，输入 25 个单位，在弹出的"输入数字位置"对话框中单击"确认"按钮。然后依次单击图 4.55 中的①→②点，用两点确定螺栓的方向线。

（6）镜像螺栓。如图 4.56 所示，在选择工具栏中的"选择过滤"栏中选择 brace_filter

选项（图中①处），在"平面图-标高为：柱顶"视图中，选择已放置的螺栓（图中②处），单按 W 快捷键发出"复制-镜像"命令，以 1 轴为对称轴（图中③处），在弹出的"复制-镜像"对话框中单击"复制"按钮（图中④处），对螺栓进行镜像，单击"确认"按钮（图中⑤处）。如图 4.57 所示，继续选择已放置的螺栓（图中①处），单按 W 快捷键发出"复制-镜像"命令，以 A 轴为对称轴（图中②处），在弹出的"复制-镜像"对话框中单击"复制"按钮（图中③处）镜像螺栓，单击"确认"按钮（图中④处）。最后，将"选择过滤"栏切换至 standard 选项，否则无法正确选择。

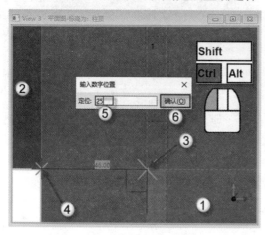

图 4.54　准备放置螺栓

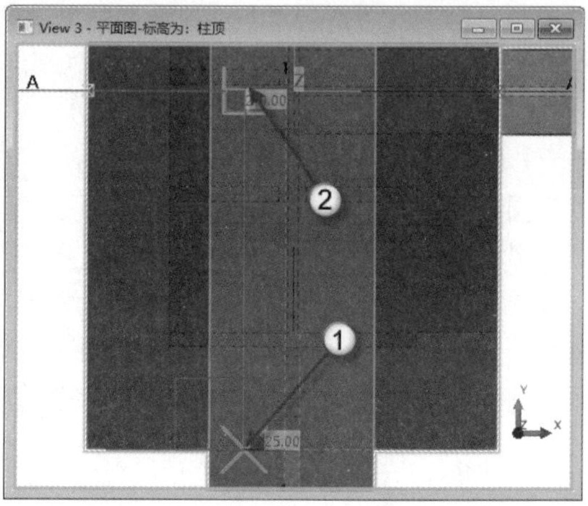

图 4.55　放置螺栓

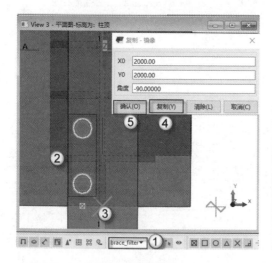

图 4.56　镜像螺栓 1

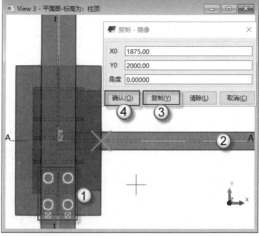

图 4.57　镜像螺栓 2

🔔注意：brace_filter 是"连接"的意思，在 Tekla 中，"连接"有两种，分别是"螺栓"和"焊接"。此处没有"焊接"，选择这个选项是为了只选择螺栓。

## 4.2.5　焊接

本节介绍零件之间的焊接方法。注意操作时要隐藏不需要的对象，这样焊接不仅快而且准。

（1）隐藏构件。在 3d 视图中，右击钢梁 GL1，按住 Shift 键不放，在弹出的快捷菜单中选择"隐藏"命令，将钢梁 GL1 隐藏，如图 4.58 所示。以同样的方法将螺栓也进行隐藏，隐藏后的模型如图 4.59 所示。

图 4.58　隐藏钢梁

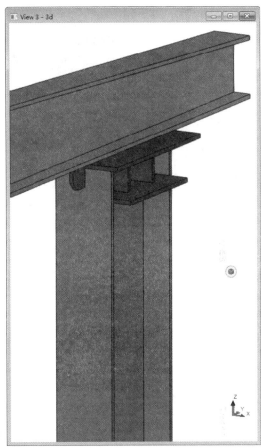

图 4.59　隐藏构件

🔔注意：按 Ctrl 键不放，选择"隐藏"命令，隐藏的对象有一根细线；按 Shift 键不放，选择"隐藏"命令，隐藏的对象最直接，什么都没有；直接选择"隐藏"命令，隐藏的对象以透明方式显示。

（2）焊接钢柱与柱端板。单按 J 快捷键发出"焊接"命令，侧窗格将弹出"焊接"面板，如图 4.60 所示。在"焊接"设置栏下的"类型"栏中选择"具有宽焊脚面的单斜角对接"选项（图中①处），在 3d 视图中，依次选择钢柱（图中②处）和柱端板（图中③处）将它们进行焊接。

🔔注意：按住 Alt 键不放，单击一个被焊接的零件，如果选中的是整个焊接构件，则表明焊接成功。

（3）焊接其余构件。单按 J 快捷键发出"焊接"命令，侧窗格将弹出"焊接"面板，如图 4.61 所示。在"焊接"设置栏下的"类型"栏中选择"倒角"选项（图中①处），在 3d 视图中，依次选择钢梁 GL2（图中②处）和其余零件（图中③处）将它们进行焊接。最后单按 N 快捷键，将隐藏的对象显示出来。

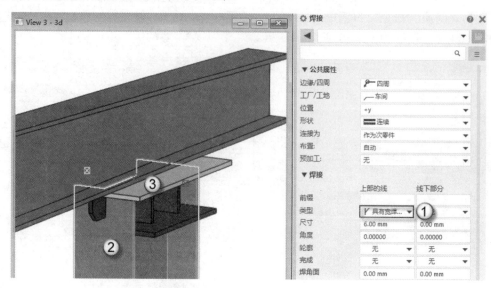

图 4.60　焊接钢柱与柱端板

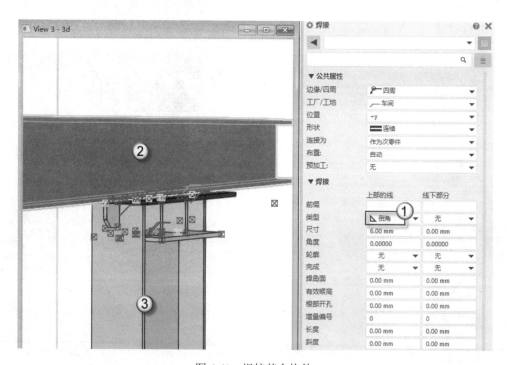

图 4.61　焊接其余构件

## 4.3　GZ1 与 GL1 的连接

　　GZ1 与 GL1 的连接是钢梁与钢柱腹板的连接。虽然 Tekla 中有这样的节点，但是读者还是应该学习这种节点是如何创建的。

## 4.3.1　绘制柱端板上的连接板

钢梁 GL1 与钢柱 GZ1 是采用一块连接板直接连接。具体操作如下：

（1）进入正确的视图。按 Ctrl+I 快捷键，在弹出的"视图"对话框中，将"平面图-标高为：柱顶"视图放入"可见视图"栏中，单击"确认"按钮，如图 4.62 所示。这样就可以进入"平面图-标高为：柱顶"视图进行绘图操作了。

（2）镜像加劲板。在图 4.63 所示的"平面图-标高为：柱顶"视图中，按 Shift+Z 快捷键将工作平面切换至该视图。选择加劲板 6（图中①处），单按 W 快捷键发出"镜像

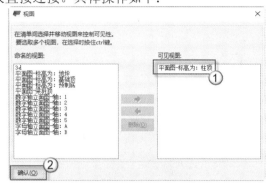

图 4.62　进入视图

-复制"命令，以 1 轴为对称轴（图中②处），在弹出的"复制-镜像"对话框中，单击"复制"按钮（图中③处），镜像加劲板 6 并将其放到另一侧，单击"确认"按钮（图中④处）。

（3）调整连接板 10。在图 4.64 所示的 3d 视图中，选择镜像后的加劲板 6，激活控柄，单击点控柄（图中①处），将板宽标注数字改为 180 字样（图中②处），并单击←按钮（图中③处），表示板向左延伸，按键盘上 Enter 键完成操作。最后，选择该板，在侧窗格弹出的"压型板"面板中，将名称改为"连接板"，单击"修改"按钮即可，这块板就是连接板 10。

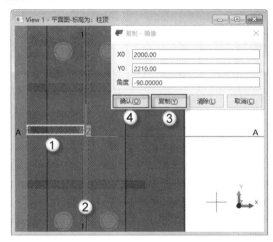

图 4.63　镜像加劲板

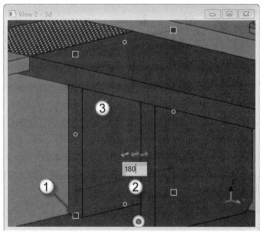

图 4.64　创建连接板 10

## 4.3.2　对连接板的处理

本节主要介绍对上一节中绘制的连接板进行挖洞处理。只有挖了洞，才能放置衬板；只有放了衬板，才能进行焊接。

（1）修改钢梁 GL1。在图 4.65 所示的"字母轴立面图-轴：A"视图中，单按 E 快捷

键发出"辅助线"命令，使用临时参考点法，按住 Ctrl 键不放，单击图中①处所在的点（这个就是临时参考点），单按 O 快捷键发出"正交"命令，水平向右移动光标以确定方向，输入 10 个单位，在弹出的"输入数字位置"对话框中单击"确认"按钮。从上往下垂直绘制一条辅助线（图中箭头所指处），这条辅助线距离柱端板 10 个单位，如图 4.66 所示。

如图 4.67 所示，选择钢梁 GL1（图中①处），激活钢梁控柄，从②处拖曳钢梁 GL1 的点控柄到③处，如图 4.67 所示。

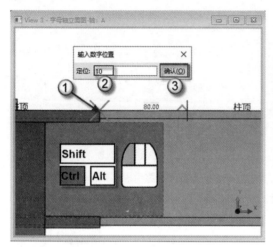

图 4.65　准备绘制辅助线

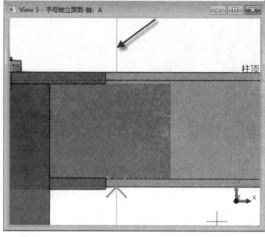

图 4.66　绘制辅助线

（2）添加辅助圆。在图 4.68 所示的"字母轴立面图-轴：A"视图中，按 Shift+Z 快捷键将工作平面切换到该视图上。在快速访问工具栏中选择"添加辅助圆"命令，以图中①处为圆心，单按 R 快捷键，在弹出的"输入数字位置"对话框的"定位"栏中输入 10,0 字样，R10,0 会在数值输入框中自动转化为@10,0 字样（图中②处），单击"确认"按钮（图中③处）。以同样的方法绘制下方的辅助圆，如图 4.69 所示。

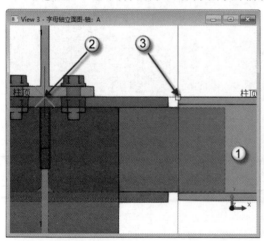

图 4.67　修改钢梁 GL1

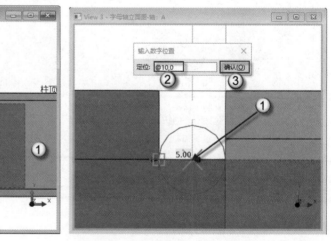

图 4.68　绘制辅助圆

注意：添加辅助圆时，R 是相对坐标的意思，10,0 表示坐标，其中，10 表示相对 X 轴坐标为 10 个单位，0 表示相对 Y 轴坐标为 0 个单位。

（3）切割连接板。在快速访问工具栏中选择"使用多边形切割对象"命令，在图 4.70 所示的视图中选择连接板（图中①处），依次单击 3 点（图中②→③→④→②处），这样就切出了一个三角形区域。如图 4.71 所示，选择点控柄（图中①处），侧窗格将弹出"拐角处斜角"对话框，在"形状"设置栏下的"类型"栏中选择"弧点"选项（图中②处），单击"修改"按钮（图中③处），切割形状即变为圆弧形。以同样的方法，将下面的切割也转换为半圆弧形状，如图 4.72 所示。

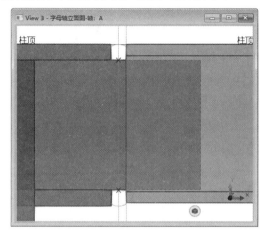

<table>
<tr><td>图 4.69　绘制其他辅助圆</td><td>图 4.70　切割连接板</td></tr>
</table>

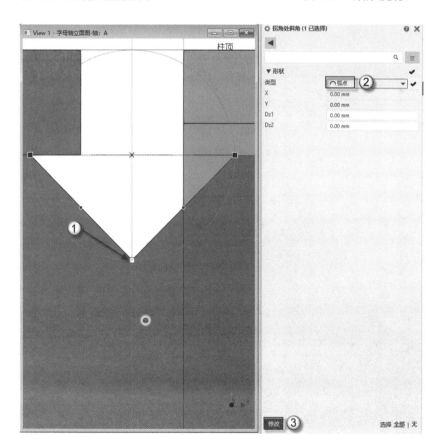

图 4.71　修改切割形状

（4）切割钢梁 GL1。在快速访问工具栏中选择"使用多边形切割对象"命令，在图 4.73 所示的视图中单击钢梁 GL1（图中①处），然后依次单击 4 点（图中②→③→④→⑤→②处）。如图 4.74 所示，选择点控柄（图中①处），侧窗格将弹出"拐角处斜角"对话框，在"形状"设置栏下的"类型"栏中选择"弧点"选项（图中②处），单击"修改"按钮（图中③处），切割形状即变为圆弧形。

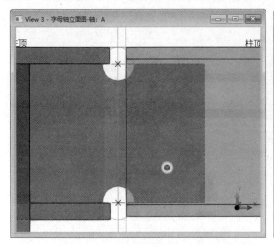

图 4.72　切割连接板

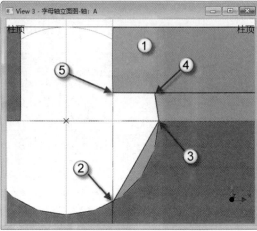

图 4.73　切割钢梁 GL1

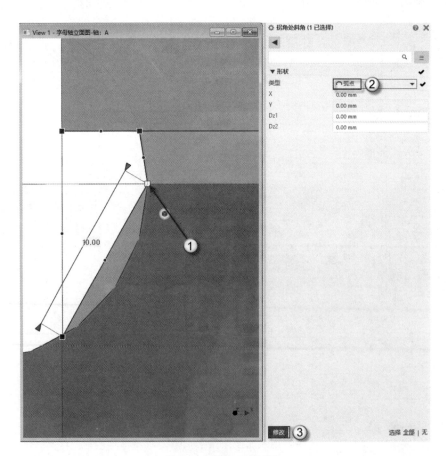

图 4.74　修改切割形状

（5）切割钢梁 GL1。在快速访问工具栏中选择"使用多边形切割对象"命令，单击钢梁 GL1，依次选择 4 点（图中②→③→④→⑤→②处），如图 4.75 所示。在图 4.76 所示的视图中选择点控柄（图中①处），侧窗格将弹出"拐角处斜角"对话框，在"形状"设置栏下的"类型"栏上选择"弧点"选项，单击"修改"按钮，切割形状即变为弧形。

（6）切割钢梁 GL1。在图 4.77 所示的视图中，单按 E 快捷键发出"辅助线"命令，选择图中①处，单按 R 快捷键在弹出的"输入数字位置"对话框的"定位"栏中输入 20<45 字样，单击"确认"按钮。在快速访问工具栏中选择"使用线切割对象"命令，在图 4.78 所示的视图中单击钢梁 GL1（图中①处），依次选择 2 点（图中②→③处），单击左侧需要切割部分（图中④处）完成钢梁 GL1 的切割。

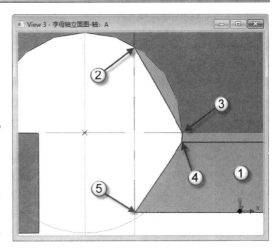

图 4.75　切割钢梁 GL1

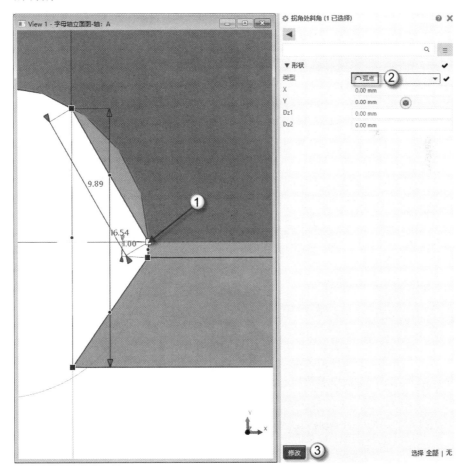

图 4.76　修改切割形状

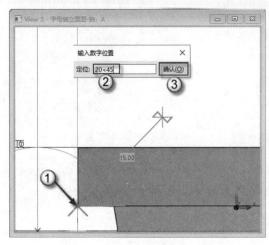

图 4.77  绘制辅助线

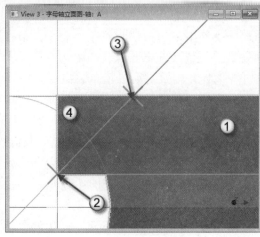

图 4.78  切割钢梁 GL1

🔔**注意**：此处绘制 45° 辅助线时，R 是相对坐标的意思，20<45 表示极坐标，其中，20
     表示长度为 20 个单位，<45 表示角度为 45°。

### 4.3.3  绘制衬板

连接板与钢梁在连接处皆进行了挖洞处理。目的是为了放置衬板，放了衬板之后才能
进行焊接操作，否则焊缝过不去。

（1）创建衬板。单按 L 快捷键发出"钢梁"命令，侧窗格将弹出"钢梁"面板，如
图 4.79 所示。选择"板"模板（图中①处），在"通用性"设置栏下的"名称"栏中输入
"衬板"字样（图中②处），在"型材/截面/型号"栏中输入 PL50*4 字样（图中③处），
在"位置"设置栏下的"在平面上"栏中选择"右边"选项，在"旋转"栏中选择"上"
选项，在"在深度"栏中选择"中间"选项（图中④处），因为参数已提前设置，所以这
里不需要再修改了。

图 4.79  设置参数

（2）绘制衬板。使用临时参考点法，按住 Ctrl 键不放，单击图 4.80 中①处所在的点（这个就是临时参考点），单按 O 快捷键发出"正交"命令，水平向左移动光标以确定方向，输入 8 个单位，在弹出的"输入数字位置"对话框中单击"确认"按钮。然后在图 4.81 所示的视图中水平向右移动光标至①处以确定方向，输入 16 个单位，在弹出的"输入数字位置"对话框中单击"确认"按钮。绘制好的衬板如图 4.82 所示。

（3）复制衬板。选择已绘制的衬板，按 Ctrl+C 快捷键发出"复制"命令，依次单击图 4.83 中①→②两个点，将上部的衬板复制并放置到下部。

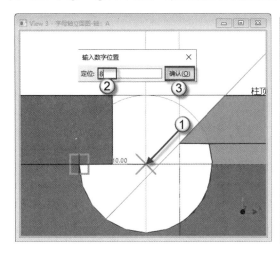

图 4.80　绘制衬板起点

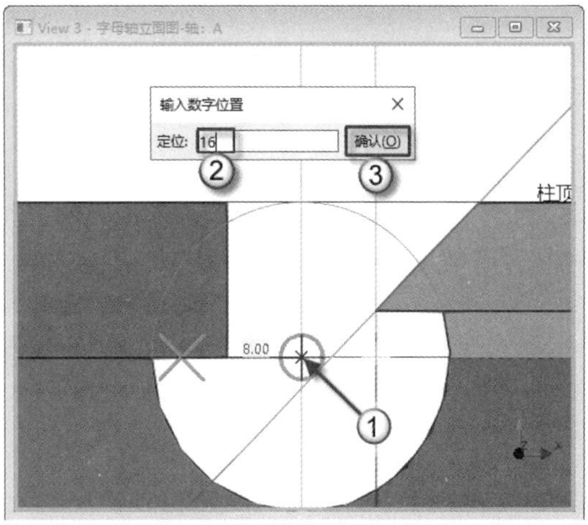

图 4.81　绘制衬板 1

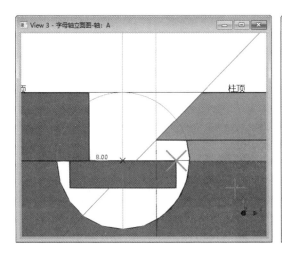

图 4.82　绘制衬板 2

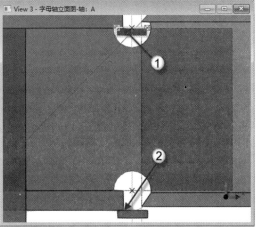

图 4.83　复制衬板

## 4.3.4　连接

零件创建完之后，要把它们连接起来。在钢结构设计中主要有两种连接：螺栓与焊接。具体操作如下：

### 1. 螺栓连接

（1）创建螺栓。双按 I 快捷键发出"螺栓"命令，侧窗格将弹出"螺栓"面板，如图 4.84 所示。在"螺栓"设置栏下的"标准"栏中选择 HS4.6 选项（图中①处），在"尺寸"栏中选择 12.00mm 选项（图中②处），在"构件"栏中依次勾选"螺栓""垫圈""垫圈""螺母" 4 个复选框（图中③处），在"螺栓组"设置栏的"形状"栏中选择"阵列"选项，在"螺栓 X 向间距"栏中输入 40 字样，在"螺栓 Y 向间距"栏中输入 0 字样（图中④处），在"带长孔的零件"选项中勾选两个"特殊的孔"复选框（图中⑤处），在"位置"设置栏的"旋转"栏中选择"前面"选项（图中⑥处），在"从…偏移"设置栏的 Dx 栏中输入 20 字样（图中⑦处），如图 4.84 所示。

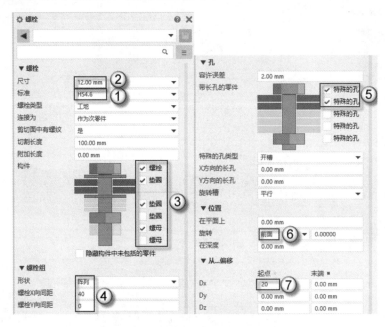

图 4.84　设置参数

（2）放置螺栓。单按 I 快捷键发出"螺栓"命令，在图 4.85 所示的"字母轴立面图-轴：A"视图中，依次选择钢梁 GL1（图中①处）和连接板（图中②处），单击鼠标中键完成选择。使用临时参考点法，按住 Ctrl 键不放，单击图中③处所在的点（这个就是临时参考点），单按 O 快捷键发出"正交"命令，水平向左移动光标以确定方向，输入 25 个单位，在弹出的"输入数字位置"对话框中单击"确认"按钮。依次单击图中①→②两点，用两点的方法确定螺栓方向线，如图 4.86 所示。

### 2. 焊接

焊接衬板、钢梁 GL1 和加劲板。单按 J 快捷键发出"焊接"命令，侧窗格将弹出"焊接"面板，如图 4.87 所示。在"焊接"设置栏下的"类型"栏中选择"具有宽焊脚面的单斜角对接"选项（图中①处），在"字母轴立面图-轴：A"视图中，依次选择衬板（图中②处）、钢梁 GL1（图中③处）和加劲板（图中④处），将这 3 个零件进行焊接。然后用同样的方法将上部的衬板（图中⑤处）和与衬板连接的对象焊接在一起。

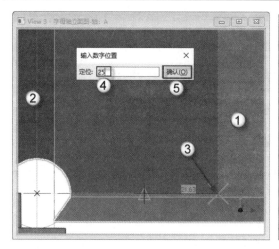

图 4.85　准备放置螺栓

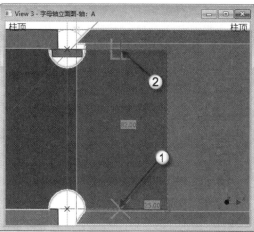

图 4.86　放置螺栓

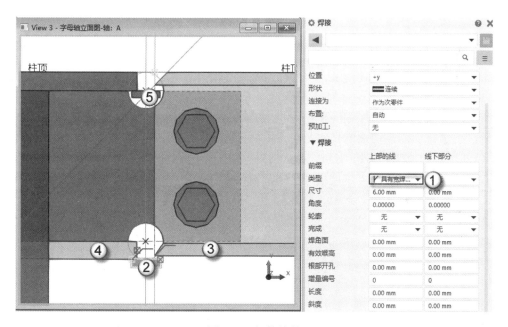

图 4.87　焊接构件

# 第 5 章　柱间支撑的绘制

为了增加柱子之间的横向连接，自行车棚例子中采用了 X 型的柱间水平支撑。主体为两根圆管钢，其中一根截为两段并用连接板进行连接。

## 5.1　支撑与钢柱的连接

支撑与钢柱的连接可以看作是钢梁与钢柱腹板连接的一种变化类型，也是采用加劲板和连接板来连接两个零件。

### 5.1.1　绘制柱上的连接板

本节的连接板的绘制比较简单，可以用"压型板"命令来绘制。需要注意的是，板画完之后，要进行切割，切割的目的是为了后面的焊接。

（1）绘制柱上连接板。按 Shift+Z 快捷键将工作平面切换到"字母轴立面图-轴：A"视图。双按 B 快捷键发出"压型板"命令，侧窗格将弹出"压型板"面板，如图 5.1 所示。在"通用性"设置栏下的"名称"栏中输入"连接板"字样，在"型材/截面/型号"栏中输入 PL10 字样，在"材料"栏中单击■按钮，弹出"选择材质"对话框，在"钢"材质栏中选择 Q235B 选项，单击"确认"按钮。在"等级"栏中选择 14 选项，在"编号序列"设置栏下的"零件编号"栏中输入 P□字样，在"构件编号"栏中输入 PL-字样，在"位置"设置栏下的"在深度"栏中选择"中间"选项。在"字母轴立面图-轴：A"视图中绘制一块尺寸为 160×160 的连接板，如图 5.2 所示。

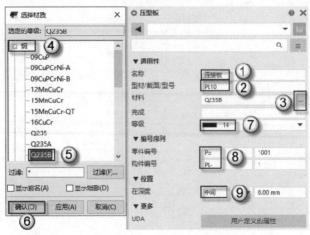

图 5.1　设置参数

（2）修改倒角。在图 5.3 所示的"字母轴立面图-轴：A"视图中，选择已绘制的连接板，激活控柄，选择点控柄（图中①处），侧窗格将弹出"拐角处斜角"面板。在"类型"栏中选择"线"选项，在"距离 X"栏中输入 5 个单位，在"距离 Y"栏中输入 5 个单位，单击"修改"按钮。继续修改另一个倒角。在图 5.4 所示的视图中选择点控柄（图中①处），侧窗格将弹出"拐角处斜角"面板，在"类型"栏中选择"线"选项，在"距离 X"栏中输入 25 个单位，在"距离 Y"栏中输入 25 个单位，单击"修改"按钮。

（3）切割连接板。在快速访问工具栏中选择"使用多边形切割对象"命令，选择连接板

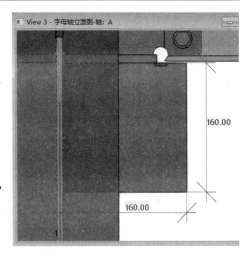

图 5.2　绘制连接板

（图 5.5①处），从连接板端点（图 5.5②处）开始绘制一个尺寸为 50×10 的长方形，这样可以切割连接板，切割之后的连接板如图 5.5 所示。

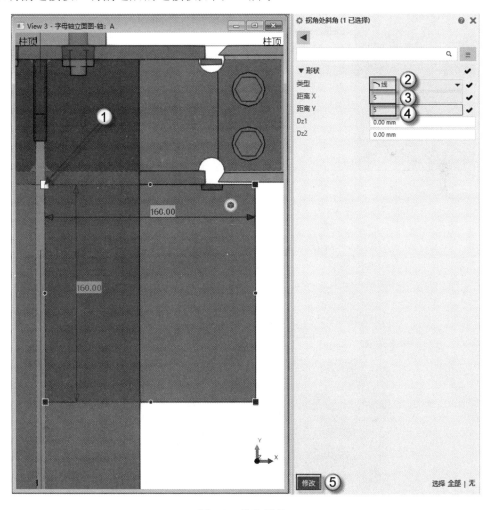

图 5.3　修改倒角 1

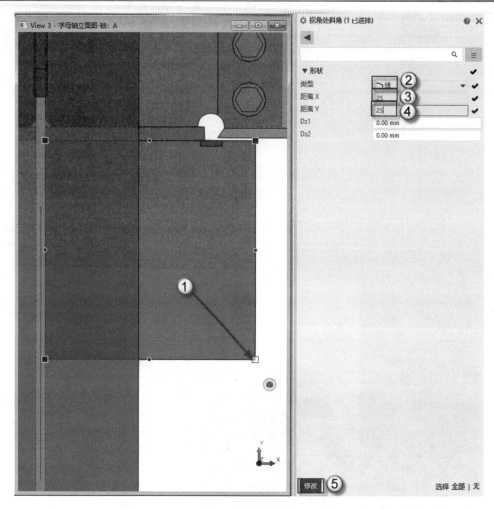

图 5.4 修改倒角 2

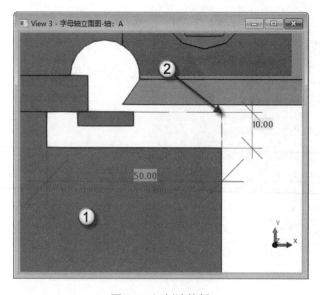

图 5.5 切割连接板

## 5.1.2　绘制加劲板

本节绘制的加劲板主要是指 23 号加劲板。注意这块加劲板在一个组件里有两块，绘制完一块之后，还要使用镜像的方法生成另一块。

（1）隐藏构件。在图 5.6 所示的 3d 视图中，配合 Ctrl 键，依次选择 15 号连接板（图中①处）、钢柱 GZ1（图中②处），右击这两个零件，按住 Shift 键不放，选择快捷菜单中的"只显示所选项"命令，即将其他构件隐藏。

图 5.6　隐藏构件

（2）创建并绘制 23 号加劲板。按 Shift+Z 快捷键将工作平面切换为"平面图-标高为：柱顶"视图。双按 B 快捷键发出"压型板"命令，侧窗格将弹出"压型板"面板。在"通用性"设置栏下的"名称"栏中输入"加劲板"字样，在"型材/截面/型号"栏中输入 PL10字样，在"材料"栏中单击 按钮，弹出"选择材质"对话框，在"钢"材质栏中选择 Q235B选项，单击"确认"按钮。在"等级"栏中选择 14 选项，在"编号序列"设置栏下的"零件编号"栏中输入 P□字样，在"构件编号"栏中输入 PL-字样，在"位置"设置栏下的"在深度"栏中选择"中间"选项，如图 5.7 所示。在"平面图-标高为：柱顶"视图中绘制一块尺寸为 136×72 的连接板，如图 5.8 所示。

注意：图 5.8 中加劲板的长度为 71.75mm，是由于需要和柱的翼缘板对齐，因此绘制到边界即可。

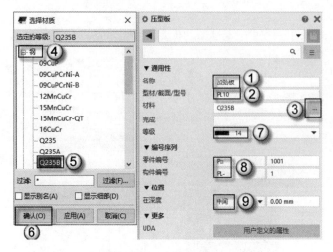

图 5.7　设置参数

（3）移动并镜像 23 号加劲板。在"字母轴立面图-轴：A"视图中，按 Ctrl+M 快捷键发出"移动"命令，将 23 号加劲板移动至"柱顶"标高正下方，如图 5.9 所示。选择移动后的 23 号加劲板，按 Ctrl+M 快捷键发出"移动"命令，垂直向下移动光标以确定方向，输入 177 个单位，在弹出的"输入数字位置"对话框中单击"确认"按钮，将 23 号加劲板垂直向下移动 177 个单位，如图 5.10 所示。选择移动后的 23 号加劲板，单按 W 快捷键发出"镜像"命令，以 A 轴为对称轴（图中②处），在弹出的"复制-镜像"对话框中单击"复制"按钮，镜像移动后的 23 号加劲板并放到对面，单击"确认"按钮，如图 5.11 所示。

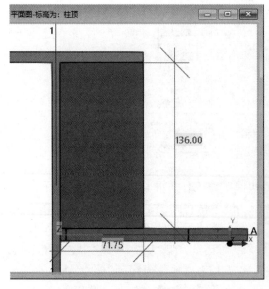

图 5.8　绘制 23 号加劲板

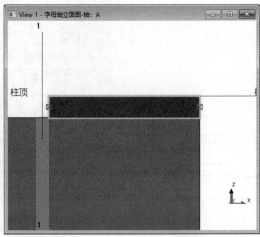

图 5.9　移动 23 号加劲板 1

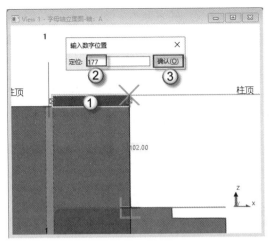

图 5.10　移动 23 号加劲板 2

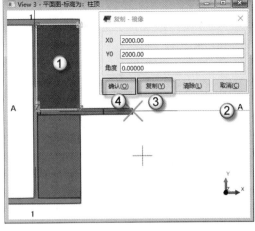

图 5.11　镜像 23 号加劲板

### 5.1.3　绘制支撑上的连接板

绘制连接板比较简单，要使用"旋转""移动"命令，将其放置到相应的位置上。具体操作如下：

（1）绘制辅助线。在图 5.12 所示的视图中，单按 E 快捷键发出"辅助线"命令，在连接板的倒角处补上 3 条辅助线（图中①、②、③处），以便为后面绘制 45°辅助线做好准备。单按 E 快捷键发出"辅助线"命令，在图 5.13 所示的视图中依次选择辅助线上的两个交点（图中①、②处），绘制一条 45°辅助线。

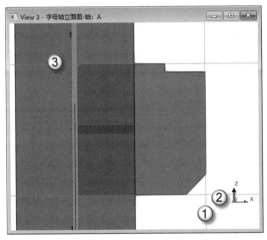

图 5.12　绘制辅助线

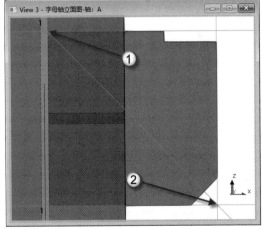

图 5.13　绘制 45°辅助线

（2）创建并绘制 17 号连接板。双按 B 快捷键发出"压型板"命令，侧窗格将弹出"压型板"面板，在图 5.14 所示。在"通用性"设置栏下的"名称"栏中输入"连接板"字样，在"型材/截面/型号"栏中输入 PL10 字样，在"材料"栏中单击 按钮，弹出"选择材质"对话框，在"钢"材质栏中选择 Q235B 选项，单击"确认"按钮。在"等级"栏中选择 14 选项，在"编号序列"设置栏下的"零件编号"栏中输入 P□字样，在"构件编号"栏中输入 PL-字样，在"位置"设置栏下的"在深度"栏中选择"前面"选项，并在文本框中输入 5 字样。在"字母轴立面图-轴：A"视图中绘制一块尺寸为 100×70 的连接板，如图 5.15 所示。

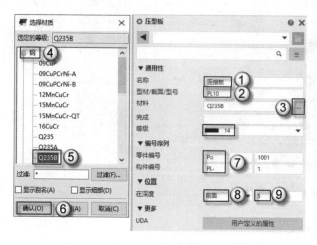

图 5.14　设置参数

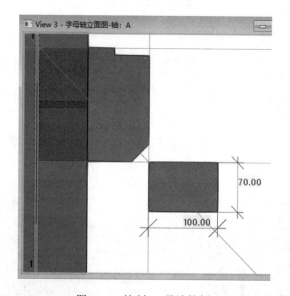

图 5.15　绘制 17 号连接板

（3）修改连接板位置。在图 5.16 所示的"字母轴立面图-轴：A"视图中，选择已绘制的 17 号连接板，按 Ctrl+M 键发出"移动"命令，将 17 号连接板从其中点（图中①处）移动至辅助线交点（图中②处）。在图 5.17 所示的视图中单按 Q 键发出"旋转"命令，单击连接板的板边中点（图中①处），即以此为旋转中心，在弹出的"移动-旋转"对话框的"角度"栏中输入-45 字样，单击"移动"按钮，连接板发生旋转，单击"确认"按钮。单按 E 快捷键发出"辅助线"命令，沿连接板的板边梁端点（图中①、②处）绘制一条辅助线，按 Ctrl+M 快捷键发出"移动"命令，将连接板从板端点（图 5.18 中①处）移动到辅助线与 15 号连接板交点位置（图 5.18 中③处）。按 Ctrl+M 快捷键发出"移动"命令，输入 35 个单位，在弹出的"输入数字位置"对话框中单击"确认"按钮，如图 5.19 所示。

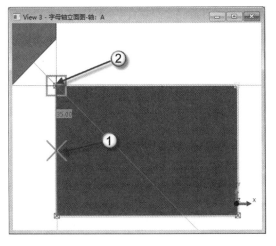

图 5.16　移动连接板 1　　　　　　　　图 5.17　旋转连接板

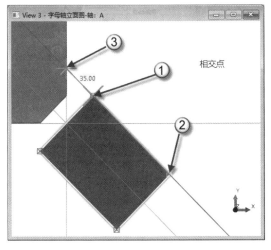

图 5.18　移动连接板 2　　　　　　　　图 5.19　移动连接板 3

🔔注意：在 Tekla 中，顺时针方向旋转为负，逆时针方向旋转为正。

## 5.1.4　绘制支撑

支撑的截面是圆管截面，由于前面已经设置了"支撑"模板，此处调用这个模板就可以了。具体操作如下：

（1）创建并绘制支撑。在"字母轴立面图-轴：A"视图中，按 Shift+Z 快捷键将工作平面切换到该视图上。双按 L 快捷键发出"钢梁"命令，侧窗格将弹出"钢梁"面板，如图 5.20 所示。在模板栏中选择"支撑"选项，在"通用性"设置栏下的"型材/截面/型号"栏中输入 O50*2.5 字样，因为参数已提前设置，所以不需要再修改。在图 5.21 所示的"字母轴立面图-轴：A"视图中，从 17 号连接板的板边中点（图中①处）到辅助线端点（图中②处）绘制支撑。

🔔注意：此处绘制支撑的长度不定，具体长度后续调整。

（2）调整支撑位置。在图 5.22 所示的"平面图-标高为：柱顶"视图中，选择已绘制的支撑，按 Ctrl+M 快捷键发出"移动"命令，选择支撑中点（图中②处），输入 35 个单位，在弹出的"输入数字位置"对话框中单击"确认"按钮，将支撑垂直向下移动 35 个单位。在图 5.23 所示的"字母轴立面图-轴：A"视图中，选择移动位置后的支撑（图中①处），单击长度箭头（图中②处），输入 38 个单位，在弹出的"输入数字位置"对话框中单击"确认"按钮，将支撑延长。

图 5.20　设置参数

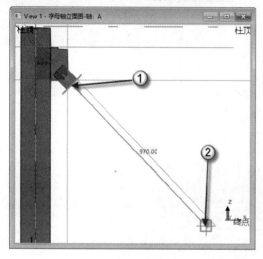

图 5.21　绘制支撑

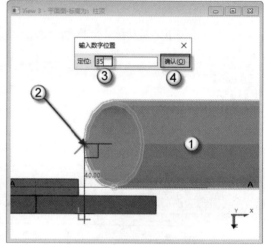

图 5.22　移动支撑

（3）切割支撑。在快速访问工具栏中选择"使用零件切割对象"命令，在图 5.24 所示的"平面图-标高为：柱顶"视图中，依次选择支撑（图中①处）和 17 号连接板（图中②处），使用"使用零件切割对象"命令，先选择变的对象，再选择不变的对象，软件会自动进行切割。

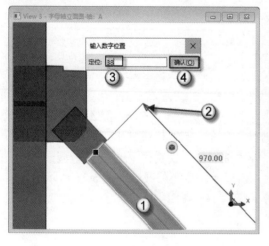

图 5.23　延长支撑

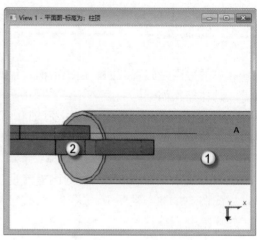

图 5.24　切割支撑

注意：按 Ctrl+4 快捷键发出"不透明显示"命令，可以观察到支撑已被切割。

## 5.1.5　绘制端板

本节将绘制两块半圆形的端板。由于它们位于一个斜面上，绘制时需要创建一个新的工作平面。具体操作如下：

（1）创建视图。在"字母轴立面图-轴：A"视图中，依次选择支撑和 17 号连接板，右击其中一个对象，按住 Shift 键不放，在弹出的快捷菜单中选择"只显示所选项"命令，使其只显示支撑和 17 号连接板，隐藏其他对象，如图 5.25 所示。在图 5.26 所示的 3d 视图中，按 Ctrl+F3 快捷键发出"使用三点创建视图"命令，依次选择图中的①、②、③处，将会创建一个新的视图（临时视图），这个视图只在此处使用，因此不需要转化为永久视图。

注意：图 5.26 中，①处为坐标原点，①→②方向为 X 轴方向，②→③方向为 Y 轴方向。可以用右手定则来确定 Z 轴方向。

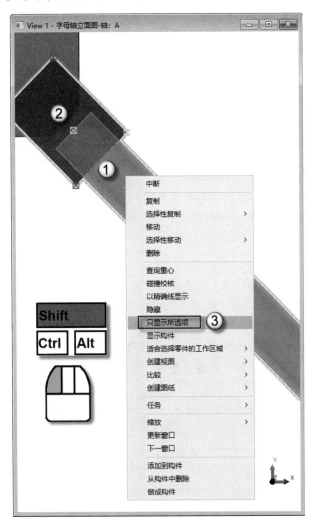

图 5.25　只显示支撑和 17 号连接板

（2）调整视图。在这个创建的新视图中，按 Ctrl+P 快捷键发出"切换三维/平面"命令，将该视图切换为平面视图，按 Shift+Z 快捷键发出"在视图面上设置工作平面"命令，将工作平面切换到该视图上，如图 5.27 所示。

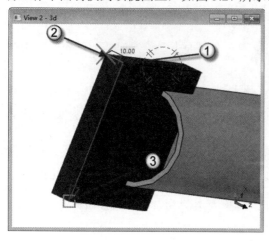

图 5.26　创建视图　　　　　　　　　　　　　图 5.27　调整视图

（3）绘制辅助线。在创建的如图 5.28 所示的视图中，单按 E 快捷键发出"辅助线"命令，以圆中心点为基准点，依次绘制 5 条辅助线（图中①～⑤处），辅助线的方向参见坐标系（图中⑥处）。这 5 条辅助线的具体信息如表 5.1 所示。

（4）创建并绘制端板。单按 B 快捷键发出"压型板"命令，侧窗格将弹出"压型板"面板，在"通用性"设置栏下的"名称"栏中输入"端板"字样，在"型材/截面/型号"栏中输入 PL10 字样，在"材料"栏中单击 按钮，弹出"选择材质"对话框。在"钢"

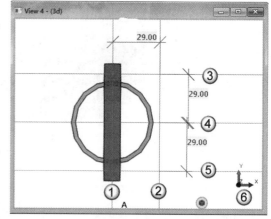

图 5.28　绘制辅助线

材质栏中选择 Q235B 选项，单击"确认"按钮，在"等级"栏中选择 14 选项，在"编号序列"设置栏下的"零件编号"栏中输入 PD 字样，在"构件编号"栏中输入 PL-字样，如图 5.29 所示。在图 5.30 所示的视图中依次选择 3 点（图中①→②→③→①处）绘制端板，这样就形成了一块三角形板，下一步将要把这个板的形状转化为半圆形。

表 5.1　5 条辅助线

| 编　号 | 方　向 | 间距/mm |
| --- | --- | --- |
| ① | Y | 29 |
| ② | Y | |
| ③ | X | ③、④间距：29 |
| ④ | X | ④、⑤间距：29 |
| ⑤ | X | |

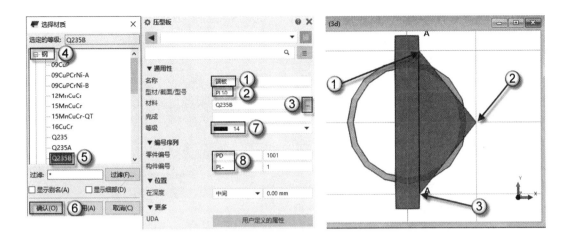

图 5.29　设置参数　　　　　　　　　　　　　　　图 5.30　绘制端板

（5）改为半圆形板。在图 5.31 所示的视图中，选择端板，激活控柄，选择点控柄（图中①处），侧窗格将弹出"拐角处斜角"对话框。在"形状"设置栏下的"类型"栏中选择"弧点"选项，单击"修改"按钮，端板形状即变为圆弧形。

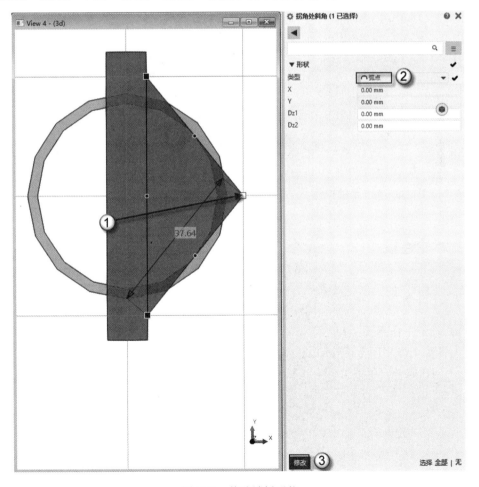

图 5.31　修改端板形状

（6）修改端板位置。在图 5.32 所示的"字母轴立面图-轴：A"视图中，选择端板，将端板从圆心（图中①处）平行拖曳到支撑圆心（图中②处）。单按 M 快捷键发出"重画视图"命令，将该视图中所有构件全部显示出来，查看 15 号连接板、端板及支撑是否严丝合缝地紧密贴靠。若没有，继续调整端板位置。调整后的构件如图 5.33 所示。选择端板，单按 W 快捷键发出"镜像"命令，以 15 号连接板中心线（图 5.34 中①处）为对称轴，在弹出的"复制-镜像"对话框中单击"复制"按钮，将端板镜像到对面，再单击"确认"按钮。

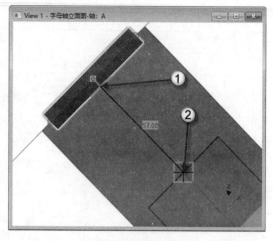

图 5.32　移动端板

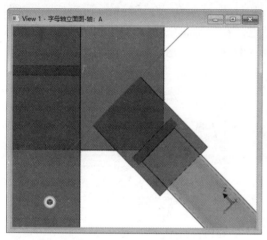

图 5.33　调整后的构件

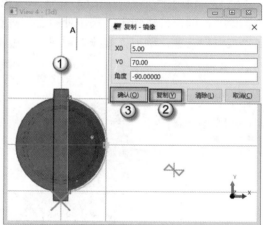

图 5.34　镜像端板

## 5.1.6　螺栓连接

本节使用平面法创建螺栓，方法比较简单。关于螺栓的分布，可参看附录中的图纸。

（1）确定工作平面。在"字母轴立面图-轴：A"视图中，按 Shift+Z 快捷键发出"在视图面上设置工作平面"命令，将工作平面切换到该视图上。

（2）创建螺栓。单按 I 快捷键发出"螺栓"命令，侧窗格将弹出"螺栓"面板，在"螺栓"设置栏下的"标准"栏中选择 A 选项，在"尺寸"栏中选择 8.00mm 选项，在"构件"栏中依次勾选"螺栓""垫圈""垫圈""螺母"4 个复选框，在"螺栓组"设置栏的"形状"栏中选择"阵列"选项，在"螺栓 X 向间距"栏中输入 30 字样，在"螺栓 Y 向间距"栏中输入 25 字样。在"带长孔的零件"选项下勾选两个"特殊的孔"复选框，在"位置"设置栏下的"旋转"栏中选择"前面"选项，在"从…偏移"设置栏下的 Dx 栏中输入 20

字样，如图 5.35 所示。

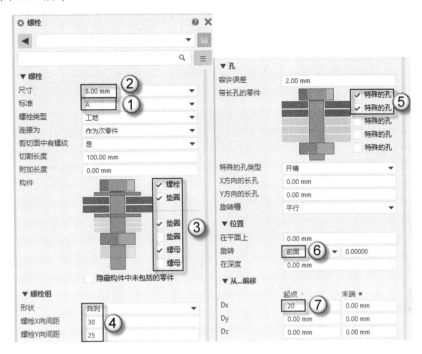

图 5.35　设置参数

（3）放置螺栓。按 I 快捷键发出"螺栓"命令，在图 5.36 所示的"字母轴立面图-轴：A"视图中，依次选择 15 号连接板（图中①处）和 17 号连接板（图中②处），单击鼠标中键完成选择。使用临时参考点法，按住 Ctrl 键不放，单击图中③处所在的点（这个就是临时参考点），单按 O 快捷键发出"正交"命令，输入 27.5 个单位，在弹出的"输入数字位置"对话框中单击"确认"按钮。在图 5.37 所示的视图中，依次单击图中①处的点（即用临时参考点法生成的正式点）及与板边垂直的点（图中②处），这样就用两个点确定了螺栓方向线。

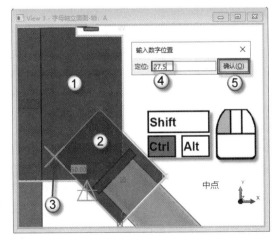

图 5.36　准备放置螺栓

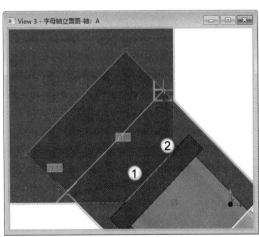

图 5.37　放置螺栓

# 5.2　支撑之间的连接

支撑之间的连接比较烦琐。有多块连接板和端板，容易混淆。因为都是板，所以绘制起来并不复杂。复杂的是准确地对位，即把这些零件精确地装配起来。本节内容需要读者不仅要看书，还要看书后的图纸，只有对照起来学习，才能掌握准确的绘图。

## 5.2.1　绘制辅助线

本节要使用"辅助线"命令（快捷键：E）绘制几条辅助线，便于后面的正式绘图。具体操作如下：

（1）设置视图属性。在"字母轴立面图-轴：A"视图中，双击视图中空白区域，弹出"视图属性"对话框。单击"显示"按钮，在弹出的"显示"对话框的"设置"选项卡下，勾选"辅助线"复选框，依次单击"修改"和"确认"按钮完成操作，如图 5.38 所示，这样操作之后，当前视图中之前绘制的辅助线就都显示出来了。如果不需要辅助线，可将该视图中的辅助线逐个删除。一根一根选择辅助线很麻烦，可以采用另外一种方法——用过滤器快速选择辅助线，详见下一步骤。

（2）设置过滤器。按 Ctrl+G 快捷键发出"过滤器"命令，在弹出的如图 5.39 所示的"对象组-选择过滤"对话框中，单击"添加行"按钮（图中①处），并将添加的行上移到第一行，勾选该行的复选框，在"种类"列中选择"辅助对象"选项，"属性"列中选择"类型"选项，"条件"列中选择"等于"选项，"值"列中选择"线"选项；再勾选第二行的复选框，在"种类"列中选择"构件"选项，"值"列中输入 333 字样，并将该过滤器命名为"辅助线"（图中④处），单击"另存为"按钮（图中⑤处），再单击"保存"按钮（图中⑥处），最后依次单击"应用"和"确认"按钮，完成操作。这样从右向左拉框，叉选所有构件，由于设置了过滤器，将只会选择辅助线对象。按 Delete 键，即可将所选的辅助线删除。

⚠注意：图 5.39 中②行的意思是线型的辅助对象会被选上。其余种类的对象选择由下面的行决定。由于③行在②行下面，③行的意思是，场景中除②所选之外的对象中名称为 333 的构件也会被选上。由于场景中并没有名称为 333 的对象，所以③行不会选择任何对象。但如果此处不设置③行，则"辅助对象"外的所有对象皆会被选上。同时设置②、③行的意思是只选择线型的辅助对象。

（3）绘制辅助线。在图 5.40 所示的"字母轴立面图-轴：A"视图中，单按 E 快捷键发出"辅助线"命令，从 15 号连接板端点（图中①处）到支撑中点（图中②处）绘制一条辅助线，并在侧窗格弹出的"辅助线"对话框中，在"延伸"栏中输入 2000 字样，单击"修改"按钮即可将辅助线延伸，绘制好的辅助线为图中⑤处。继续绘制两条辅助线（见图 5.41 中⑥、⑦），其中，辅助线⑦为轴 1、轴 2 的中线，辅助线⑥与辅助线⑦相互垂直。

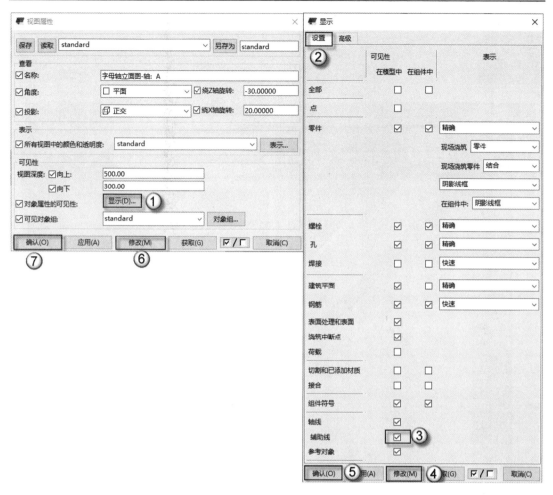

图 5.38　设置视图属性

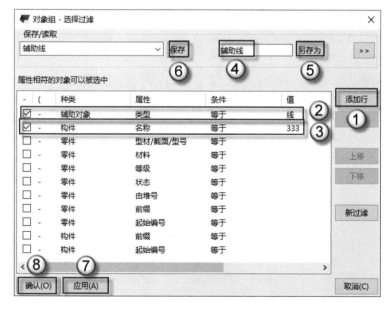

图 5.39　设置过滤器

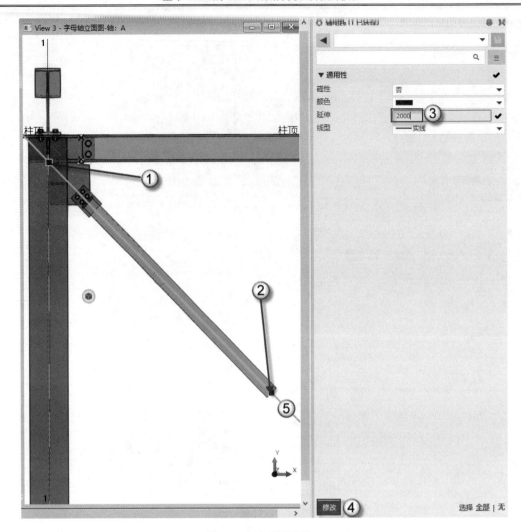

图 5.40　绘制辅助线 1

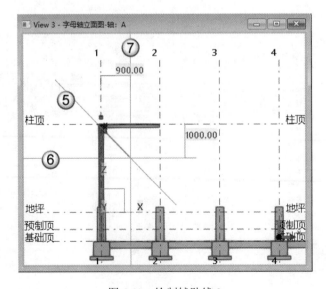

图 5.41　绘制辅助线 2

## 5.2.2　绘制支撑

前面一节中已经绘制了一根支撑件，本节是将支撑进行深化处理。具体操作如下：

（1）镜像支撑。在图 5.42 所示的"字母轴立面图-轴：A"视图中，选择已绘制的支撑（图中①处），单击支撑点控柄（图中②处），沿辅助线方向（图中③处）拖动点控柄，使其延长。在图 5.43 所示的视图中，选择已绘制的支撑，单按 W 快捷键发出"镜像"命令，以辅助线为对称轴（图中①处），在弹出的"复制-镜像"对话框中单击"复制"按钮（图中②处），再单击"确认"按钮（图中③处）完成操作。

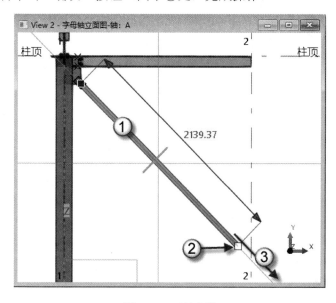

图 5.42　延长支撑

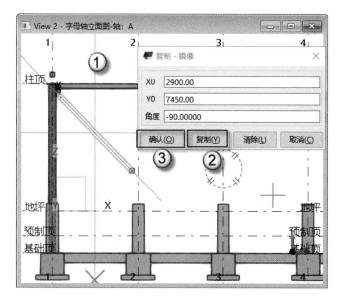

图 5.43　镜像支撑

（2）隐藏多余的对象。在图 5.44 所示的"字母轴立面图-轴：A"视图中，选择两个支撑（图中①、②处），右击其中一个对象，按住 Shift 键不放，在弹出的快捷菜单中选择"只显示所选项"命令，只显示支撑，隐藏其他对象。

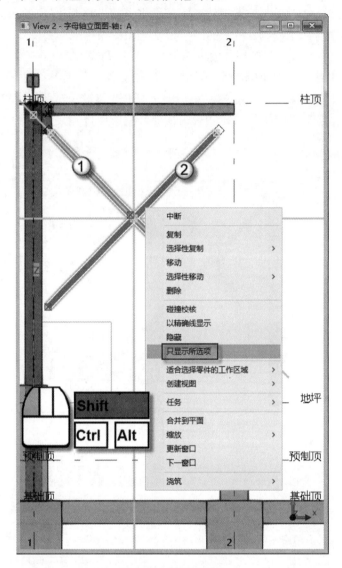

图 5.44　只显示支撑

（3）调整支撑位置。在图 5.45 所示的 3d 视图中，按 Ctrl+P 快捷键发出"切换三维/平面"命令，将 3d 视图切换为平面视图模式。在"字母轴立面图-轴：A"视图中，选择镜像后的支撑（图中①处），在 3d 视图中，按 Ctrl+M 快捷键发出"移动"命令，输入 20 个单位，在弹出的"输入数字位置"对话框中，单击"确认"按钮（图中③处），将支撑向上移动 20 个单位。最后单按 M 快捷键发出"重画视图（当前）"命令，显示 3d 视图中的所有构件，按 Ctrl+P 快捷键发出"切换三维/平面"命令，将其切换为三维模式并检查模型。

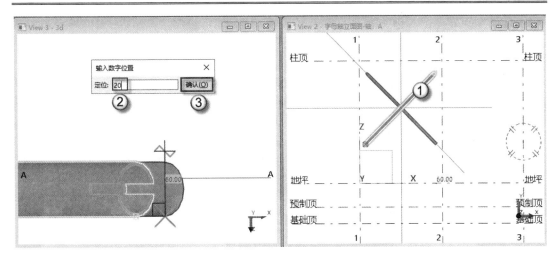

图 5.45　调整支撑位置

## 5.2.3　绘制 20 号连接板并断开支撑

20 号连接板是由两根支撑组成的，这两根支撑为 X 相交的形状。20 号连接板的功能有两个：断开一根支撑；从中间穿过另一根支撑。具体操作如下：

（1）创建并绘制 20 号连接板。在"字母轴立面图-轴：A"视图中，双按 B 快捷键发出"压型板"命令，侧窗格将弹出"压型板"面板。在"通用性"设置栏下的"名称"栏中输入"连接板"字样，在"型材/截面/型号"栏中输入 PL10 字样，在"材料"栏中单击■按钮，弹出"选择材质"对话框，在"钢"材质栏中选择 Q235B 选项，单击"确认"按钮。在"等级"栏中选择 14 选项，在"编号序列"设置栏下的"零件编号"栏中输入 P□字样，在"构件编号"栏中输入 PL-字样，在"位置"设置栏下的"在深度"栏中选择"中间"选项，如图 5.46 所示。在"字母轴立面图-轴：A"视图中，从辅助线交点（图 5.47 中①处）开始绘制一块尺寸为 150×80 的连接板。

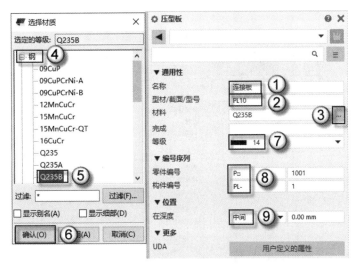

图 5.46　设置参数

（2）调整连接板位置。在图 5.48 所示的
"字母轴立面图-轴：A"视图中，选择 20 号
连接板（图中①处）和支撑（图中②处），右
击其中一个对象，按住 Shift 键不放，在弹出
的快捷菜单中选择"只显示所选项"命令，只
显示所选对象，隐藏其他对象。在图 5.49 所
示的 3d 视图中，按 Ctrl+P 快捷键发出"切换
三维/平面"命令，将 3d 视图切换为平面视图
模式。单按 E 快捷键发出"辅助线"命令，在
支撑中心位置绘制一条辅助线（图中①处），
选择连接板，按 Ctrl+M 快捷键发出"移动"
命令，将连接板移动至辅助线所在位置，即支
撑中心位置，调整好位置的板在图中②处。最

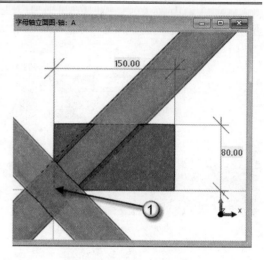

图 5.47　绘制 20 号连接板

后单按 N 快捷键发出"重画视图"命令，显示所有构件，按 Ctrl+P 快捷键发出"切换三维
/平面"命令，将其切换为三维模式并检查模型。

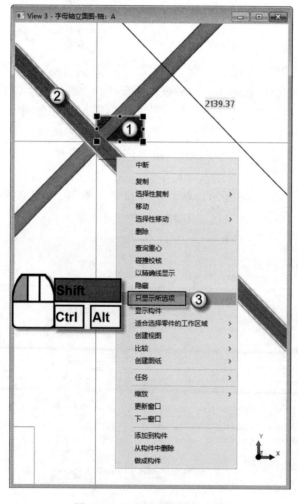

图 5.48　只显示连接板和支撑

（3）旋转连接板。在图 5.50 所示的"字母轴立面图-轴：A"视图中，选择连接板，按 Ctrl+M 快捷键发出"移动"命令，将连接板的板边中点（图中①处）移动至辅助线交点（图中②处）。再次选择连接板，单按 Q 快捷键发出"旋转"命令，选择图 5.51 所示的连接板板边中点（图中①处）为旋转中心，弹出"移动-旋转"对话框，在"角度"栏中输入 45 字样（图中②处），单击"移动"按钮（图中③处），连接板发生旋转，单击"确认"按钮（图中④处）。选择连接板，按 Ctrl+M 快捷键发出"移动"命令，在图 5.52 所示的视图中将连接板的板边中点（图中①处）移动至连接板端点（图中②处）。

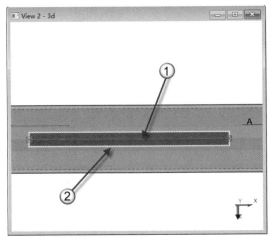

图 5.49　调整连接板位置

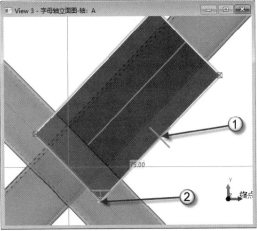

图 5.50　移动连接板 1

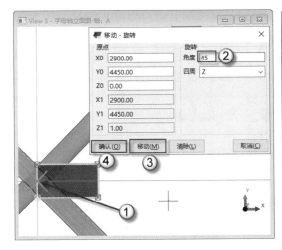

图 5.51　旋转连接板

图 5.52　移动连接板 2

（4）断开支撑。在快速访问工具栏中，单击"拆分"按钮，在图 5.53 所示的视图中选择支撑（图中①处），即选择需要断开的零件，再单击辅助线交点（图中②处），即选择拆分的位置。选择断开后的一部分支撑，拖动点控柄，将其拖至连接板的板边所在位置，再以同样的方法，完成另一部分支撑。调整之后的支撑如图 5.54 所示。

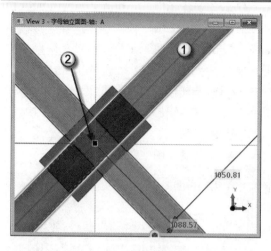
图 5.53 断开支撑

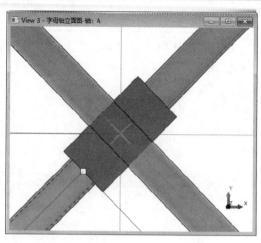
图 5.54 调整之后的支撑

## 5.2.4 绘制 19 和 21 号连接板

19 和 21 号连接板是附着在 20 号连接板上的，因此要先画 20 号连接板。这 3 块连接板在一起，起到了连接两根 X 型相交支撑的作用。

（1）创建并绘制 21 号连接板。在"字母轴立面图-轴：A"视图中，单按 B 快捷键发出"压型板"命令，侧窗格将弹出"压型板"面板。在"通用性"设置栏下的"名称"栏中输入"连接板"字样，在"型材/截面/型号"栏中输入 PL10 字样，在"材料"栏中单击 按钮，弹出"选择材质"对话框。在"钢"材质栏中选择 Q235B 选项，单击"确认"按钮。在"等级"栏中选择 14 选项，在"编号序列"设置栏下的"零件编号"栏中输入 P□字样，在"构件编号"栏中输入 PL-字样，在"位置"设置栏下的"在深度"栏中选择"中间"选项，如图 5.55 所示。在"字母轴立面图-轴：A"视图中，在 20 号连接板上绘制一块尺寸为 80×40 的连接板，如图 5.56 所示。

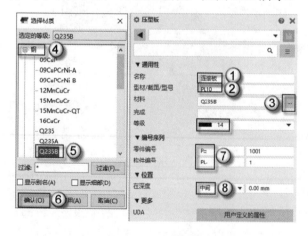
图 5.55 设置参数

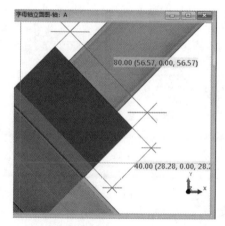
图 5.56 绘制 21 号连接板

（2）创建并绘制 19 号连接板。在"字母轴立面图-轴：A"视图中，单按 B 快捷键发出"压型板"命令，侧窗格将弹出"压型板"面板。在"通用性"设置栏下的"名称"栏中输入"连接板"字样，在"型材/截面/型号"栏中输入 PL10 字样，在"材料"栏中单击 按钮，弹出"选择材质"对话框。在"钢"材质栏中选择 Q235B 选项，单击"确认"按钮。在"等级"栏选择 14 选项，在"编号序列"设置栏下的"零件编号"栏中输入 P□字样，在"构件编号"栏中输入 PL-字样，在"位置"设置栏下的"在深度"栏中选择"中间"选项，如图 5.57 所示。在"字母轴立面图-轴：A"视图中，在 20 号连接板上绘制一块尺寸为 90×80 的连接板，如图 5.58 所示。

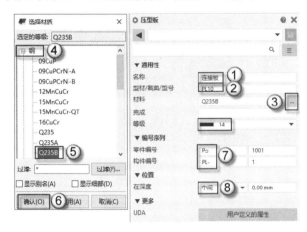

图 5.57　设置参数　　　　　　　　　　图 5.58　绘制 19 号连接板

（3）隐藏其他对象。在"字母轴立面图-轴：A"视图中，从右向左拉框，叉选支撑和支撑处的连接板，右击其中一个对象，按住 Shift 键不放，在弹出的快捷菜单中选择"只显示所选项"命令，此时只会显示选择的对象，隐藏其他对象，如图 5.59 所示。

（4）调整 19 号连接板位置。在 3d 视口中，按 Ctrl+P 快捷键发出"切换三维/平面"命令，将 3d 视口三维视图切换为 3d 视口平面视图。在图 5.60 所示的"字母轴立面图-轴：A"视图中，选择 19 号连接板（图中①处），在 3d 视口平面视图中，按 Ctrl+M 快捷键发出"移动"命令，依次单击 19 号连接板的两个端点（图中②→③处）来移动 19 号连接板。最后，单按 N 快捷键发出"重画视图"命令，显示所有构件。按 Ctrl+P 快捷键发出"切换三维/平面"命令，将 3d 视口平面视图转化为 3d 视口三维视图，在三维模式中检查模型。

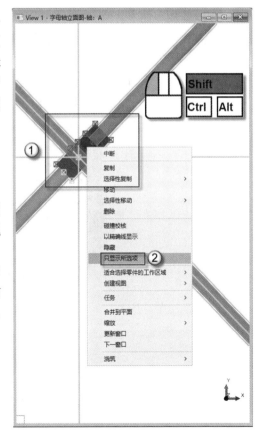

图 5.59　只显示构件

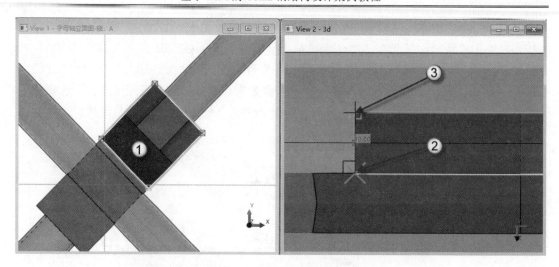

图 5.60　调整 19 号连接板位置

## 5.2.5　绘制端板

在断开的支撑端部位置有两块半圆形的端板。本节先绘制一块端板，然后用镜像的方法生成另一块端板。具体操作如下：

（1）创建视图。在 3d 视图中，按 Ctrl+F3 快捷键发出"使用三点创建视图"命令，依次选择图中的①、②、③点将创建视图，如图 5.61 所示。其中，①为原点，①→②为 X 轴方向，②→③为 Y 轴方向，读者可以使用右手定则确定 Z 轴方向。

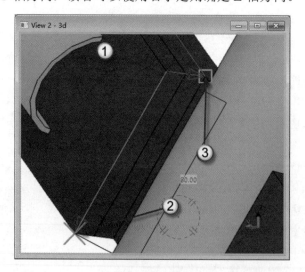

图 5.61　创建视图

（2）隐藏其他对象。在"字母轴立面图-轴：A"视图中，从右向左拉框，叉选支撑和支撑处连接板，右击其中一个对象，按住 Shift 键不放，在弹出的快捷菜单中选择"只显示所选项"命令，此时只会显示选择的对象而隐藏其他对象，如图 5.62 所示。

（3）绘制辅助线。在本节第一步创建的新视图中，按 Ctrl+P 快捷键发出"切换三维/

平面"命令，将三维视图切换为平面视图，按 Shift+Z 快捷键发出"在视图面上设置工作
平面"命令，将工作平面切换到该视图上。单按 E 快捷键发出"辅助线"命令，在图 5.63
所示的视图中依次单击连接板两边的中点（图中①、②处），用两点绘制一条辅助线（图
中③处）。然后继续绘制出 4 条辅助线（图 5.64 中④～⑦处）。辅助线③→④、⑤→⑥、
⑥→⑦的间距皆为 29mm。

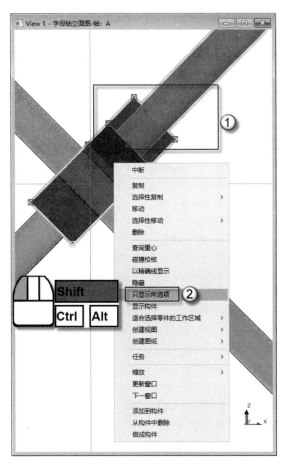

图 5.62　只显示所选构件

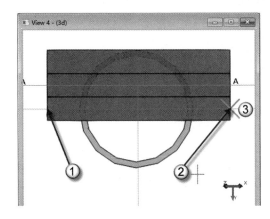

图 5.63　绘制第一条辅助线

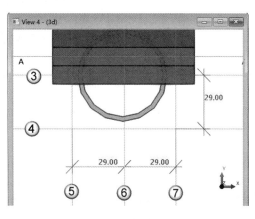

图 5.64　绘制其他辅助线

（4）创建并绘制端板。在创建的视图中，单按 B 快捷键发出"压型板"命令，侧窗格将弹出"压型板"面板。在"通用性"设置栏下的"名称"栏中输入"连接板"字样，在"型材/截面/型号"栏中输入 PL10 字样，在"材料"栏中单击━按钮，弹出"选择材质"对话框。在"钢"材质栏中选择 Q235B 选项，单击"确认"按钮，在"等级"栏中选择 14 选项，在"编号序列"设置栏下的"零件编号"栏中输入 P□字样，在"构件编号"栏中输入 PL-字样，在"位置"设置栏下的"在深度"栏中选择"中间"选项，如图 5.65 所示。在图 5.66 所示的视图中依次选择 3 点（图中①→②→③→①处），绘制端板。选择点控柄（图中①处），侧窗格将弹出"拐角处斜角"对话框，在"形状"设置栏下的"类型"栏中选择"弧点"选项，单击"修改"按钮，如图 5.67 所示，端板形状即变为半圆形。

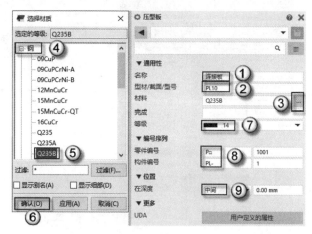

图 5.65　设置参数

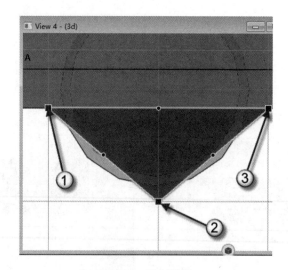

图 5.66　绘制端板

（5）调整端板和支撑位置。在图 5.68 所示的"字母轴立面图-轴：A"视图中，按 Shift+Z 快捷键发出"在视图面上设置工作平面"命令，将工作平面切换到该视图上。选择支撑（图中①处），单击其标注处的箭头（图中②处），输入-10 个单位，在弹出的"输入数字位置"对话框中，单击"确认"按钮，该支撑长度将缩短 10 个单位。选择端板，按 Ctrl+M 快捷键发出"移动"命令，将端板从中点（图中①处）垂直移动到其与连接板垂足点（图中②处），如图 5.69 所示。

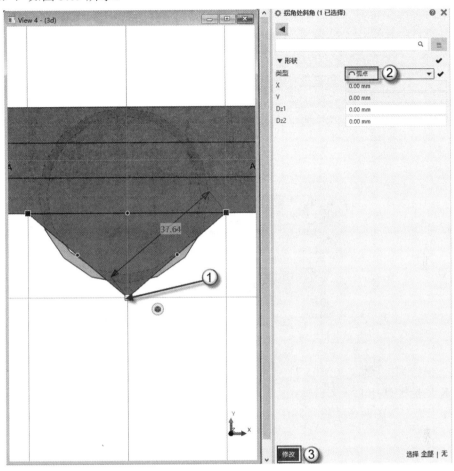

图 5.67　修改端板形状

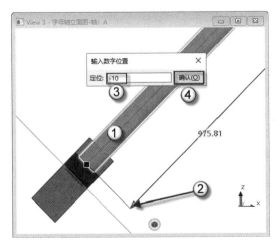

图 5.68　调整支撑位置

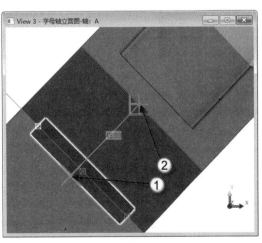

图 5.69　调整端板位置

（6）镜像端板。在创建的视图中，按 Shift+Z 快捷键发出"在视图面上设置工作平面"命令，将工作平面切换到该视图上。如图 5.70 所示，选择端板（图中①处），单按 W 快捷键发出"镜像"命令，以辅助线（图中②处）为对称轴，在弹出的"复制-镜像"对话框中，依次单击"复制"和"确认"按钮。最后，单按 N 快捷键发出"重画视图"命令，显示所有构件，按 Ctrl+P 快捷键发出"切换三维/平面"命令，将其切换为三维模式并检查模型。

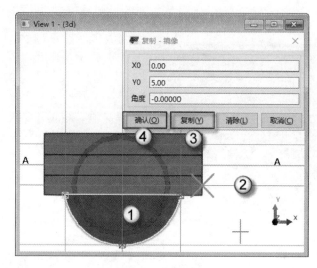

图 5.70　镜像端板

（7）修改端板属性。在图 5.71 所示的 3d 视图中，选择支撑顶部的端板（图中①处），按 Ctrl+K 快捷键打开上下文工具栏，在上下文工具栏中双击"复制属性"按钮（图中②处），依次选择支撑中部的两个端板（图中③、④处），这样可以将上部的端板属性复制过来了如图 5.71 所示。

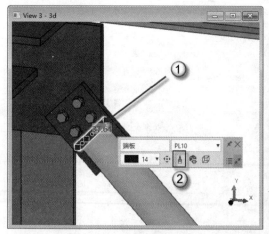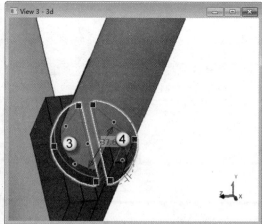

图 5.71　修改端板属性

注意：在上下文工具栏中，单击"复制属性"按钮，只能对一个对象复制属性，双击这个按钮则可以对多个对象进行复制属性。

## 5.2.6　螺栓连接

本节的螺栓连接采用的是平面连接法，比较简单。具体操作如下：

（1）设置工作平面。在"字母轴立面图-轴：A"视图中，按 Shift+Z 快捷键发出"在视图面上设置工作平面"命令，将工作平面切换到该视图上。

（2）创建螺栓。在图 5.72 所示的视图中双按 I 快捷键发出"螺栓"命令，侧窗格将弹出"螺栓"面板。在"螺栓"设置栏下的"标准"栏中选择 A 选项（图中①处），在"尺寸"栏中选择 8.00mm 选项（图中②处），在"构件"栏中依次勾选"螺栓""垫圈""垫圈""螺母"4 个复选框（图中③处），在"螺栓组"设置栏的"形状"栏中选择"阵列"选项，在"螺栓 X 向间距"栏中输入 20 20 字样，在"螺栓 Y 向间距"栏中输入 20 字样（图中④处）。在"带长孔的零件"选项下勾选 3 个"特殊的孔"复选框（图中⑤处），即用螺栓连接 19 号、20 号和 21 号连接板，在"位置"设置栏下的"旋转"栏中选择"前面"选项（图中⑥处），在"从…偏移"设置栏下的 Dx 栏中输入 20 字样（图中⑦处）。

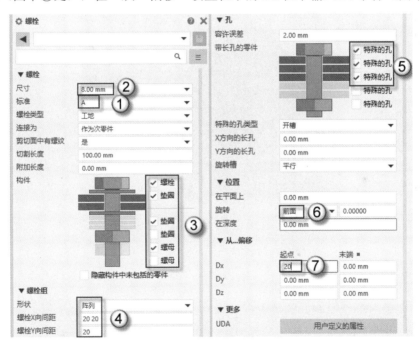

图 5.72　设置参数

（3）放置螺栓。在图 5.73 所示的视图中，单按 I 快捷键发出"螺栓"命令，依次选择 19 号连接板（图中①处）、20 号连接板（图中②处）和 21 号连接板（图中③处），单击鼠标中键完成对象选择。在"字母轴立面图-轴：A"视图中，使用临时参考点法，按住 Ctrl 键不放，单击图中④处所在的点（这个点就是临时参考点），单按 O 快捷键发出"正交"命令，输入 20 个单位，在弹出的"输入数字位置"对话框中单击"确认"按钮。在图 5.74 所示的视图中，依次选择图中①处和与板边垂直点（图中②处），用两个点确定螺栓方向线，这样就完成了这 3 块板的螺栓连接。

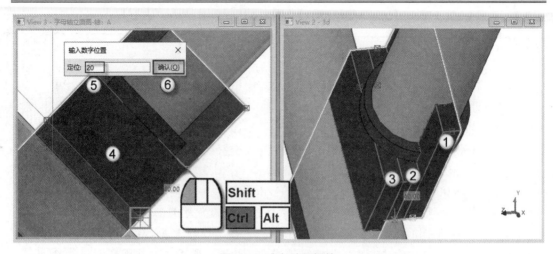

图 5.73　准备放置螺栓

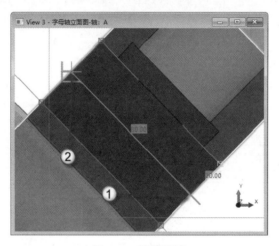

图 5.74　放置螺栓

## 5.2.7　修饰节点

本节主要是对已经绘制好的节点进行修饰处理，包括镜像、修改长度和切割等操作。具体操作如下：

（1）镜像构件。在图 5.75 所示的 3d 视图中，按住 Ctrl 键不放，选择两块端板（图中①、②处）、19 号连接板（图中③处）、21 号连接板（图中④处）及螺栓（图中⑤处）。在图 5.76 所示的"字母轴立面图-轴：A"视图中，单按 W 快捷键发出"镜像"命令，以辅助线（图中①处）为对称轴，在弹出的"复制-镜像"对话框中单击"复制"按钮，再单击"确认"按钮即可镜像这些构件并放到对面。

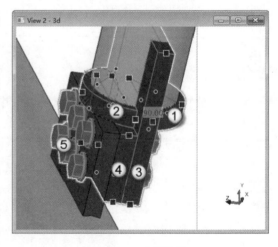

图 5.75　选择构件

（2）修改支撑长度。在图 5.77 所示的"字母轴立面图-轴：A"视图中，选择支撑（图中①处），单击标注处的箭头（图中②处），输入-10 个单位，在弹出的"输入数字位置"对话框中单击"确认"按钮，将支撑长度缩短 10 个单位。

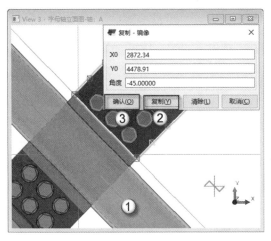

图 5.76　镜像构件

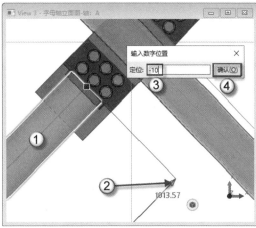

图 5.77　修改支撑长度

（3）切割构件。在快速访问工具栏中单击"使用零件切割对象"按钮，在图 5.78 所示的 3d 视图中，依次选择支撑（图中①处）和 20 号连接板（图中②处）。再在快速访问工具栏中选择"使用零件切割对象"命令，在图 5.79 所示的视图中依次选择上部支撑（图中①处）和 21 号连接板（图中②处）。以同样的方法，将下部支撑与 21 号连接板进行切割。

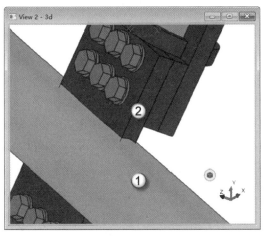

图 5.78　切割 20 号连接板

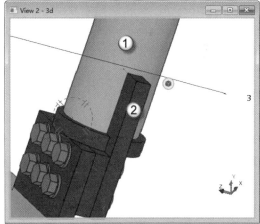

图 5.79　切割 21 号连接板

注意：使用"使用零件切割对象"命令时，应该先选择变的对象，再选择不变的对象。

## 5.2.8　镜像节点

前面绘制了支撑与柱上部腹板的连接，现在要将这个连接的节点镜像下来并进行一定的修改。具体操作如下：

（1）镜像构件。在图 5.80 所示的 3d 视图中，依次选择螺栓（图中①处）、17 号连接板（图中②处）、两个支撑（图中③、④处）、23 号加劲板（图中⑤、⑥处）、15 号连接板（图中⑦处）及 9 号加劲板（图中⑧处），在图 5.81 所示的"字母轴立面图-轴：A"视图中，按 Shift+Z 快捷键发出"在视图面上设置工作平面"命令，将工作平面切换到该视图上。单按 W 快捷键发出"镜像"命令，以辅助线（图中①处）为对称轴，在弹出的"复制-镜像"对话框中，单击"复制"按钮，镜像所选构件并放到对面，单击"确认"按钮完成操作。

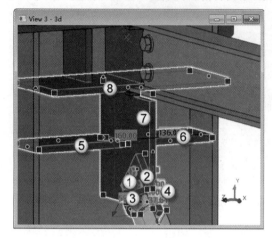

图 5.80　选择构件

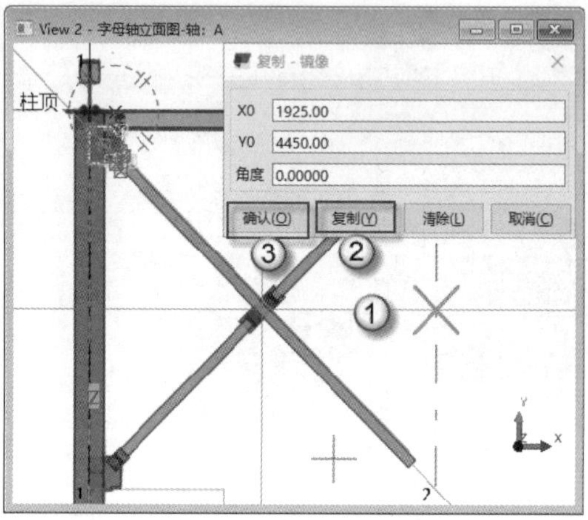

图 5.81　镜像构件

（2）修改节点。在"字母轴立面图-轴：A"视图中，选择镜像到下方的 15 号连接板已被切割的部分，按 Delete 键将其删除，如图 5.82 所示。如图 5.83 所示，选择支撑，拖动点控柄（图中①处），将其拖至连接板的板边所在位置（图中②处），按 Ctrl+I 快捷键发出"打开视图列表"命令，在弹出的"视图列表"对话框中将"数字轴立面图-轴：1"视图打开，如图 5.84 所示。在该视图中，按 Shift+Z 快捷键发出"在视图面上设置工作平面"命令，将工作平面切换到该视图上。在 3d 视图中，依次选择螺栓（图中①处）、17 号连接板（图中②处）、两个支撑（图中③、④处），在"数字轴立面图-轴：1"视图中，选择"编辑"|"选择性移动"|"镜像"命令，以 A 轴为对称轴（图中⑤处），在弹出的"移动-镜像"对话框中，单击"移动"按钮，镜像所选构件并移动到对面，单击"确认"按钮。

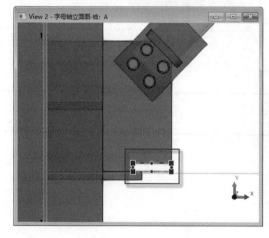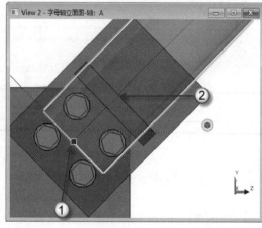

图 5.82　删除被切割对象

图 5.83　修改支撑长度

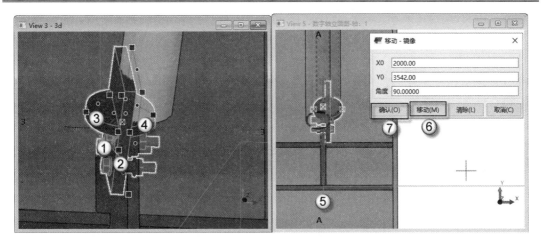

图 5.84  镜像移动构件

（3）修改支撑连接处的螺栓位置。在 3d 视图中，选择支撑连接处下部的螺栓，侧窗格将弹出"螺栓"面板。在"位置"设置栏下的"旋转"栏中选择"上"选项，单击"修改"按钮，这样螺栓就对称安装好了，螺栓将变得更加牢固，如图 5.85 所示。

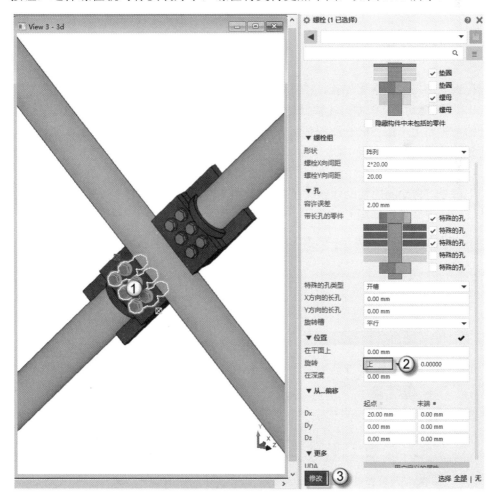

图 5.85  修改螺栓位置

# 第6章　屋面连接的绘制

在钢结构设计中，屋面连接有固定的方式：檩条用檩托板和加劲板固定在屋面钢梁上，檩条之间用斜拉杆和套管进行连接，檩条与屋面钢梁用隔撑加固。

# 6.1　檩　　条

檩条亦称檩子、桁条，垂直于屋架，用以支撑椽子或屋面材料。檩条是横向受弯（通常是双向弯曲）构件，一般都设计成单跨简支檩条。檩条一般分为槽钢檩条、角钢檩条和Z型钢檩条等。自行车棚例子采用的是槽钢檩条。

## 6.1.1　绘制檩托板

檩托板底部与屋面钢梁焊接，檩托板与檩条之间用螺栓连接。具体操作如下：

（1）绘制辅助线。按 Ctrl+I 快捷键发出"视图列表"命令，将"数字轴立面图-轴：1"视图平铺在界面上，按 Shift+Z 快捷键发出"在视图面上设置工作平面"命令，将工作平面切换到该视图上，将出现 UCS 图标，如图 6.1①处所示。单按 E 快捷键发出"辅助线"命令，在图 6.2 所示的视图中绘制一条与钢梁 GL2 垂直的辅助线，按 Ctrl+M 快捷键发出"移动"命令，将绘制的辅助线移动至与 A 轴相交（交点为图中①处）位置上，完成之后的辅助线为图中②处，如图 6.2 所示。

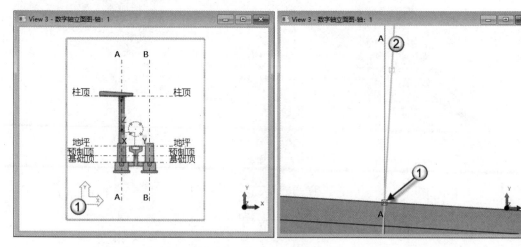

图 6.1　整理视图　　　　　　　　　　　　　　　图 6.2　绘制辅助线

（2）创建并绘制檩托板。双按 L 快捷键发出"钢梁"命令，侧窗格将弹出"钢梁"面板，如图 6.3 所示。在模板栏中选择"板"选项（图中①处），在"通用性"设置栏下的"名称"栏中输入"檩托板"字样（图中②处），在"型材/截面/型号"栏中输入 PL80*10 字样（图中③处），在"位置"设置栏下的"在深度"栏中选择"中间"选项（图中④处），由于其他参数已提前设置好，此处就无须再设置了。在图 6.4 所示的"数字轴立面图-轴：1"视图中，单击辅助线与 A 轴交点（图中①处）为起始点，光标沿着辅助线移动以确定方向，输入 100 个单位，在弹出的"输入数字位置"对话框中单击"确认"按钮，绘制一块尺寸为 100×80×10 的檩托板。

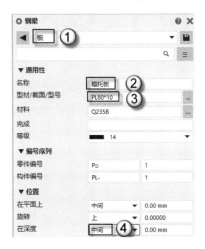

图 6.3　设置参数

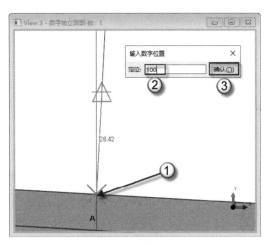

图 6.4　绘制檩托板

## 6.1.2　绘制加劲板

加劲板与檩托板、屋面钢梁皆是垂直相交，然后将这三者焊接在一起即可。具体操作如下：

（1）创建并绘制 14 号加劲板。双按 B 快捷键发出"压型板"命令，侧窗格将弹出"压型板"面板，如图 6.5 所示。在"通用性"设置栏下的"名称"栏中输入"加劲板"字样（图中①处），在"型材/截面/型号"栏中输入 PL10 字样（图中②处），在"材料"栏中单击 按钮（图中③处），弹出"选择材质"对话框，在"钢"材质下选择 Q235B 选项（图中⑤处），单击"确认"按钮（图中⑥处）。在"等级"栏中选择 14 选项（图中⑦处），在"编号序列"设置栏下的"零件编号"栏中输入 P□字样，在"构件编号"栏中输入 PL-字样（图中⑧处），在"位置"设置栏下的"在深度"栏中选择"中间"选项（图中⑨处）。在图 6.6 所示的"数字轴立面图-轴：1"视图中绘制一块尺寸为 100×60×10 的加劲板，图中①处的边的尺寸为 100mm，图中②处的边的尺寸为 60mm。

注意：图 6.6 中，加劲板右边（图中①处）与檩托板共边，上边与檩托板的板边在同一条直线上，在绘制过程中可按 F9 快捷键发出"贴靠到延长线"命令，捕捉檩托板的板边延长线绘图。

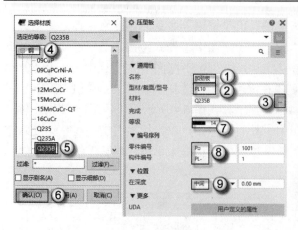

图 6.5　设置参数

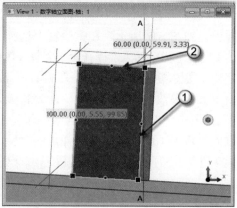

图 6.6　绘制 14 号加劲板

（2）修改内倒角。在图 6.7 所示的"数字轴立面图-轴：1"视图中选择已绘制的加劲板，选择加劲板点控柄（图中①处），侧窗格将弹出"拐角处斜角"面板。在"类型"栏中选择"线"选项（图中②处），在"距离 X"栏中输入 5 个单位（图中③处），在"距离 Y"栏中输入 5 个单位（图中④处），单击"修改"按钮（图中⑤处）完成操作。

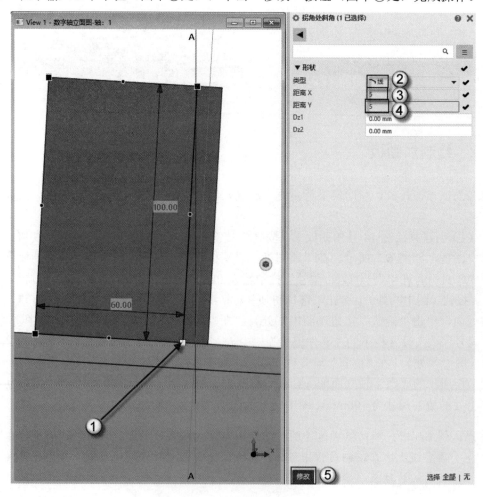

图 6.7　修改内倒角

（3）修改外倒角。选择加劲板点控柄（图中①处），侧窗格将弹出"拐角处斜角"面板，如图 6.8 在"类型"栏中选择"线"选项（图中②处），在"距离 X"栏中输入 30 个单位（图中③处），在"距离 Y"栏中输入 70 个单位（图中④处），单击"修改"按钮（图中⑤处）完成操作。

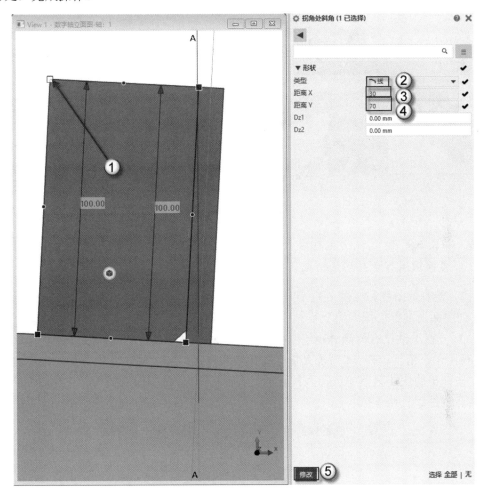

图 6.8　修改外倒角

注意：修改加劲板内倒角是为了让焊缝能通过，修改外倒角是考虑了零件受力的因素。

## 6.1.3　绘制檩条

本节绘制的是槽钢檩条，也就是 C 型钢檩条，采用"梁"命令的方式进行绘制。具体操作如下：

（1）创建视图。在图 6.9 所示的 3d 视图中，按 Ctrl+F3 快捷键发出"使用三点创建视图"命令，依次选择图中的①、②、③处创建视图。由于生成的视图是临时视图，可以通过更改视图名称来转换为永久视图。双击创建的视图中的空白处，弹出"视图属性"对话框，在"名称"栏中输入"平面图-梁斜顶"字样，依次单击"修改""确认"按钮完成操作，如图 6.10 所示。

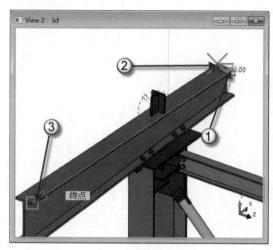

图 6.9　创建视图　　　　　　　　　　　图 6.10　修改视图名称

🔔注意：在图 6.9 中，①处为坐标原点，①→②方向为 X 轴方向，②→③方向为 Y 轴方向。可以使用右手定则来确定 Z 轴方向。

（2）绘制辅助线。在图 6.11 所示的"平面图-梁斜顶"视图中，按 Shift+Z 快捷键发出"在视图面上设置工作平面"命令，将工作平面切换到该视图上。单按 E 快捷键发出"辅助线"命令，在 1 轴左右两侧分别绘制两条距离 1 轴 300 个单位的辅助线（图中①与②处）。在 3d 视图中，依次选择 14 号加劲板、檩托板和钢梁 GL2，右击其中一个，按住 Shift 键不放，在弹出的快捷菜单中选择"只显示所选项"命令，使其只显示该部分构件，不显示其他所有构件。

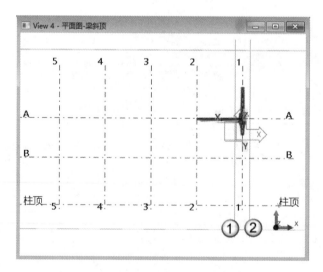

图 6.11　绘制辅助线

（3）创建并绘制檩条。在"平面图-梁斜顶"视图中，双按 L 快捷键发出"钢梁"命令，侧窗格将弹出"钢梁"面板，如图 6.12 所示。在模板栏中选择"屋檩条"选项（图中

①处），在"位置"设置栏下的"在平面上"栏中选择"右边"选项（图中②处），在"在深度"栏中选择"前面"选项（图中③处），由于其他参数已提前设置好，此处无须再设置。在图 6.13 所示的"平面图-梁斜顶"视图中，单按 L 快捷键发出"钢梁"命令，使用临时参考点法，按住 Ctrl 键不放，单击钢柱中点（图中①处）（这个点就是临时参考点），单按 O 快捷键发出"正交"命令，输入 5 个单位，在弹出的"输入数字位置"对话框中，单击"确认"按钮。在图 6.14 所示的视图中沿 X 轴正向绘制檩条直至与辅助线垂直为止（垂点见图中①处），绘制好的檩条见图中②处。在图 6.15 所示的视图中选择已绘制的檩条（图中①处），单按 W 快捷键发出"镜像"命令，以 1 轴为对称轴（图中②处），在弹出的"复制-镜像"对话框中，单击"复制"按钮（图中③处），再单击"确认"按钮（图中④处）、镜像后的檩条为图中⑤处，如图 6.15 所示。

图 6.12　设置参数

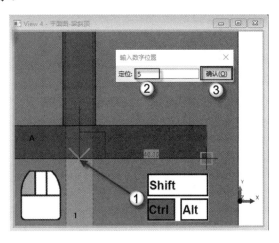

图 6.13　准备绘制檩条

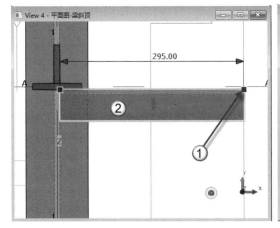

图 6.14　绘制檩条

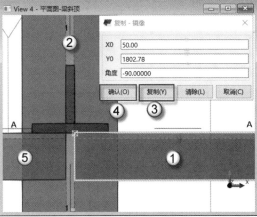

图 6.15　镜像檩条

## 6.1.4　绘制螺栓连接

本节将介绍檩条与檩托板之间螺栓连接的绘制方法，采用的是立面螺栓连接法，绘制过程略复杂一些。

（1）创建螺栓。在 3d 视图中，依次选择 14 号加劲板、檩托板、檩条和钢梁 GL2，右击其中一个，按住 Shift 键不放，在弹出的快捷菜单中选择"只显示所选项"命令，使其只显示该部分构件，不显示其他所有构件。在"平面图-梁斜顶"视图中，按 Shift+Z 快捷键发出"在视图面上设置工作平面"命令，将工作平面切换到该视图上。双按 I 快捷键发出"螺栓"命令，侧窗格将弹出"螺栓"面板，如图 6.16 所示。在"螺栓"设置栏下的"标准"栏中选择 HS4.6 选项（图中①处），在"尺寸"栏中选择 12.00mm 选项（图中②处），在"构件"栏中依次勾选"螺栓""垫圈""垫圈""螺母"4 处复选框（图中③处），在"螺栓组"设置栏的"形状"栏中选择"阵列"选项，在"螺栓 X 向间距"栏中输入 0 字样，在"螺栓 Y 向间距"栏中输入 40 字样（图中④处）。在"带长孔的零件"选项下勾选两个"特殊的孔"复选框（图中⑤处），在"位置"设置栏下的"旋转"栏中选择"上"选项（图中⑥处），在"从…偏移"设置栏下的 Dx 的起点栏中输入 18 字样（图中⑦处），在 Dz 的起点栏中输入 40 字样，末端栏中输入 40 字样（图中⑧处）。

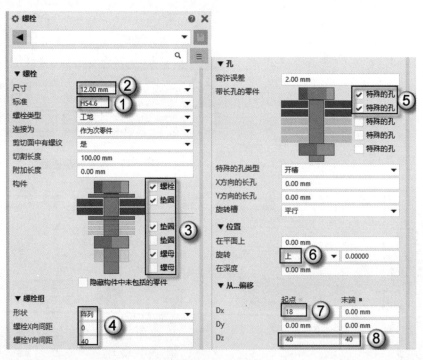

图 6.16　设置参数

（2）放置螺栓。单按 I 快捷键发出"螺栓"命令，在图 6.17 所示的"平面图-梁斜顶"视图中，依次选择檩托板（图中①处）和右侧的檩条（图中②处），单击鼠标中键确定螺栓连接的对象，依次选择两点（图中③→④处）确定螺栓方向线。如图 6.18 所示，选择已连接的螺栓（图中①处），单按 W 快捷键发出"镜像"命令，以 1 轴为对称轴（图中②处），在弹出的"复制-镜像"对话框中单击"复制"按钮（图中③处），再单击"确认"按钮（图中④处），镜像之后的螺栓为图中⑤处。

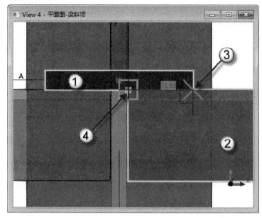

图 6.17　放置螺栓

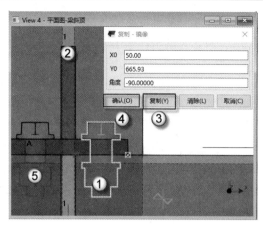

图 6.18　镜像螺栓

## 6.1.5　制作自定义组件——细部

檩条、檩托板、加劲板和螺栓制作好之后，要将它们制作成一个自定义组件，类型为"细节"。当复制组件后，修改其中一个组件，其余组件也会随之联动修改。

（1）修改螺栓位置。在图 6.19 所示的视图中选择已绘制的螺栓（图中①处），侧窗格将弹出"螺栓"面板，在"从…偏移"设置栏下的 Dz 的起点栏中输入 50 字样，末端栏中输入 50 字样（图中②处），单击"修改"按钮（图中③处）。

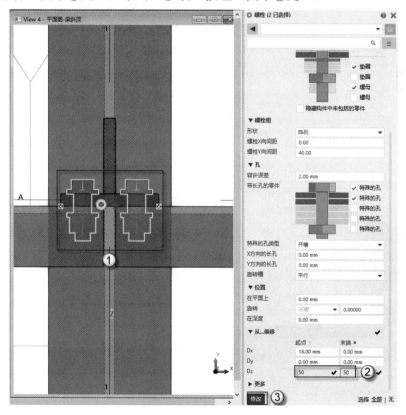

图 6.19　修改螺栓位置

（2）自定义组件。按 Shift+D 快捷键发出"自定义组件"命令，弹出"自定义组件快捷方式-1/4"对话框，如图 6.20 所示。选择"类型/说明"选项卡（图中①处），在"类型"栏中选择"细部"选项（图中②处），在"名称"栏中输入"屋檩条"字样（图中③处），单击"下一步"按钮（图中④处）。在图 6.21 所示的 3d 视图中，依次选择 14 号加劲板、檩托板、檩条及螺栓作为自定义组对象（图中①处），在弹出的"自定义组件快捷方式-2/4-对象选择"对话框中，单击"下一步"按钮（图中②处）。如图 6.22 所示，选择 14 号加劲板作为主零件（图中①处），在弹出的"自定义组件快捷方式-3/4-主零件选择"对话框中，单击"下一步"按钮（图中②处），弹出"自定义组件快捷方式-4/4-位置选择"对话框中，如图 6.23 所示。选择"主零件"单选按钮（图中①处），单击"结束"按钮（图中②处）完成自定义组件设置。

图 6.20　自定义组件 1

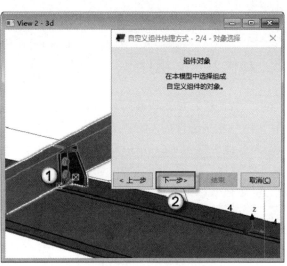

图 6.21　自定义组件 2

图 6.22　自定义组件 3

图 6.23　自定义组件 4

（3）复制组件。在图 6.24 所示的"数字轴立面图-轴：1"视图中，按 Shift+Z 快捷键发出"在视图面上设置工作平面"命令，将工作平面切换到该视图上，选择"屋檩条"组件中的主零件——14 号加劲板（图中①处），按 Ctrl+C 快捷键发出"复制"命令，复制组件并将其从檩条端点（图中②处）移动到钢梁 GL2 端点（图中③处）。

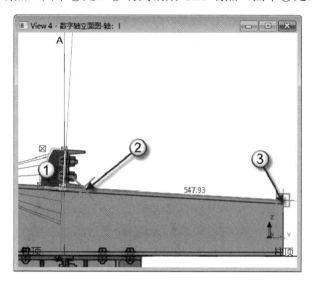

图 6.24　复制组件

注意：自定义组件"细部"类型的优势是，当在组件中定义好主零件之后，复制或者移动主零件时整个组件也跟着产生变化。因此，在上一步的复制操作中选择的对象不是整个组件，而是组件中作为主零件的 14 号加劲板。

## 6.2　斜　拉　杆

斜拉杆与檩条和撑杆一起组成几何不变体系。檩条在屋面受力时，由于屋面存在坡度，使得檩条在弱轴方向受力。如果没有斜拉条和撑杆，那么檩条会在弱轴方向产生变形，破坏结构体系。

### 6.2.1　绘制斜拉杆

本节采用"折梁"命令绘制斜拉杆，其截面为圆形钢。具体操作如下：

（1）绘制辅助线。在 3d 视图中，右击钢梁 GL2 及其以上零件，按住 Ctrl 键不放，在弹出的快捷菜单中选择"只显示所选项"命令，使其只显示该部分零件，不显示其他所有零件。在图 6.25 所示的"平面图-梁斜顶"视图中，单按 E 快捷键发出"辅助线"命令，依次绘制两条分别距离 1 轴 160 个单位和 840 个单位的两条辅助线（图中①、②处）。单按 E 快捷键发出"辅助线"命令，绘制一条距离檩条 50 个单位的辅助线，如图 6.26 所示。

注意：图 6.26 中，由于构件形状等原因捕捉位置稍有偏差，但不影响绘制，因为钢结构在现场装配时允许有一定的误差。

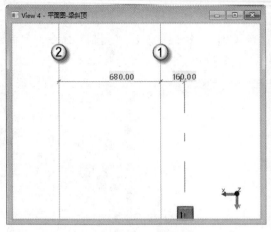

图 6.25　绘制辅助线 1

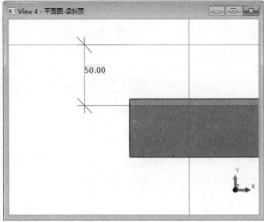

图 6.26　绘制辅助线 2

（2）创建并绘制拉条。在"平面图-梁斜顶"视图中，按 Shift+Z 快捷键发出"在视图面上设置工作平面"命令，将工作平面切换到该视图上。选择"钢"|"折梁"命令，侧窗格将弹出"钢梁"面板，如图 6.27 所示。在模板栏中选择"拉条"选项（图中①处），在"位置"设置栏下的"在深度"栏中选择"中间"选项（图中②处），由于其他参数均已提前设置完成，此处无须再设置。使用临时参考点法，按住 Ctrl 键不放，在图 6.28 所示的视图中单击①处所在的点（这个点就是临时参考点），单按 O 快捷键发出"正交"命令，输入 40 个单位，在弹出的"输入数字位置"对话框中单击"确认"按钮。然后向 Y 轴负向移动光标以确定方向（图 6.29 中①处箭头方向），输入 90 个单位，在弹出的"输入数字位置"对话框中单击"确认"按钮。在图 6.30 所示的视图中单击辅助线交点（图中①处），沿箭头方向（图中②处）继续绘制拉条。输入 90 个单位，在弹出的"输入数字位置"对话框中单击"确认"按钮向上绘制一段拉条，如图 6.31 所示。绘制完成的拉条如图 6.32 所示。

图 6.27　设置参数

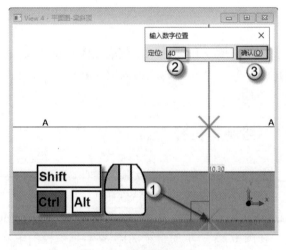

图 6.28　准备绘制拉条 1

（3）调整拉条位置。在图 6.33 所示的"数字轴立面图-轴：1"视图中选择拉条（图中①处），按 Ctrl+M 快捷键发出"移动"命令，沿箭头方向滑动光标（图中②处）直至出现垂足点提示（图中③处），然后输入 25 个单位，在弹出的"输入数字位置"对话框中单击"确认"按钮（图中⑤处）。

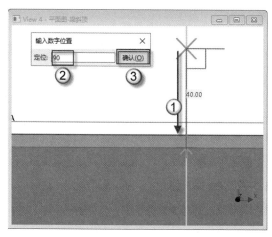

图 6.29　准备绘制拉条 2

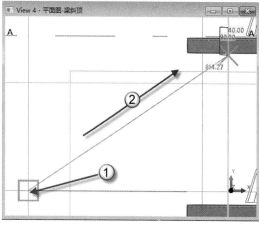

图 6.30　准备绘制拉条 3

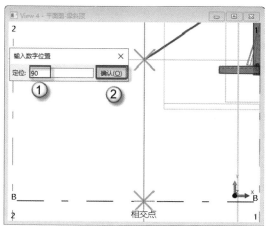

图 6.31　准备绘制拉条 4

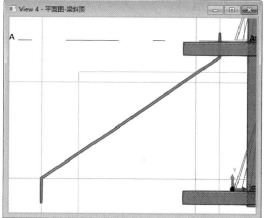

图 6.32　绘制完成的拉条

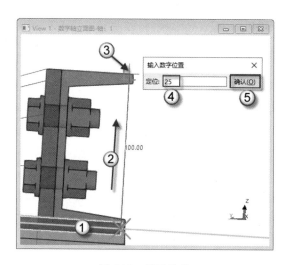

图 6.33　移动拉条

## 6.2.2　绘制 M8 螺母带垫圈

　　M8 螺母与 M8 垫圈应该是分开建模、分开放置的。但是此处合在一起是因为有 M8 螺母就一定要配套 M8 垫圈，合在一起方便放置（不用放两次），也方便统计数量。

　　（1）修改檩条长度。在图 6.34 所示的选择工具栏中单击"选择组件中的对象"🔺 按钮，选择檩条，单击点控柄，将其从图中①处拖到经过拉条位置，即图中②处即可。

　　（2）创建视图。在图 6.35 所示的 3d 视图中，按 Shift+F2 快捷键发出"工作平面工具"命令，单击檩条（图中①处）所在面，将工作平面切换到该面上，按 Shift+F3 快捷键发出"生成工作面的视图"命令，即可出现工作平面所在视图。

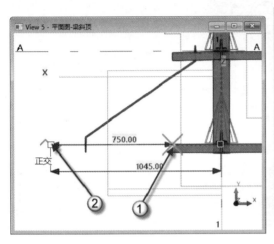

图 6.34　修改檩条长度　　　　　　　　　　图 6.35　创建视图

　　（3）导入 M8 螺母带垫圈文件。双按 K 快捷键发出"项"命令，侧窗格将弹出"项"面板，如图 6.36 所示。在"通用性"选项卡下的"形状"栏中单击█按钮（图中①处），在弹出的"形状目录"对话框中，删除与本项目无关的形状（图中②处），单击"输入"按钮（图中③处）。在弹出的"输入形状"对话框中，在"目录"栏找到 SKP 文件夹（图中④处），选择"M8 螺母带垫圈.skp"文件（图中⑤处），单击"确认"按钮（图中⑥处），再单击"确认"按钮（图中⑦处）。

　　（4）创建并放置 M8 螺母带垫圈。单按 K 快捷键发出"项"命令，侧窗格将弹出"项"面板，如图 6.37 所示。在"通用性"选项卡下的"名称"栏中输入"M8 螺母带垫圈"字样（图中①处），在"材料"栏中单击█按钮（图中②处），弹出"选择材质"对话框，在"其他"材料下选择"304 不锈钢"选项（图中④处），单击"确认"按钮（图中⑤处）。在"等级"栏中选择 11 选项（图中⑥处），在"编号序列"选项下删除"零件编号"栏中的内容（图中⑦处），在"构件编号"栏中输入 M8 字样（图中⑧处）。在创建的视图中放置 M8 螺母带垫圈，放置位置为 M8 螺母带垫圈中心距上边界 25 个单位，距左边界 140 个单位，如图 6.38 所示。在"平面图-梁斜顶"视图中，选择 M8 螺母带垫圈，按 Ctrl+M 快捷键发出"移动"命令，将 M8 螺母带垫圈移动至与檩条边对齐位置，如图 6.39 所示。以同样的方法，在斜拉杆的另一头放置 M8 螺母带垫圈并调整好位置，最终的效果如图 6.40 所示。

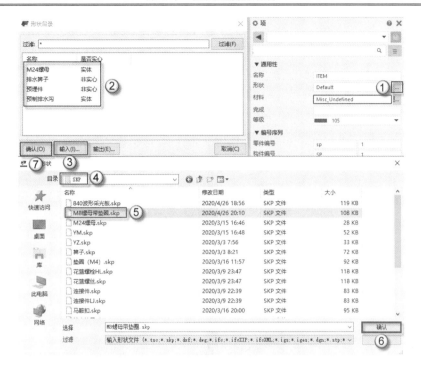

图 6.36　导入 M8 螺母带垫圈文件

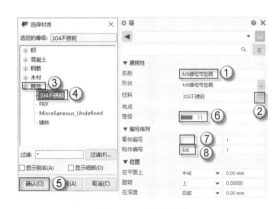

图 6.37　设置参数

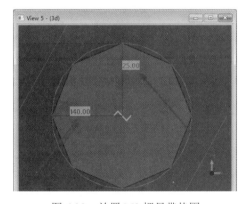

图 6.38　放置 M8 螺母带垫圈

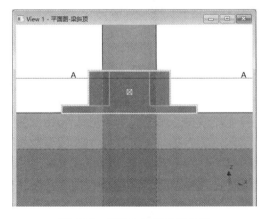

图 6.39　调整 M8 螺母带垫圈

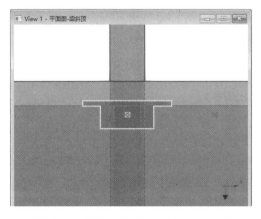

图 6.40　在另一头放置 M8 螺母带垫圈

### 6.2.3 制作自定义组件——零件

斜拉杆和 M8 螺母带垫圈制作好之后，要将它们制作成一个自定义组件，类型为"零件"。这样，当复制组件时，修改其中一个组件，其余组件会随之联动修改。

（1）自定义组件 1。按 Shift+D 快捷键发出"自定义组件"命令，弹出"自定义组件快捷方式-1/3"对话框，如图 6.41 所示。选择"类型/说明"选项卡（图中①处），在"类型"栏中选择"零件"选项（图中②处），在"名称"栏中输入"斜拉条"字样（图中③处），单击"下一步"按钮（图中④处）。

图 6.41　自定义组件 1

（2）自定义组件 2。在图 6.42 所示的 3d 视图中，按住 Shift 键不放，依次选择拉条与 M8 螺母带垫圈为自定义组对象（图中①处），在弹出的"自定义组件快捷方式-2/3-对象选择"对话框中，单击"下一步"按钮（图中②处）。

（3）自定义组件 3。在图 6.43 所示的视图中，单击辅助线与螺母交点（图中①处）作为插入位置，在弹出的"自定义组件快捷方式-3/3-位置选择"对话框中，单击"结束"按钮（图中②处）。

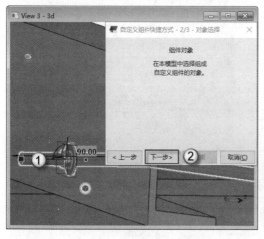

图 6.42　自定义组件 2

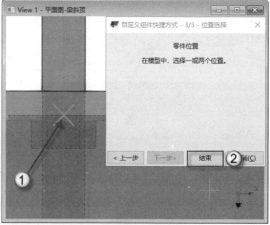

图 6.43　自定义组件 3

# 6.3　撑　　杆

一根撑杆实际上包括两根杆组件：直拉杆与套管。直接杆的作用是拉，而套管的作用是撑，这样可以不让檩条变形，保障结构体系的完整性。

## 6.3.1　绘制直拉杆

本节采用"梁"命令绘制直拉杆，其截面为圆形钢。具体操作如下：

（1）准备绘制直拉杆。在图 6.44 所示的"平面图-梁斜顶"视图中，单按 E 快捷键发出"辅助线"命令，在斜拉杆中点所在位置绘制一条辅助线（图中①处），按 Ctrl+C 快捷键发出"复制"命令，复制该辅助线并向右移动到距离该辅助线 60 个单位的位置（图中②处）。在图 6.45 所示的视图中，单击选择工具栏中的"选择组件中的对象" ▲ 按钮，选择檩条（图中①处），激活控柄，选择其点控柄，将其从图中②处沿着辅助线拖曳至图中③处。

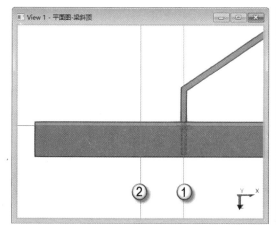

图 6.44　绘制辅助线　　　　　　　　　图 6.45　修改檩条长度

（2）创建并绘制直拉杆。在图 6.46 所示的 3d 视图中，右击两个檩条（图中①、②处），按住 Ctrl 键不放，在弹出的快捷菜单中选择"只显示所选项"命令，使其只显示该部分构件，不显示其他构件。在"平面图-梁斜顶"视图中，按 Shift+Z 快捷键发出"在视图面上设置工作平面"命令，将工作平面切换到该视图上。双按 L 快捷键发出"钢梁"命令，侧窗格将弹出"钢梁"面板，如图 6.47 所示。在模板栏中选择"拉条"选项（图中①处），在"位置"设置栏下的"在深度"栏中选择"中间"选项（图中②处），由于其他参数均已提前设置完成，此处无须再设置了。

（3）绘制直拉杆。在图 6.48 所示的"平面图-梁斜顶"视图中的檩条上方开始绘制直拉杆，使用临时参考点法，按住 Ctrl 键不放，单击图中①处所在的点（这个就是临时参考点），垂直向下移动光标以确定方向，单按 O 快捷键发出"正交"命令，输入 40 个单位，在弹出的"输入数字位置"对话框中单击"确认"按钮。一根檩条有上下两处直拉杆，这里已经将位于上方的直拉杆（图中①处）绘制好了。使用同样的方法绘制位于下方的另一根直拉杆（图中②处），完成之后的效果如图 6.49 所示。

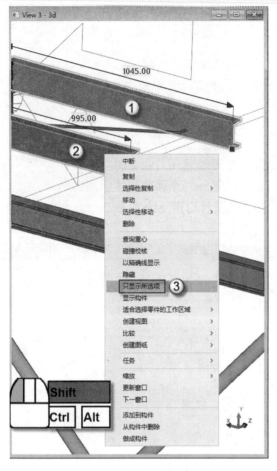

图 6.46　只显示所选构件

图 6.47　设置参数

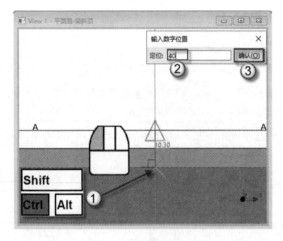

图 6.48　准备绘制直拉杆

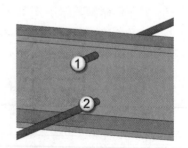

图 6.49　上下两根直拉杆

## 6.3.2　绘制套管

套管是套在直拉杆外面的管，采用的是圆管截面，用"梁"命令绘制。具体操作如下：

（1）创建并绘制套管。在"平面图-梁斜顶"视图中，单按 L 快捷键发出"钢梁"命令，侧窗格将弹出"钢梁"面板，如图 6.50 所示。在模板栏选择"套管"选项（图中①处），在"通用性"设置栏下的"型材/截面/型号"栏中输入 O14*2.5 字样（图中②处），在"位置"设置栏下的"在深度"栏中选择"中间"选项（图中③处），由于其他参数均已提前设置完成，此处无须再设置了。依次单击辅助线与檩条的两个交点（图 6.51 中①→②处）绘制套管。最后单按 N 快捷键发出"重画视图"命令，将所有构件全部显示。

图 6.50　设置参数

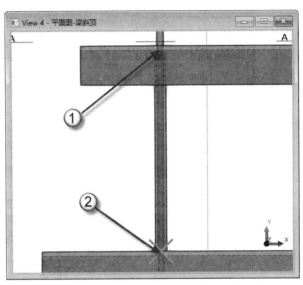

图 6.51　绘制套管

（2）调整视图深度。在"数字轴立面图-轴：1"视图中，双击视图中的空白位置，弹出"视图属性"对话框，如图 6.52 所示。将"视图深度"设置栏的"向上"栏设置为 1500 个单位（图中①处），依次单击"修改"按钮（图中②处）和"确认"按钮（图中③处）。因为套管比较长，需要调整视图深度，让视图显示更深的内容。

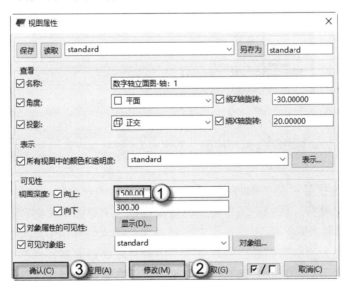

图 6.52　修改视图属性

（3）调整直拉杆和套管位置。在图 6.53 所示的 3d 视图中，选择直拉杆和套管，按 Ctrl+M 快捷键发出"移动"命令，将直拉杆和套管从杆中心点（图中①处）移至斜拉杆中心点（图中②处）。然后在"数字轴立面图-轴：1"视图中查看两者的关系（套管为图中③，直拉杆为图中④），要使两者保持在同一高度上。

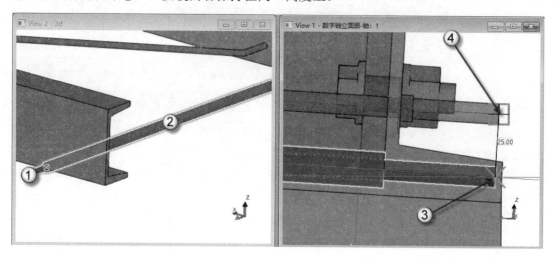

图 6.53　移动直拉杆和套管

## 6.3.3　绘制 M8 螺母带垫圈

撑杆体系中同样也需要 M8 螺母加垫圈进行连接加固，具体操作如下：

（1）创建视图。在图 6.54 所示的 3d 视图中，按 Shift+F2 快捷键发出"工作平面工具"命令，单击檩条（图中①处）所在面，将工作平面切换到该面上。再按 Shift+F3 快捷键发出"生成工作面的视图"命令，即可出现工作平面所在视图。

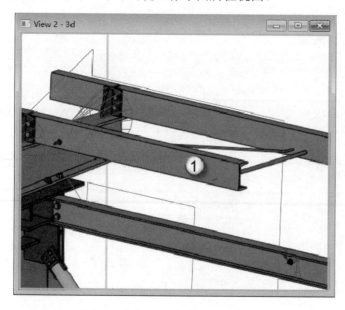

图 6.54　创建视图

（2）插入 M8 螺母带垫圈形状。双按 K 快捷键发出"项"命令，侧窗格将弹出"项"面板，如图 6.55 所示。在"通用性"选项卡下的"形状"栏中单击 按钮（图中①处），在弹出的"形状目录"对话框中选择"M8 螺母带垫圈"形状（图中②处），单击"确认"按钮（图中③处）。

图 6.55　插入 M8 螺母带垫圈形状

（3）创建并放置 M8 螺母带垫圈。单按 K 快捷键发出"项"命令，侧窗格将弹出"项"面板，如图 6.56 所示。在"通用性"选项卡下的"名称"栏中输入"M8 螺母带垫圈"字样（图中①处），在"材料"栏中单击 按钮（图中②处），弹出"选择材质"对话框，在"其他"材料下选择"304 不锈钢"选项（图中④处），单击"确认"按钮（图中⑤处）。在"等级"栏中选择 11 选项（图中⑥处），在"编号序列"选项中删除"零件编号"栏中的内容（图中⑦处），在"构件编号"栏中输入 M8 字样（图中⑧处），在"位置"设置栏下的"在深度"栏中选择"前面"选项（图中⑨处）。在创建的视图中放置 M8 螺母带垫圈，放置位置为 M8 螺母带垫圈中心距上边界 25 个单位（图中箭头所指）处，如图 6.57 所示。以同样的方法，在斜拉杆的另一头放置 M8 螺母带垫圈。

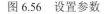
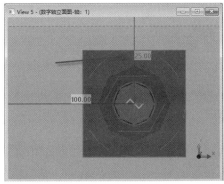

图 6.56　设置参数　　　　　　　图 6.57　放置 M8 螺母带垫圈

## 6.3.4　制作自定义组件——零件

直拉杆、套管和 M8 螺母带垫圈制作好之后，要将它们制作成一个自定义组件，类型为"零件"。这样，复制组件后，修改其中一个组件，其余组件会随之联动修改。

（1）自定义组件 1。按 Shift+D 快捷键发出"自定义组件"命令，在弹出的图 6.58 所示的"自定义组件快捷方式-1/3"对话框中，选择"类型/说明"选项卡（图中①处），在"类型"栏中选择"零件"选项（图中②处），在"名称"栏中输入"直拉杆"字样（图中③处），单击"下一步"按钮（图中④处）。

（2）自定义组件 2。在图 6.59 所示的 3d 视图中，按住 Shift 键不放，依次选择直拉杆、套管及 M8 螺母带垫圈

图 6.58　自定义组件 1

为自定义组对象（图中①处），在弹出的"自定义组件快捷方式-2/3-对象选择"对话框中，单击"下一步"按钮（图中②处）。

（3）自定义组件 3。选择图 6.60 中①处作为插入位置，在弹出的"自定义组件快捷方式-3/3-位置选择"对话框中，单击"结束"按钮（图 6.60 中④处）。

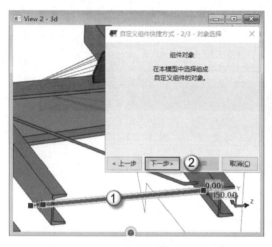

图 6.59　自定义组件 2

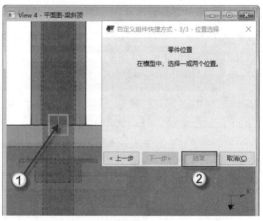

图 6.60　自定义组件 3

# 6.4　隔　　撑

为了保证零件平面外的稳定性，减小零件平面外的计算长度，当横梁和柱的内侧翼缘需要设置侧向支撑点时，可以利用连接于外侧翼缘的檩条设置隔撑。隔撑一般宜采用角钢（即 L 型钢）制作，按照轴心受压构件设计。

## 6.4.1　绘制隔撑板

隔撑与钢梁连接的板叫隔撑板。隔撑板与钢梁之间为焊接，隔撑板与隔撑之间为螺栓连接。隔撑板的具体建模方法如下：

（1）创建并绘制隔撑板。在"字母轴立面图-轴：A"视图中，按 Shift+Z 快捷键发出

"在视图面上设置工作平面"命令,将工作平面切换到该视图上。双按 B 快捷键发出"压型板"命令,侧窗格将弹出"压型板"面板,如图 6.61 所示,在"通用性"设置栏下的"名称"栏中输入"隅撑板"字样(图中①处),在"型材/截面/型号"栏中输入 PL10 字样(图中②处),在"材料"栏中单击 按钮(图中③处),弹出"选择材质"对话框,在"钢"材质下选择 Q235B 选项(图中⑤处),单击"确认"按钮(图中⑥处)。在"等级"栏中选择 14 选项(图中⑦处),在"编号序列"设置栏下的"零件编号"栏中输入 P□字样,在"构件编号"栏中输入 PL-字样(图中⑧处),在"位置"设置栏下的"在深度"栏中选择"中间"选项(图中⑨处)。在"字母轴立面图-轴:A"视图中,绘制一块尺寸为 30×30 的隅撑板,如图 6.62 所示。

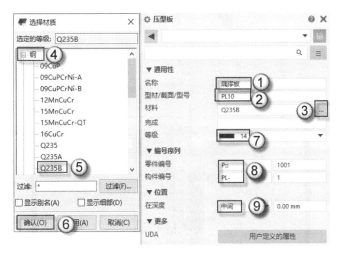

图 6.61　设置参数

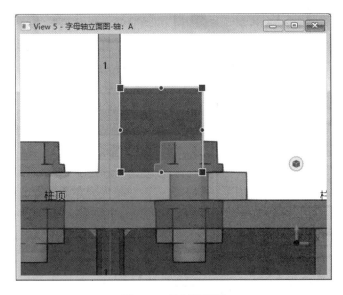

图 6.62　绘制隅撑板

(2)修改倒角。在图 6.63 所示的"字母轴立面图-轴:A"视图中,选择已绘制的隅撑板,激活全部控柄,选择左下角的点控柄(图中①处),侧窗格将弹出"拐角处斜角"

面板。在"类型"栏中选择"线"选项（图中②处），在"距离 X"栏中输入 5 个单位（图中③处），在"距离 Y"栏中输入 5 个单位（图中④处），单击"修改"按钮（图中⑤处）。修改这个倒角的目的是为了让焊缝能穿过。

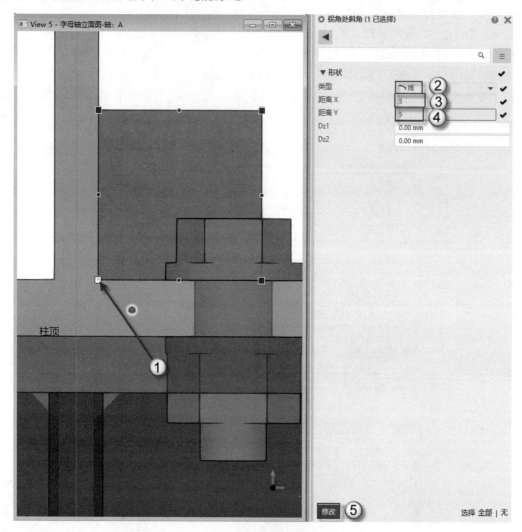

图 6.63　修改倒角

## 6.4.2　绘制 L 型钢

隔撑一般是采用 L 型钢（或叫角钢）制作。本节采用"梁"命令的方式进行绘制，具体操作如下：

（1）绘制辅助线。将挡住隔撑板的两个螺栓隐藏，单按 E 快捷键发出"辅助线"命令，在图 6.64 所示的视图中分别绘制两条隔撑板对角线（图中①、②处），在快速访问工具栏中单击"添加辅助圆"按钮，单击辅助线交点（图中③处），以这个点为圆心，输入 200 个单位，在弹出的"输入数字位置"对话框中，单击"确认"按钮，这样就绘制了一个半径为 200 的辅助圆。单按 E 快捷键发出"辅助线"命令，按住 Ctrl 键不放，单击檩条端点（图 6.65 中①处，这个点就是临时参考点），单按 O 快捷键发出"正交"命令，垂直向上移动光标以确定方向，输入 25 个单位，在弹出的"输入数字位置"对话框中，单击"确认"按钮。从左往右绘制一条水平辅助线，如图 6.66 箭头指处所示。最后，在图 6.67 所示的视图中，单按 E 快捷键发出"辅助线"命令，单击刚绘制的檩条上方辅助线和辅助圆的交点（图中①处），再单击隔撑板对角线交点（图中②处），用两点的形式连接成辅助线（图中③处）。

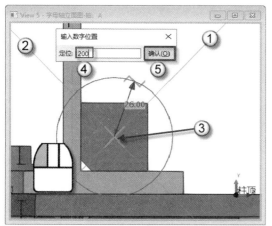

图 6.64　绘制辅助线

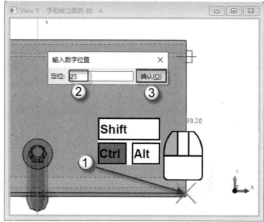

图 6.65　准备绘制辅助线

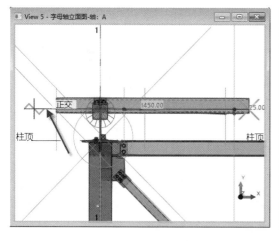

图 6.66　绘制辅助线

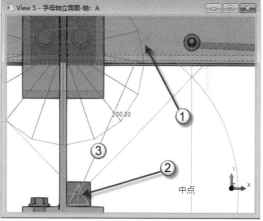

图 6.67　绘制辅助线

（2）创建并绘制 L 型钢。在"字母轴立面图-轴：A"视图中，双按 L 快捷键发出"钢梁"命令，侧窗格将弹出"钢梁"面板，如图 6.68 所示。在模板栏选择"隔撑"选项（图中①处），在"位置"设置栏下的"旋转"栏中选择"前面"选项，在"在深度"栏中选择"中间"选项（图中②处），由于其他参数已提前设置好，此处无须再设置了。使用临时参考点法，按住 Ctrl 键不放，单击图 6.69 中①处所在的点（这个点就是临时参考点），沿辅助线移动光标以确定方向，输入 10 个单位，在弹出的"输入数字位置"对话框中单击"确认"按钮。再次使用临时参考点法，按住 Ctrl 键不放，在图 6.70 所示的视图中单击图中①处所在的点（这个是临时参考点），沿辅助线方向（图中②的箭头方向）移动光标，直至出现交点捕捉提示（图中③处），输入 10 个单位，在弹出的"输入数字位置"对话框中单击"确认"按钮。

（3）调整 L 型钢位置。在图 6.71 所示的"数字轴立面图-轴：1"视图中，按 Shift+Z 快捷键发出"在视图面上设置工作平面"命令，将工作平面切换到该视图上。选择 L 型钢，按 Ctrl+M 快捷键发出"移动"命令，依次单击图中两点（图中①→②处），用两点的方式移动 L 型钢。选择 L 型钢，单按 Q 键发出"旋转"命令，在图 6.72 所示的视图中单击 L 型钢与檩条交点（图中①处），即以此点为旋转中心，在弹出的"移动-旋转"对话框中，在"角度"栏中输入-3.18 字样（图中②处），单击"移动"按钮（图中③处），则 L 型钢发生旋转，单击"确认"按钮（图中④处），最后，选择隔撑板，按 Ctrl+M 快捷键发出"移动"命令，将隔撑板向右移动，使其不与 L 型钢重叠，如图 6.73 所示。

🔔**注意**：旋转角度是根据测量 L 型钢与檩条角度而来。

图 6.68　设置参数

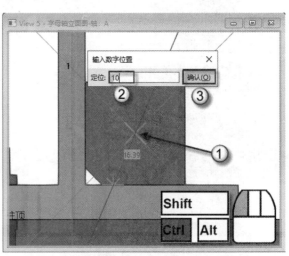

图 6.69　准备绘制 L 型钢

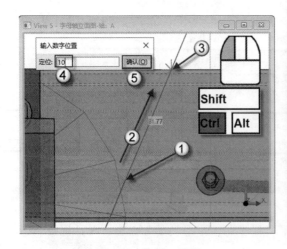

图 6.70　绘制 L 型钢

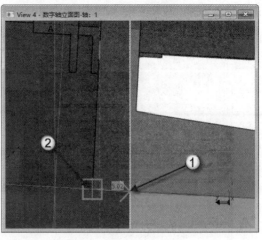

图 6.71　移动 L 型钢

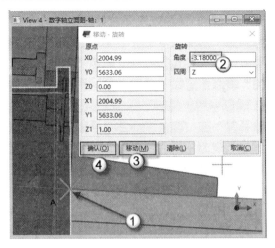

图 6.72　旋转 L 型钢

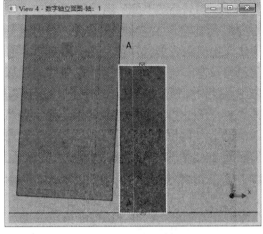

图 6.73　移动隔撑板

## 6.4.3　绘制螺栓连接

本节采用的是平面螺栓连接的绘制方法，注意根据附录中的图纸设置螺栓参数。

（1）创建螺栓。在"字母轴立面图-轴：A"视图中，按 Shift+Z 快捷键发出"在视图面上设置工作平面"命令，将工作平面切换到该视图上。双按 I 快捷键发出"螺栓"命令，侧窗格将弹出"螺栓"面板，如图 6.74 所示。在"螺栓"设置栏下的"标准"栏中选择 A 选项（图中①处），在"尺寸"栏中选择 6.00mm 选项（图中②处），在"构件"栏中依次勾选"螺栓""垫圈""垫圈""螺母"4 个复选框（图中③处），在"螺栓组"设置栏的"形状"栏中选择"阵列"选项，在"螺栓 X 向间距"栏中输入 0 字样，在"螺栓 Y 向间距"栏中输入 0 字样（图中④处）。在"带长孔的零件"选项下勾选两个"特殊的孔"复选框（图中⑤处），在"位置"设置栏下的"旋转"栏中选择"后退"选项（图中⑥处）。

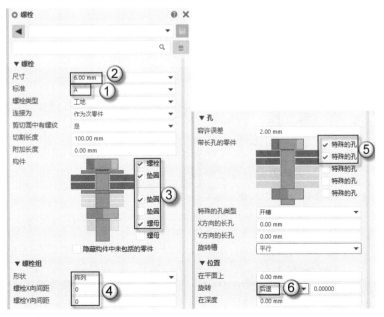

图 6.74　设置参数

（2）放置螺栓。单按 I 快捷键发出"螺栓"命令，在图 6.75 所示的"字母轴立面图-轴：A"视图中，依次选择 L 型钢（图中①处）和檩条（图中②处），单击鼠标中键确定螺栓连接的对象，依次单击两点（图中③→④处），以确定螺栓方向线。按 Enter 键重复上一次命令，在图 6.76 所示的视图中依次选择 L 型钢（图中①处）和隔撑板（图中②处），单击鼠标中键确定螺栓连接的对象，依次单击两点（图中③→④处），以确定螺栓方向线。

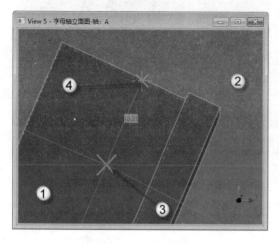

图 6.75　放置螺栓

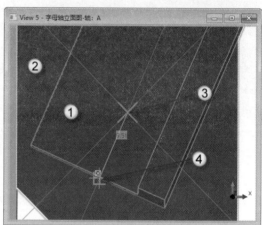

图 6.76　放置螺栓

## 6.4.4　制作自定义组件——节点

隔撑制作好之后，要将其制作成一个自定义组件，类型为"节点"。这样，复制组件后，如果修改其中一个组件，其余组件会随之联动修改。

（1）镜像构件。在图 6.77 所示的"字母轴立面图-轴：A"视图中，选择隔撑板、L型钢及螺栓（图中①处），单按 W 快捷键发出"镜像"命令，以 1 轴为对称轴（图中②处），在弹出的"复制-镜像"对话框中，单击"复制"按钮（图中③处），将檩条镜像复制到另一侧（图中④处），单击"确认"按钮（图中⑤处）。

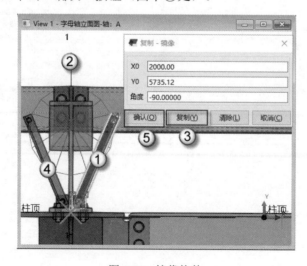

图 6.77　镜像构件

（2）自定义组件。按 Shift+D 快捷键发出"自定义组件"命令，在弹出的图 6.78 所示的"自定义组件快捷方式-1/4"对话框中，选择"类型/说明"选项卡（图中①处），在"类型"栏中选择"节点"选项（图中②处），在"名称"栏中输入"隔撑"字样（图中③处），单击"下一步"按钮（图中④处）。在图 6.79 所示的"字母轴立面图-轴：A"视图中，按住 Shift 键不放，依次选择隔撑板、L 型钢及螺栓等 8 个构件（图中①处），再单击选择工具栏中的"选择组件中的对象"  按钮，继续按住 Shift 键，选择檩条自定义组对象，在弹出的"自定义组件快捷方式-2/4-对象选择"对话框中，单击"下一步"按钮（图中②处）。在图 6.80 所示的视图中，选择 H 型钢为主零件（图中①处），在弹出的"自定义组件快捷方式-3/4-主零件选择"对话框中，单击"下一步"按钮（图中②处）。在图 6.81 所示的视图中，选择两个隔撑板为次零件（图中①、②处），在弹出的"自定义组件快捷方式-4/4-次零件选择"对话框中，单击"结束"按钮（图中③处）。

| | |
|---|---|
|  | 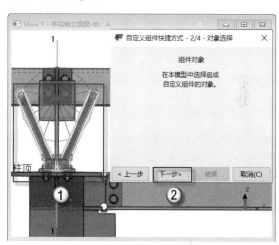 |
| 图 6.78　自定义组件 1 | 图 6.79　自定义组件 2 |

| | |
|---|---|
| 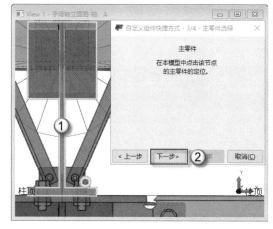 | 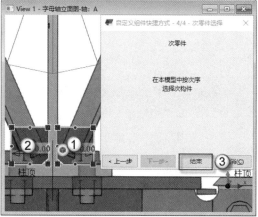 |
| 图 6.80　自定义组件 3 | 图 6.81　自定义组件 4 |

注意：节点需要依附一个主零件，但这个主零件又不在节点中，此步骤中的 H 型钢即为主零件。

### 6.4.5 复制节点并调整

因为屋面有坡度，所以隔撑板的高度也要随之变化。在复制了隔撑组件之后，需要根据具体情况调整隔撑板的高度。具体操作如下：

（1）复制节点。在图 6.82 所示的 3d 视图中，选择 14 号加劲板（图中①处）及两个隔撑板（图中②、③处）。在图 6.83 所示的"平面图-标高为：柱顶"视图中，按 Ctrl+C 快捷键发出"移动"命令，以节点中加劲板的板边中点（图中①处）为基准点，以钢梁 GL2 边缘处（图中②处）为目标点进行节点复制。

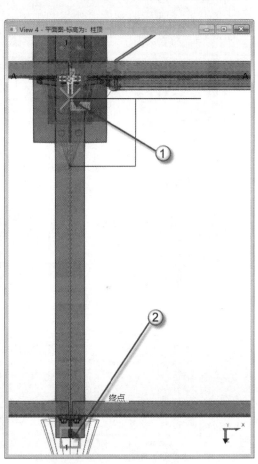

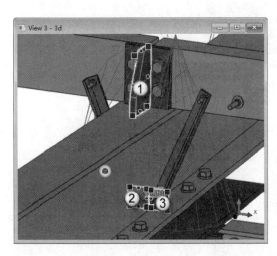

图 6.82　选择次零件　　　　　　　图 6.83　复制之后的节点

**注意**：复制、镜像节点时一定要选择节点中的次零件。

（2）调整组件。在图 6.84 所示的 3d 视图中，依次选择 14 号加劲板（图中①处）及两个隔撑板（图中②、③处），在"数字轴立面图-轴：1"视图中，按 Ctrl+M 快捷键发出"移动"命令，将这 3 个零件从加劲板端点（图中④处）上移动到钢梁端点（图中⑤处）上。

（3）调整隔撑组件。在图 6.85 所示的"数字轴立面图-轴：1"视图中，按 Shift+Z 快捷键发出"在视图面上设置工作平面"命令，将工作平面切换到该视图上。在 3d 视图中，选择隔撑板（图中①处），激活全部控柄，按住 Ctrl 键不放，选择左下角点控柄（图中②处），再选择右下角点控柄（图中③处），在"数字轴立面图-轴：1"视图中，按 Ctrl+M 快捷键发出"移动"命令，将其从板端点（图中④处）移动至与 H 型钢下翼缘平齐（图中⑤处）。以同样的方法，调整另外一侧的加劲板，调整之后在 3d 视图中检查模型，如图 6.86 所示。

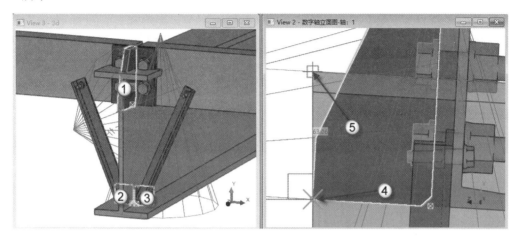

图 6.84　移动组件

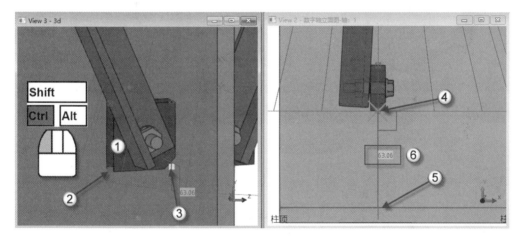

图 6.85　调整隔撑组件

🔍注意：两边的加劲板调整之后，整个组件也跟着下移，这里就需要进一步调整了，记住图 6.85 中，下移的距离为 63.06 个单位，即图中⑥处。

（4）调整隔撑组件的其他部分。单击选择工具栏中的"选择组件中的对象" 按钮，在图 6.87 所示的 3d 视图中，选择两侧（图中①、②处）各一组的 L 型钢和螺栓，在"数字轴立面图-轴：1"视图中，按 Ctrl+M 快捷键发出"移动"命令，单击 L 型钢底部中点（图中③处）为基准点，沿 L 型钢中心线方向移动光标以确定方向，输入 63.06 个单位，在弹出的"输入数字位置"对话框中单击"确认"按钮。在图 6.88 所示的 3d 视图中，选择两个 L 型钢（图中①、②处），在"数字轴立面图-轴：1"视图中，按 Ctrl+M 快捷键发出"移动"命令，依次单击图中两点（图中③→④处），用两点的方式移动对象，如图 6.88 所示。

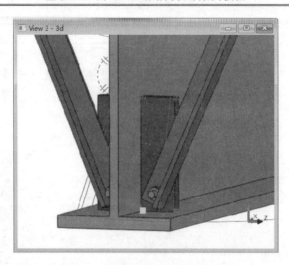

图 6.86  调整之后的加劲板 3d 视图

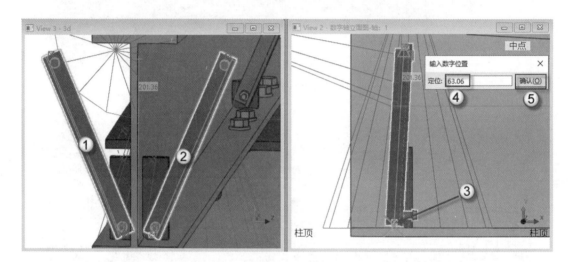

图 6.87  调整隔撑组件的其他部分

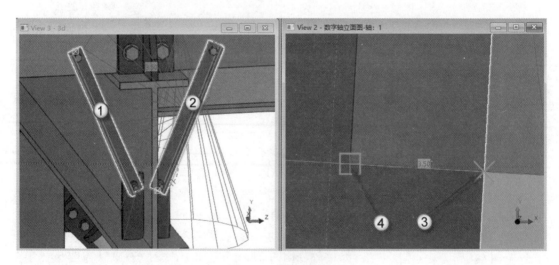

图 6.88  移动 L 型钢

（5）修改螺栓。在图 6.89 所示的 3d 视图中，按住 Ctrl 键不放，选择两个螺栓（图中①、②处），侧窗格将弹出"螺栓"面板，在"从…偏移"设置栏下的 Dz 栏的"起点"和"末端"栏中分别输入 1 个单位（图中③处），单击"修改"按钮（图中④处）。这一步操作是因为螺栓与 L 型钢的边界挨得太近，使挤紧螺栓的工具转动的距离不够，需要增大一些。

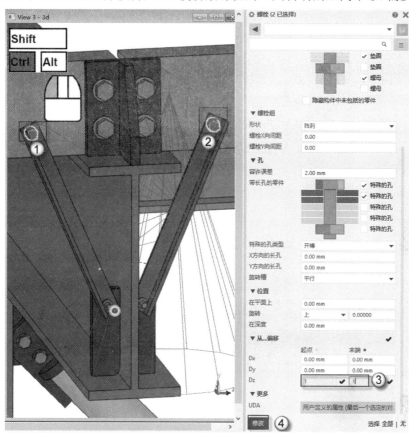

图 6.89　修改螺栓

绘制完成的隅撑效果如图 6.90 所示。

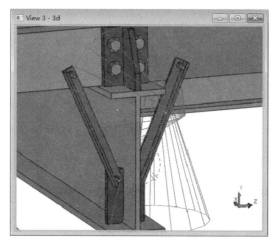

图 6.90　绘制完成的隅撑效果

# 第 7 章　屋面装饰的绘制

屋面装饰不属于结构专业，一般的钢结构设计也不做。笔者将屋面的装饰放在钢结构设计阶段制作的原因主要有两个：一是 Tekla 可以输出这些装饰构件的报表，每一个螺钉都能统计出来；二是 Tekla 可以计算构件总重，连装饰件中垫圈的重量也可以计算出来。

## 7.1　支　架　组

支架组的作用是将 840 波形采光板与檩条固定在一起。包括的零件有支架、马鞍扣、垫圈、自攻螺钉等。

### 7.1.1　导入支架并生成支架侧立面图

支架是用 SketchUp 制作的 SKP 文件，利用"项"命令就可以导入。支架侧立面图在后面会用到。具体操作如下：

（1）导入支架文件。在"平面图-梁斜顶"视图中，按 Shift+Z 快捷键发出"在视图面上设置工作平面"命令，将工作平面切换到该视图上。双按 K 快捷键发出"项"命令，侧窗格将弹出"项"面板，如图 7.1 所示。在"通用性"设置栏的"形状"栏中单击■按钮（图中①处），在弹出的"形状目录"对话框中，删除与本项目无关的形状（图中②处），单击"输入"按钮（图中③处），在"输入形状"对话框的"目录"栏中找到 SKP 文件夹（图中④处），选择"支架.skp"文件（图中⑤处），单击"确认"按钮（图中⑥处），再单击"确认"按钮（图中⑦处），完成操作。

（2）创建并放置支架。单按 K 快捷键发出"项"命令，侧窗格将弹出"项"面板，如图 7.2 所示。在"通用性"设置栏的"名称"栏中输入"支架"字样（图中①处），在"材料"栏中单击■按钮（图中②处），弹出"选择材质"对话框，在"其他"材质下选择"304 不锈钢"选项（图中④处），单击"确认"按钮（图中⑤处）。在"等级"栏中选择 11 选项（图中⑥处），在"编号序列"设置栏中删除"零件编号"栏里的内容，在"构件编号"栏中输入 JS2 字样（图中⑦处），在"位置"设置栏下的"在深度"栏中选择"中间"选项（图中⑧处）。在"平面图-梁斜顶"视图中放置支架，先大致放置在距离檩条边界一段距离的位置处，后面再精确调整，如图 7.3 所示。放置后的支架位置如图 7.4 所示。在图 7.5 所示的视图中，选择支架，按 Ctrl+M 快捷键发出"移动"命令，将支架从其边中点（图中①处）移动至檩条边界中点（图中②处）。

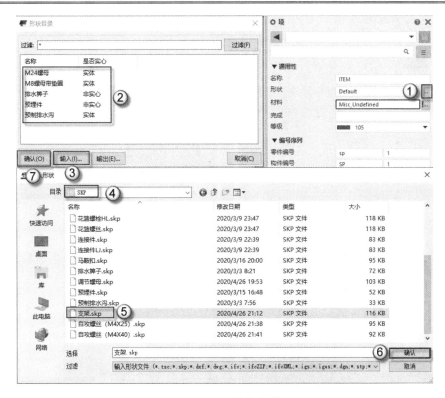

图 7.1 导入支架文件

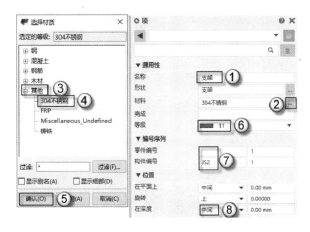

图 7.2 设置参数

（3）创建视图。在图 7.6 所示的 3d 视图中，按 Ctrl+F3 快捷键发出"使用三点创建视图"命令，依次单击图中的①、②、③处，将会创建一个新的视图。视图的名称为（3d），即图 7.7 中箭头所指处，带括号的视图为临时视图。按 Ctrl+P 快捷键发出"切换 3D/平面"命令，将三维视图切换为平面视图。双击创建的视图中的空白处，在弹出的如图 7.8 所示的"视图属性"对话框中，在"名称"栏中输入"构件立面图-支架"字样（图中①处），通过修改视图名称将临时视图改为永久视图，依次单击"修改"按钮（图中②处）和"确认"按钮（图中③处）。这个视图在后面还需要使用，因此在这里使用修改视图名的方法将临时视图修改为永久视图。

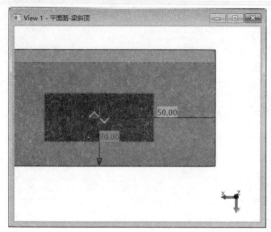

图 7.3　放置支架

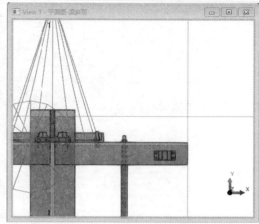

图 7.4　放置后的支架位置

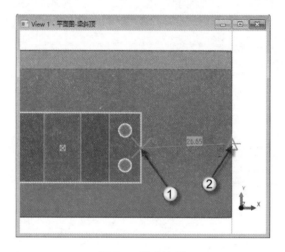

图 7.5　移动支架

注意：在图 7.6 中，①处为坐标原点，①→②方向为 X 轴方向，①→③方向为 Y 轴方向。可以用右手定则来确认 Z 轴方向。

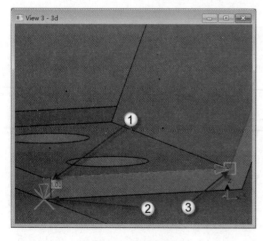

图 7.6　创建视图

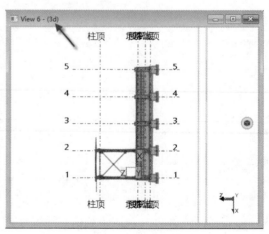

图 7.7　创建的视图

图 7.8　修改视图属性

## 7.1.2　马鞍扣与垫圈

马鞍扣的作用是将 840 波形采光板压在支架上，垫圈是自攻螺钉与马鞍扣之间的过渡件。具体操作如下：

（1）导入马鞍扣与垫圈文件。按 Shift+Z 快捷键发出"在视图面上设置工作平面"命令，将工作平面切换到"平面图-梁斜顶"视图上。双按 K 快捷键发出"项"命令，侧窗格将弹出"项"面板，如图 7.9 所示。在"通用性"设置栏的"形状"栏中单击 按钮（图中①处），在弹出的"形状目录"对话框中，单击"输入"按钮（图中②处）。在"输入形状"对话框的"目录"栏中找到 SKP 文件夹（图中③处），选择"马鞍扣.skp"（图中④处）与"垫圈（M4）.skp"（图中⑤处）文件，单击"确认"按钮（图中⑥处），再单击"确认"按钮（图中⑦处）完成操作。

（2）创建并放置马鞍扣。单按 K 快捷键发出"项"命令，侧窗格将弹出"项"面板，如图 7.10 所示。在"通用性"设置栏的"名称"栏中输入"马鞍扣"字样（图中①处），在"材料"栏中单击 按钮（图中②处），弹出"选择材质"对话框，在"其他"材质下选择"304 不锈钢"选项（图中④处），单击"确认"按钮（图中⑤处）。在"等级"栏中选择 11 选项（图中⑥处），在"编号序列"设置栏中删除"零件编号"栏里的内容，在"构件编号"栏中输入 JS1 字样（图中⑦处），在"位置"设置栏下的"在深度"栏中选择"中间"选项（图中⑧处）。在"平面图-梁斜顶"视图中放置马鞍扣，位置在支架的正中间，如图 7.11 所示。在图 7.12 所示的"构件立面图-支架"视图中选择马鞍扣，按 Ctrl+M 快捷键发出"移动"命令，将马鞍扣从边中点（图中①处）移动至整个支架的中点（图中②处）。继续选择马鞍扣，按 Ctrl+M 快捷键发出"移动"命令，在图 7.13 所示的视图中，将光标水平向左移动以确定移动方向，输入 3.5 个单位（图中②处），在弹出的"输入数字位置"对话框中单击"确认"按钮（图中③处），将马鞍扣向左水平移动 3.5 个单位。

注意：在图纸中（附录中提供），马鞍扣与支架之间有 2mm 厚的波形采光板及 1.5mm 厚的密封条，因此马鞍扣与支架的距离是 3.5mm。

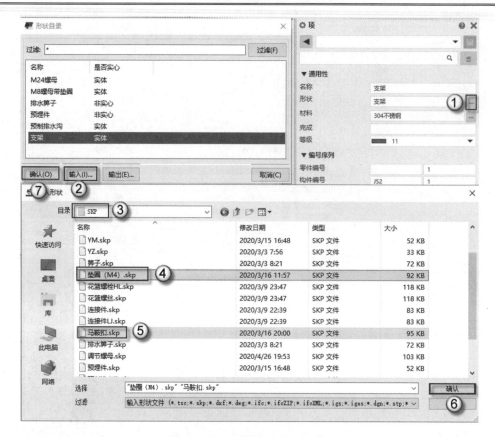

图 7.9　导入马鞍扣与垫圈文件

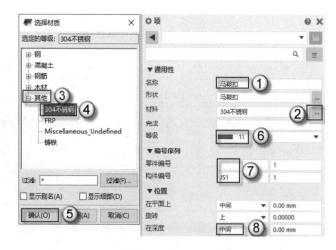

图 7.10　设置参数

（3）选择垫圈形状。在"平面图-梁斜顶"视图中，单按 K 快捷键发出"项"命令，侧窗格将弹出"项"面板，如图 7.14 所示。在"通用性"设置栏的"形状"栏中单击■按钮（图中①处），在弹出的"形状目录"对话框中选择"垫圈（M4）"形状（图中②处），单击"确认"按钮完成操作（图中③处）。

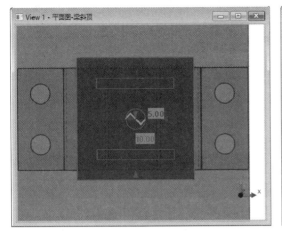

图 7.11　放置马鞍扣

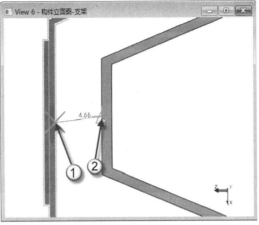

图 7.12　移动马鞍扣 1

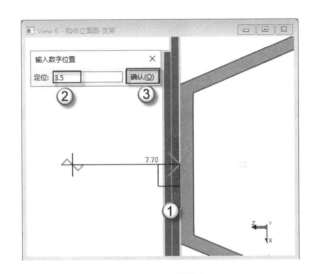

图 7.13　移动马鞍扣 2

图 7.14　选择垫圈形状

（4）创建并放置垫圈。双按 K 快捷键发出"项"命令，侧窗格将弹出"项"面板，如图 7.15 所示。在"通用性"设置栏的"名称"栏中输入"垫圈（M4）"字样（图中①处），在"材料"栏中单击 按钮（图中②处），弹出"选择材质"对话框，在"其他"

材质下选择"304 不锈钢"选项（图中④处），单击"确认"按钮（图中⑤处）。在"等级"栏中选择 6 选项（图中⑥处），在"编号序列"设置栏中删除"零件编号"栏里的内容，在"构件编号"栏中输入 M4 字样（图中⑦处），在"位置"设置栏下的"在深度"栏中选择"中间"选项（图中⑧处）。在"平面图-梁斜顶"视图中放置垫圈，与马鞍扣孔洞对齐，如图 7.16 所示。在图 7.17 所示的"构件立面图-支架"视图中选择马鞍扣，按 Ctrl+M 快捷键发出"移动"命令，将垫圈从边中心点（图中①处）移动至马鞍扣中间层的中点（图中②处）。

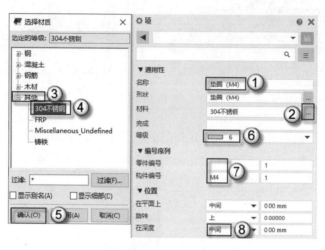

图 7.15　设置参数

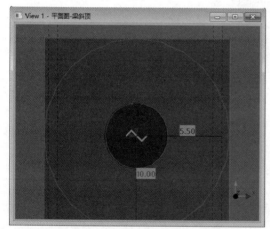

图 7.16　放置垫圈

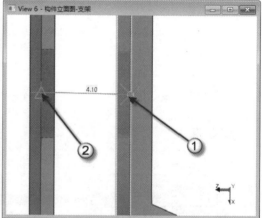

图 7.17　移动垫圈

## 7.1.3　自攻螺钉

在自攻螺钉（M4×25）中，4 是指直径，25 是指螺钉长度。此处有 M4×25 与 M4×40 两种长度的 M4 自攻螺钉，因为是从马鞍扣与支架两个位置射入螺钉。其中，从马鞍扣射入的自攻螺钉长一些，要用 M4×40 类型。具体操作如下：

（1）导入自攻螺钉（M4×25）与自攻螺钉（M4×40）形状文件。在"平面图-梁斜顶"视图中，双按 K 快捷键发出"项"命令，侧窗格将弹出"项"面板，如图 7.18 所示。在"通用性"设置栏的"形状"栏中单击 按钮（图中①处），弹出"形状目录"对话框，单击"输入"按钮（图中②处），在"输入形状"对话框的"目录"栏中找到 SKP 文件夹（图中③处），选择"自攻螺钉（M4×25）.skp"与"自攻螺钉（M4×40）.skp"文件（图中④处），单击"确认"按钮（图中⑤处）。在"形状目录"对话框中单击"确认"按钮（图中⑥处）完成操作。

图 7.18　导入自攻螺钉文件

（2）创建并放置自攻螺钉（M4×40）。单按 K 快捷键发出"项"命令，侧窗格将弹出"项"面板，如图 7.19 所示。在"通用性"设置栏的"名称"栏中输入"自攻螺钉（M4×40）"字样（图中①处），在"材料"栏中单击 按钮（图中②处），弹出"选择材质"对话框，在"其他"材质下选择"304 不锈钢"选项（图中④处），单击"确认"按钮（图中⑤处）。在"等级"栏中选择 13 选项（图中⑥处），在"编号序列"设置栏中删除"零件编号"栏里的内容，在"构件编号"栏中输入 M4 字样（图中⑦处），在"位置"设置栏下的"在深度"栏中选择"中间"选项（图中⑧处）。在"平面图-梁斜顶"视图中放置自攻螺钉（M4×40），让其与马鞍扣孔洞对齐，如图 7.20 所示。在"构件立面图-支架"视图中选择自攻螺钉（M4×40），按 Ctrl+M 快捷键发出"移动"命令，将自攻螺钉（M4×40）从其边的中点（图中①处）移动至垫圈正上方（图中②处），如图 7.21 所示。

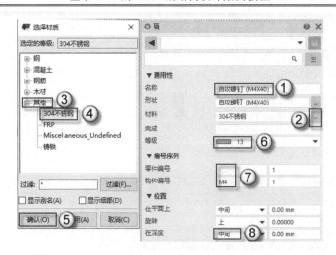

图 7.19　设置参数

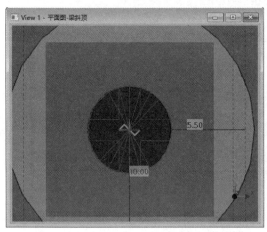

图 7.20　放置自攻螺钉（M4×40）

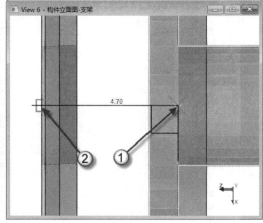

图 7.21　移动自攻螺钉（M4×40）

（3）选择自攻螺钉（M4×25）形状。在"平面图-梁斜顶"视图中，单按 K 快捷键发出"项"命令，侧窗格将弹出"项"面板，如图 7.22 所示。在"通用性"设置栏的"形状"栏中单击 按钮（图中①处），弹出"形状目录"对话框，在其中选择"自攻螺钉（M4×25）"形状（图中②处），单击"确认"按钮完成操作（图中③处）。

图 7.22　选择自攻螺钉（M4×25）形状

（4）创建并放置自攻螺钉（M4×25）。单按 K 快捷键发出"项"命令，侧窗格将弹出"项"面板，如图 7.23 所示。在"通用性"设置栏的"名称"栏中输入"自攻螺钉（M4×25）形状"字样（图中①处），在"材料"栏中单击 按钮（图中②处），弹出"选择材质"对话框，在"其他"材质下选择"304 不锈钢"选项（图中④处），单击"确认"按钮（图中⑤处）。在"等级"栏中选择 13 选项（图中⑥处），在"编号序列"设置栏中删除"零件编号"栏里的内容，在"构件编号"栏中输入 M4 字样（图中⑦处），在"位置"设置栏下的"在深度"栏中选择"中间"选项（图中⑧处）。在"平面图-梁斜顶"视图中放置自攻螺钉（M4×25），并与马鞍扣孔洞对齐，如图 7.24 所示。在图 7.25 所示的"构件立面图-支架"视图中选择自攻螺钉（M4×25），按 Ctrl+M 快捷键发出"移动"命令，将自攻螺钉（M4×40）从其边中心点（图中①处）移动至支架正上方（图中②处）。最后，选择自攻螺钉（M4×25），按 Ctrl+C 快捷键发出"复制"命令，将其复制到其他三个孔洞上，复制后的图形如图 7.26 所示。

注意：在图 7.26 中，①处的自攻螺钉为 M4×40，②~⑤处的自攻螺钉为 M4×25。

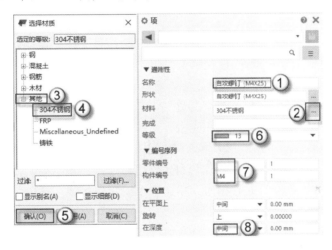

图 7.23　设置参数

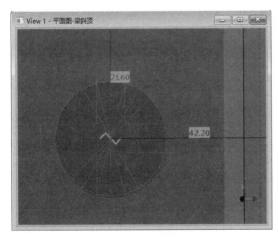

图 7.24　放置自攻螺钉（M4×25）

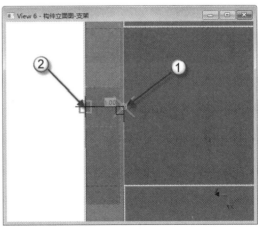

图 7.25　移动自攻螺钉（M4×25）

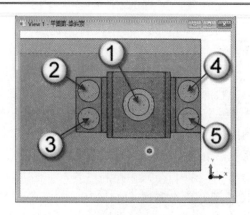

图 7.26　复制之后的自攻螺钉

## 7.1.4　制作支架自定义组件——零件

支架、马鞍扣、自攻螺钉和垫圈制作好之后，要将它们制作成一个自定义组件，类型为"零件"。复制组件后，修改其中一个组件时其余组件会随之联动修改。

（1）自定义组件 1。按 Shift+D 快捷键发出"自定义组件"命令，在弹出的图 7.27 所示的"自定义组件快捷方式-1/3"对话框中，选择"类型/说明"选项卡（图中①处），在"类型"栏中选择"零件"选项（图中②处），在"名称"栏中输入"支架组"字样（图中③处），单击"下一步"按钮（图中④处）。

（2）自定义组件 2。在图 7.28 所示的 3d 视图中，按住 Shift 键不放，依次选择支架、马鞍扣、垫圈及自攻螺钉共 8 个零件作为自定义组对象（图中①处），在弹出的"自定义组件快捷方式-2/3-对象选择"对话框中，单击"下一步"按钮（图中②处）。

图 7.27　自定义组件 1

图 7.28　自定义组件 2

（3）自定义组件 3。在图 7.29 所示的视图中，单击自攻螺钉（M4×40）与檩条相交处的中点（图中①处）作为插入位置，在弹出的"自定义组件快捷方式-3/3-位置选择"对话框中，单击"结束"按钮（图中②处）。完成绘制的自定义组件如图 7.30 所示。

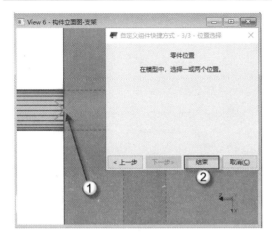

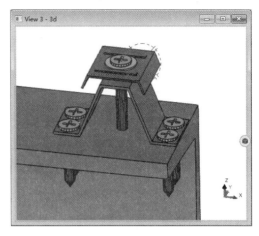

图 7.29　自定义组件 3　　　　　　　　　图 7.30　三维效果图

# 7.2　采　光　板

在檩条上的采光板主要是起挡风、挡雨、遮阳、防高空落物和采光的作用。采光板安装在有坡度的钢梁上，因此有排水功能。雨水经过采光板，排入预制排水沟中。

## 7.2.1　波形采光板

前面介绍了使用 SketchUp 制作波形采光板的过程，本节只需要用"项"命令将其导入 Tekla 中即可，具体操作如下：

（1）导入 840 波形采光板文件。按 Shift+Z 快捷键发出"在视图面上设置工作平面"命令，将工作平面切换到"平面图-梁斜顶"视图上，双按 K 快捷键发出"项"命令，侧窗格将弹出"项"面板，如图 7.31 所示。在"通用性"设置栏的"形状"栏中单击 按钮（图中①处），在弹出的"形状目录"对话框中，单击"输入"按钮（图中②处），在"输入形状"对话框的"目录"栏中找到 SKP 文件夹（图中③处），选择"840 波形采光板.skp"文件（图中④处），单击"确认"按钮（图中⑤处），在"形状目录"对话框中单击"确认"按钮（图中⑥处）完成操作。

（2）创建并放置波形采光板。单按 K 快捷键发出"项"命令，侧窗格将弹出"项"面板，如图 7.32 所示。在"通用性"设置栏的"名称"栏中输入"840 波形采光板"字样（图中①处），在"材料"栏中单击 按钮（图中②处），弹出"选择材质"对话框，在"其他"材质下选择 FRP 选项（图中④处），单击"确认"按钮（图中⑤处）。在"等级"栏中选择 5 选项（图中⑥处），在"编号序列"设置栏中删除"零件编号"栏里的内容，在"构件编号"栏中输入 XB 字样（图中⑦处），在"位置"设置栏下的"在深度"栏中选择"中间"选项（图中⑧处）。在"平面图-梁斜顶"视图中放置 840 波形采光板，放置在与檩条边平齐的位置，如图 7.33 所示。在图 7.34 所示的"构件立面图-支架"视图中选择波形采光板，按 Ctrl+M 快捷键发出"移动"命令，将波形采光板从其边的中点（图中①处）移动至自攻螺钉（M4×40）的中点（图中②处）。

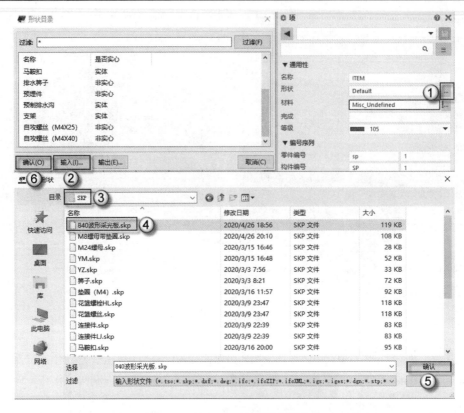

图 7.31　导入 840 波形采光板文件

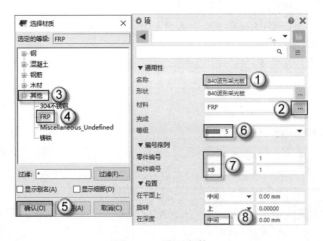

图 7.32　设置参数

（3）调整波形采光板的位置。在图 7.35 所示的"平面图-梁斜顶"视图中，单按 E 快捷键发出"辅助线"命令，绘制一条距离檩条边界 866.39 个单位的辅助线（图中①处）。在图 7.36 所示的视图中选择波形采光板，按 Ctrl+M 快捷键发出"移动"命令，将波形采光板从其边的中点（图中①处）垂直向下移动至辅助线处（图中②处）。

⌂注意：要将波形采光板中点与上下两个檩条的边界线中点对齐。而两个檩条边界距离为 1732.78mm，因此其中点距离边界为 1732.78mm 的一半，即 866.39mm。

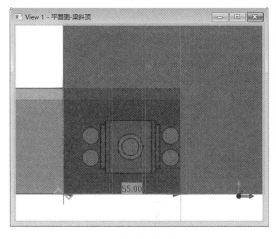

图 7.33　放置波形采光板

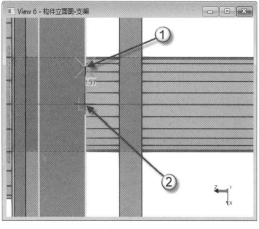

图 7.34　移动波形采光板

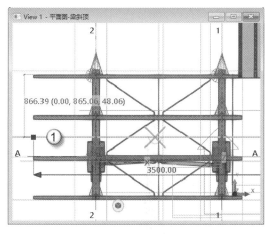

图 7.35　绘制辅助线

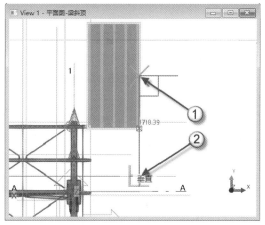

图 7.36　移动波形采光板

## 7.2.2　调整波形采光板

本节主要是针对采光板进行一些细节性的操作，如移动、复制支架组等。具体操作如下：

（1）移动波形采光板与支架组。在图 7.37 所示的视图中按住 Ctrl 键不放，依次选择波形采光板（图中①处）和支架组（图中②处），按 Ctrl+M 快捷键发出"移动"命令，将其从波形采光板端点（图中③处）移动到波形采光板与辅助线交点（图中④处）。

（2）复制支架组。在图 7.38 所示的视图中选择支架组，单按 C 快捷键发出"复制-线性"命令，单击组件中心点，即自攻螺钉（M4×40）中心点（图中①处），向右水平移动光标，再单击同一水平线上的任意点（图中②处），通过两点确定复制的方向，在弹出的"复制-线性"对话框中，在 dX 栏中输入 210 个单位（图中③处），在"复制的份数"栏中输入 4 个单位（图中④处），单击"复制"按钮（图中⑤处），将支架组件以 210mm 为间距向右复制 4 组，单击"确认"按钮（图中⑥处）。在图 7.39 所示的视图中选择所有支架组件，按 Ctrl+C 快捷键发出"复制"命令，将其从檩条中点（图中①处）复制到下一个檩条中点（图中②处）。以同样的方法，将支架组复制到其他檩条上，如图 7.40 所示。

最后,进入 3d 视图中检查模型,可以看到 840 波形采光板通过支架组已经固定到檩条上了,如图 7.41 所示。

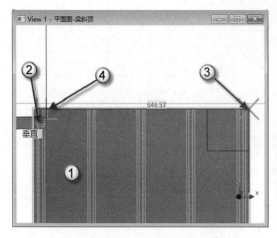

图 7.37　移动波形采光板与支架组

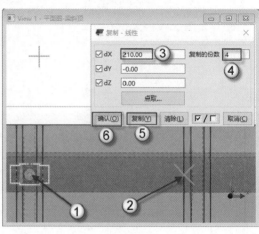

图 7.38　复制支架组 1

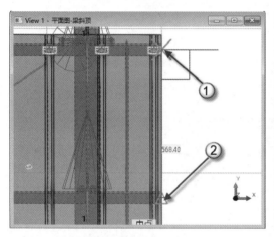

图 7.39　复制支架组 2

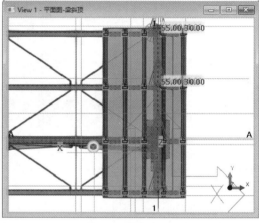

图 7.40　复制之后的支架组

图 7.41　三维效果图

# 第8章 模型的修饰

前面几章中已经将整个模型的主体框架制作完成，本章主要是对模型的一些细节部分进行修饰。比如柱脚部分的完善、增加花篮螺栓等。全部的模型制作完成之后还需要进行后期处理操作，如碰撞检查、导出 IFC 文件等。

## 8.1 柱 脚 部 分

柱脚板与承台之间的连接采用预埋柱脚锚栓，用双螺母固定在垫板上，下面用调节螺母调节水平度，然后在翼缘板上布置栓钉，最后用砼包边形成地柱，作为钢构件的保护。

### 8.1.1 柱脚板的上下垫板

为了分散螺母的压力，使柱脚板的受力更均匀，一般会在螺栓与柱脚板之间设置垫板。本书的自行车棚例子中在柱脚板的上下皆设置为垫板。具体操作如下：

（1）隐藏构件。在图 8.1 所示的 3d 视图中，按住 Ctrl 键不放，依次选择地柱（图中①处）、承台（图中②处）及垫层（图中③处）等 3 个零件，右击这 3 个零件，按住 Shift 键不放，在弹出的快捷菜单中选择"隐藏"命令（图中④处），即将其隐藏。按住 Ctrl 键不放，在图 8.2 所示的视图中依次选择钢柱（图中①处）和柱脚板（图中②处）两个零件，右击这两个零件，按住 Shift 键不放，在弹出的快捷菜单中选择"只显示所选项"命令（图中③处），即将其他构件隐藏。

（2）绘制垫板。按 Shift+Z 快捷键，将工作平面切换到"平面图-标高为：基础顶"视图上。双按 B 快捷键发出"压型板"命令，侧窗格将弹出"压型板"面板，如图 8.3 所示。在"通用性"设置栏下的"名称"栏中输入"垫板"字样（图中①处），在"型材/截面/型号"栏中输入 PL10 字样（图中②处），在"材料"栏中单击▪按钮（图中③处），弹出"选择材质"对话框，选择 Q235B 选项（图中④处），单击"确认"按钮（图中⑤处）。在"等级"栏中选择 14 选项（图中⑥处），在"编号序列"设置栏下的"零件编号"栏中输入 P□字样，在"构件编号"栏中输入 PL-字样（图中⑦处），在"位置"设置栏下的"在深度"栏中选择"前面"选项（图中⑧处）。在"平面图-标高为：基础顶"视图中绘制一块尺寸为 50×50 的垫板，如图 8.4 所示。最后，选择垫板，按 Ctrl+M 快捷键发出"移动"命令，分别将垫板向 X 轴正向移动 35 个单位，向 Y 轴负向移动 15 个单位，移动之后如图 8.5 所示。

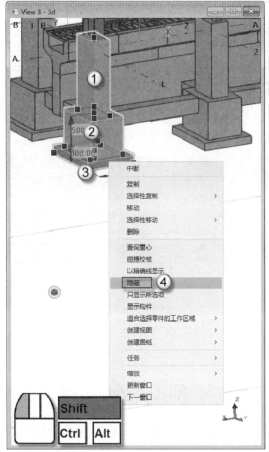

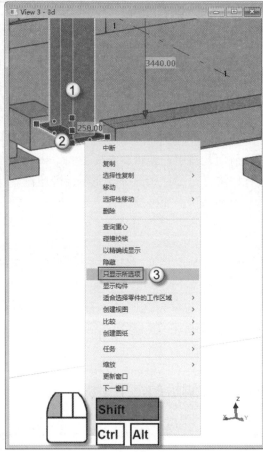

图 8.1　隐藏构件　　　　　　　　　图 8.2　只显示构件

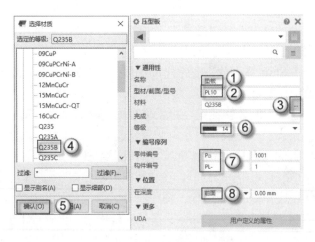

图 8.3　设置参数

（3）复制垫板。在图 8.6 所示的视图中，选择垫板，按 Ctrl+C 快捷键发出"复制"命令，沿 Y 轴负向沿动光标以确定方向，输入 75 个单位（图中①处），在弹出的"输入数字位置"对话框中，单击"确认"按钮（图中②处），将垫板向 Y 轴负向复制 75 个单位。在图 8.7 所示的视图中，选择垫板（图中①处），按 Ctrl+C 快捷键发出"复制"命令，复制垫板并将其从左边线的中点（图中②处）移动到与 A 轴交点（图中③处）位置。

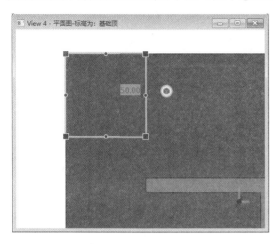

图 8.4　绘制垫板

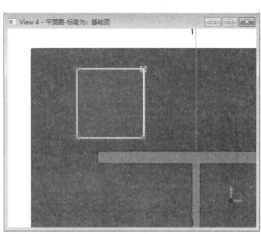

图 8.5　移动之后的垫板

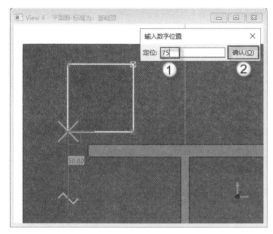

图 8.6　复制垫板 1

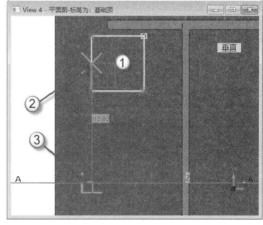

图 8.7　复制垫板 2

　　（4）镜像垫板。在图 8.8 所示的视图中选择两个垫板（图中①、②处），单按 W 快捷键发出"镜像"命令，以 A 轴为镜像轴（图中③处），在弹出的"复制-镜像"对话框中单击"复制"按钮（图中④处），镜像两个垫板并放置到对面（图中⑤、⑥处），单击"确认"按钮（图中⑦处）。在图 8.9 所示的视图中选择所有垫板（图中①处），单按 W 快捷键发出"镜像"命令，以 1 轴为镜像轴（图中②处），在弹出的"复制-镜像"对话框中，单击"复制"按钮（图中③处），复制生成新的一组垫板（图中④处），单击

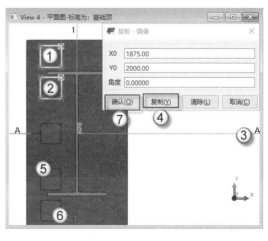

图 8.8　镜像垫板

"确认"按钮（图中⑤处）。在图 8.10 所示的"数字轴立面图-轴：1"视图中，按 Shift+Z 快捷键将工作平面切换到该视图上。然后将上部的垫板镜像复制到下部。在图 8.10 中，①处为上部垫板，②处为下部垫板，③处为柱脚板，④处为钢柱。

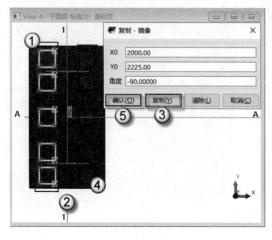
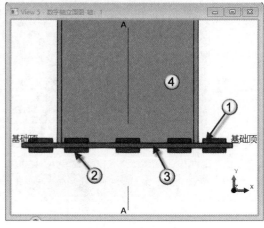

图 8.9　镜像垫板　　　　　　　　　　图 8.10　镜像之后的垫板

## 8.1.2　地脚锚栓与螺母

　　钢构件与砼构件之间的连接一般采用预埋件。自行车棚例子中的钢柱与砼基础的连接采用的是预埋地脚锚栓。具体操作如下：

　　（1）选择预埋件形状。按 Shift+Z 快捷键将工作平面切换到"平面图-标高为：基础顶"视图上。双按 K 快捷键发出"项"命令，侧窗格将弹出"项"面板，如图 8.11 所示。在"通用性"设置栏中"形状"栏中单击▄按钮（图中①处），弹出"形状目录"对话框，在其中选择"预埋件"形状（图中②处），单击"确认"按钮完成操作（图中③处）。

图 8.11　选择预埋件形状

　　（2）创建并放置预埋件。双按 K 快捷键发出"项"命令，侧窗格将弹出"项"面板，如图 8.12 所示。在"通用性"设置栏的"名称"栏中输入"预埋件"字样（图中①处），在"材料"栏中单击▄按钮（图中②处），在弹出的"选择材质"对话框的"钢"材质下选择 Q235B 选项（图中④），单击"确认"按钮（图中⑤处）。在"等级"栏中选择 2 选项（图中⑥处），在"编号序列"选项中删除"零件编号"栏里的内容，在"构件编号"栏中输入 MJ1-字样（图中⑦处），在"位置"设置栏的"在深度"栏中选择"中间"选项（图中⑧），在其右侧数值框中输入−5 个单位（图中⑨处）。在"平面图-标高为：基础顶"视图中放置预埋件，其中心与垫板边界距离均为 25 个单位，如图 8.13 所示。

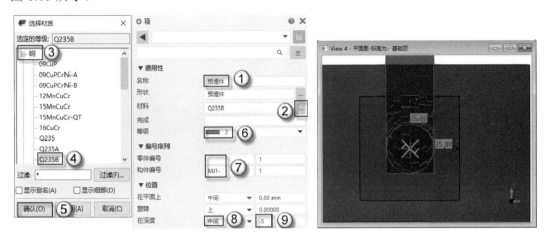

图 8.12　设置参数　　　　　　　　　　图 8.13　放置预埋件

（3）选择 M24 螺母形状。在"平面图-标高为：基础顶"视图中，双按 K 快捷键发出"项"命令，侧窗格将弹出"项"面板，如图 8.14 所示。在"通用性"设置栏下的"形状"栏中单击 按钮（图中①处），弹出"形状目录"对话框，在"形状目录"对话框中选择"M24 螺母"形状（图中②处），单击"确认"按钮完成操作（图中③处）。

图 8.14　选择 M24 螺母形状

（4）创建并放置 M24 螺母。双按 K 快捷键发出"项"命令，侧窗格将弹出"项"面板，如图 8.15 所示。在"通用性"设置栏的"名称"栏中输入"M24 螺母"字样（图中①处），在"材料"栏中单击 按钮（图中②处），弹出"选择材质"对话框，在"钢"材质下选择 Q235B 选项（图中④处），单击"确认"按钮（图中⑤处）。在"等级"栏中选择 12 选项（图中⑥处），在"编号序列"选项中删除"零件编号"栏里的内容，在"构件编号"栏中输入 M24 字样（图中⑦处），在"位置"设置栏的"在深度"栏中选择"中间"选项（图中⑧处），在其右侧数值框中输入 0 个单位（图中⑨处）。在"平面图-标高为：基础顶"视图中放置 M24 螺母，其中心与预埋件边界距离为 12 个单位，如图 8.16 所示。在图 8.17 所示的"数字轴立面图-轴：1"视图中选择 M24 螺母（图中①处），按 Ctrl+M 快捷键发出"移动"命令，依次单击两点（图中②→③处），将使其紧贴上垫板。最后，在图 8.18 所示的视图中选择 M24 螺母（图中①处），按 Ctrl+C 快捷键发出"复制"命令，依次单击两点（图中②→③处），复制后将会形成双螺母，如图 8.18 所示。

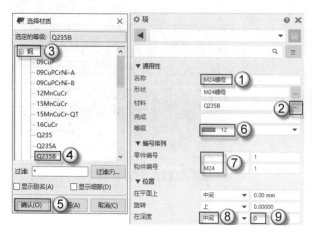

图 8.15　设置参数

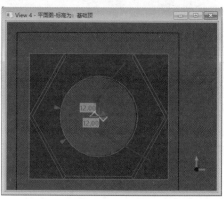

图 8.16　放置螺母

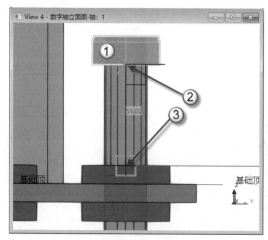

图 8.17　移动螺母

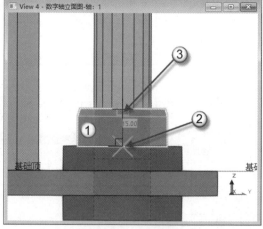

图 8.18　复制螺母

（5）导入调节螺母文件。在"平面图-标高为：基础顶"视图中，双按 K 快捷键发出"项"命令，侧窗格将弹出"项"面板，如图 8.19 所示。在"通用性"设置栏的"形状"栏中单击　按钮（图中①处），在弹出的"形状目录"对话框中单击"输入"按钮（图中②处），在"输入形状"对话框的"目录"栏中找到 SKP 文件夹（图中③处），选择"调节螺母.skp"文件（图中④处），单击"确认"按钮（图中⑤处），单击"确认"按钮（图中⑥处）完成操作。

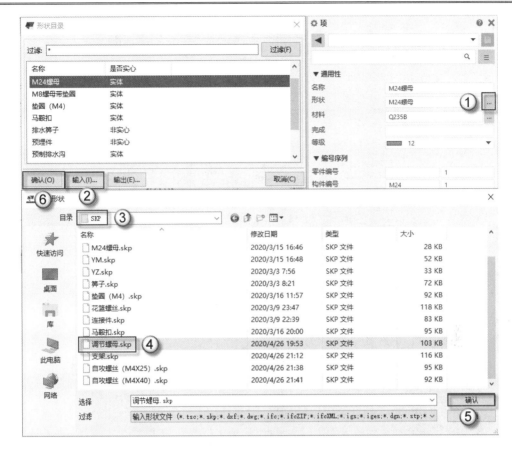

图 8.19　导入调节螺母文件

（6）创建并放置调节螺母。双按 K 快捷键发出"项"命令，侧窗格将弹出"项"面板，如图 8.20 所示。在"通用性"设置栏的"名称"栏中输入"调节螺母"字样（图中①处），在"材料"栏中单击▦按钮（图中②处），弹出"选择材质"对话框，在"钢"材质下选择 Q235B 选项（图中④处），单击"确认"按钮（图中⑤处）。在"等级"栏中选择 12 选项（图中⑥处），在"编号序列"选项中删除"零件编号"栏里的内容，在"构件编号"栏中输入 M24 字样（图中⑦处），在"位置"设置栏下的"在深度"栏中选择"中间"选项（图中⑧处）。在"平面图-标高为：基础顶"视图中放置调节螺母，其中心与预埋件边界的距离为 12 个单位，如图 8.21 所示。在图 8.22 所示的"数字轴立面图-轴：1"视图中，选择调节螺母，按 Ctrl+M 快捷键发出"移动"命令，依次单击两点（图中①→②处），这样就把调节螺母放置到脚柱板底部的垫板下面了。

（7）复制构件。在 3d 视图中，按住 Ctrl 键不放，依次选择预埋件、两个 M24 螺母及调节螺母等 4 个零件（图中①、②、③、④处），在图 8.23 所示的"平面图-标高为：基础顶"视图中，按 Ctrl+C 快捷键发出"复制"命令，复制这 4 个零件并将它们从垫板端点（图中⑤处）移动到另一个垫板端点（图中⑥处）上。以同样的方法，将预埋件、两个 M24 螺母及调节螺母等 4 个零件复制到其他垫板上，完成的柱脚如图 8.24 所示。

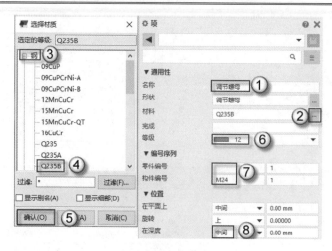

图 8.20　设置参数

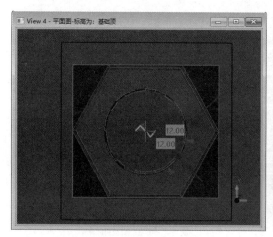

图 8.21　放置调节螺母

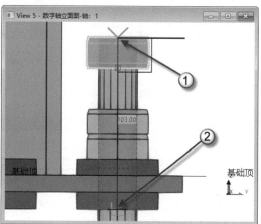

图 8.22　移动调节螺母

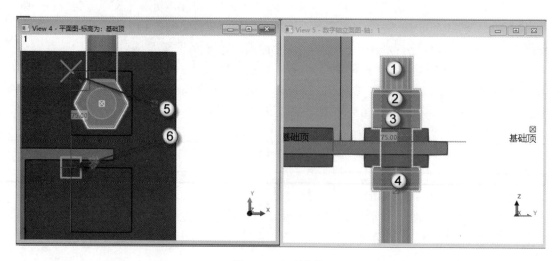

图 8.23　复制构件

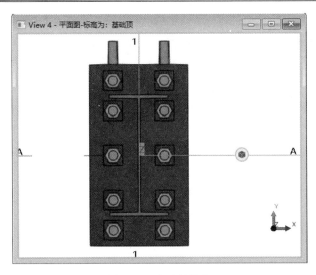

图 8.24　完成的柱脚

## 8.1.3　柱脚板上的加劲板

本节中将用"压型板"的方法来绘制加劲板，绘制完之后要对加劲板进行切角操作。具体操作如下：

（1）绘制 5 号加劲板。按 Shift+Z 快捷键将工作平面切换到"数字轴立面图-轴：1"视图上。双按 B 快捷键发出"压型板"命令，在侧窗格弹出"压型板"面板，如图 8.25 所示。在"通用性"设置栏下的"名称"栏中输入"加劲板"字样（图中①处），在"型材/截面/型号"栏中输入 PL10 字样（图中②处），在"材料"栏中单击 按钮（图中③处），弹出"选择材质"对话框，在"钢"材质栏中选择 Q235B 选项（图中⑤处），单击"确认"按钮（图中⑥处）。在"等级"栏中选择 14 选项（图中⑦处），在"编号序列"设置栏的"零件编号"栏中输入 P□字样，在"构件编号"栏中输入 PL-字样（图中⑧处），在"位置"设置栏下的"在深度"栏中选择"中间"选项（图中⑨处）。在"数字轴立面图-轴：1"视图中绘制一块尺寸为 $60 \times 60$ 的加劲板，如图 8.26 所示。

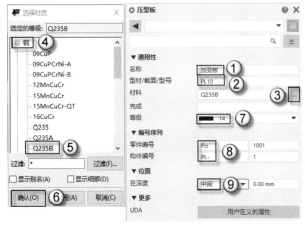

图 8.25　设置参数

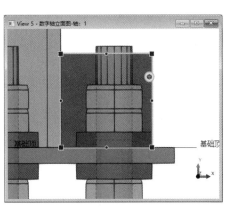

图 8.26　绘制 5 号加劲板

（2）修改倒角。在图 8.27 所示的 3d 视图中，选择已绘制的 5 号加劲板，激活控柄，选择加劲板内侧点控柄（图中①处），侧窗格将弹出"拐角处斜角"面板，在"类型"栏中选择"线"选项（图中②处），在"距离 X"栏中输入 5 个单位（图中③处），在"距离 Y"栏中输入 5 个单位（图中④处），单击"修改"按钮（图中⑤处）。继续修改另一个倒角。如图 8.28 所示，选择加劲板外侧点控柄（图中①处），侧窗格将弹出"拐角处斜角"面板，在"类型"栏中选择"线"选项（图中②处），在"距离 X"栏中输入 20 个单位（图中③处），在"距离 Y"栏中输入 20 个单位（图中④处），单击"修改"按钮（图中⑤处）完成操作。

**注意**：对加劲板内侧进行倒角操作是为了让焊缝能够通过。对加劲板外侧进行倒角操作是考虑到加劲板受力的因素。

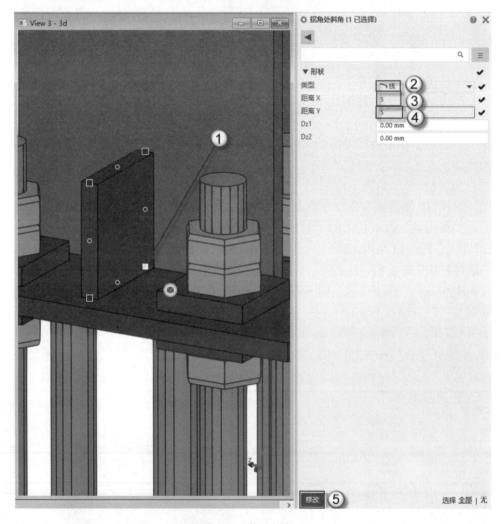

图 8.27　修改倒角 1

（3）绘制 3 号加劲板。按 Shift+Z 快捷键将工作平面切换到"字母轴立面图-轴：A"视图上。双按 B 快捷键发出"压型板"命令，侧窗格将弹出"压型板"面板，如图 8.29 所示。在"通用性"设置栏的"名称"栏中输入"加劲板"字样（图中①处），在"型材/

截面/型号"栏中输入 PL10 字样（图中②处），在"材料"栏中单击┉按钮（图中③处），弹出"选择材质"对话框，在"钢"材质栏中选择 Q235B 选项（图中⑤处），单击"确认"按钮（图中⑥处）。在"等级"栏中选择 14 选项（图中⑦处），在"编号序列"设置栏下的"零件编号"栏中输入 P□字样，在"构件编号"栏中输入 PL-字样（图中⑧处），在"位置"设置栏的"在深度"栏中选择"中间"选项（图中⑨处）。在"字母轴立面图-轴：A"视图中绘制一块尺寸为 120×120 的加劲板，如图 8.30 所示。

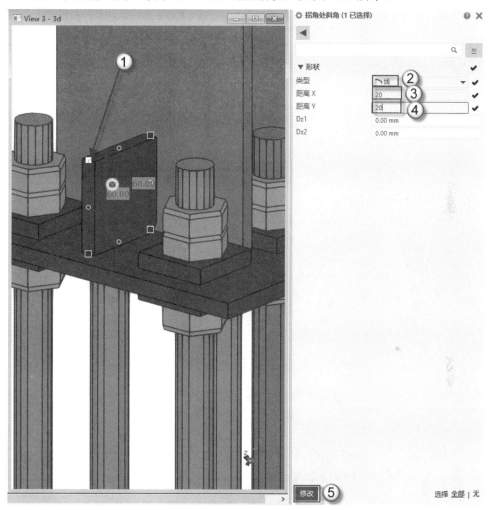

图 8.28　修改倒角 2

（4）修改倒角。在图 8.31 所示的 3d 视图中选择已绘制的 3 号加劲板，激活加劲板控柄，选择加劲板内侧点控柄（图中①处），侧窗格将弹出"拐角处斜角"面板。在"类型"栏中选择"线"选项（图中②处），在"距离 X"栏中输入 5 个单位（图中③处），在"距离 Y"栏中输入 5 个单位（图中④处），单击"修改"按钮（图中⑤）。继续修改另一个倒角。在图 8.32 所示的视图中，选择加劲板外侧点控柄（图中①处），侧窗格将弹出"拐角处斜角"面板，在"类型"栏中选择"线"选项（图中②处），在"距离 X"栏中输入 20 个单位（图中③处），在"距离 Y"栏中输入 20 个单位（图中④处），单击"修改"按钮（图中⑤处）完成操作。

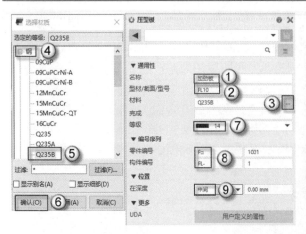

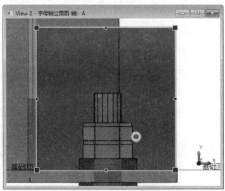

图 8.29　设置参数　　　　　　　　　　图 8.30　绘制 3 号加劲板

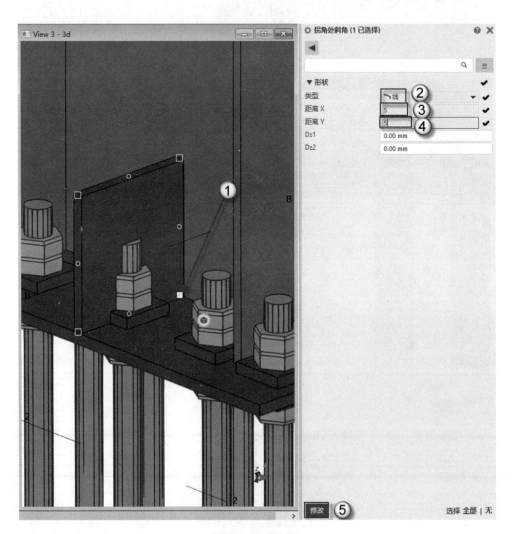

图 8.31　修改倒角 1

（5）复制与移动 3 号加劲板。按 Shift+Z 快捷键将工作平面切换到"平面图-标高为：

基础顶"视图上，如图 8.33 所示。选择 3 号加劲板（图中①处），按 Ctrl+C 快捷键发出"复制"命令，向上移动光标直至出现端点提示（图中②处），以确定复制方向，输入 60 个单位（图中③处），在弹出的"输入数字位置"对话框中单击"确认"按钮（图中④处），将其向上复制 60 个单位，如图 8.33 所示。在图 8.34 所示的视图中选择 3 号加劲板（图中①处），按 Ctrl+M 快捷键发出"移动"命令，向下移动光标直至出现终点提示（图中②处）以确定移动方向，输入 60 个单位（图中③处），在弹出的"输入数字位置"对话框中单击"确认"按钮（图中④处），将加劲板向下移动 60 个单位，如图 8.34 所示。

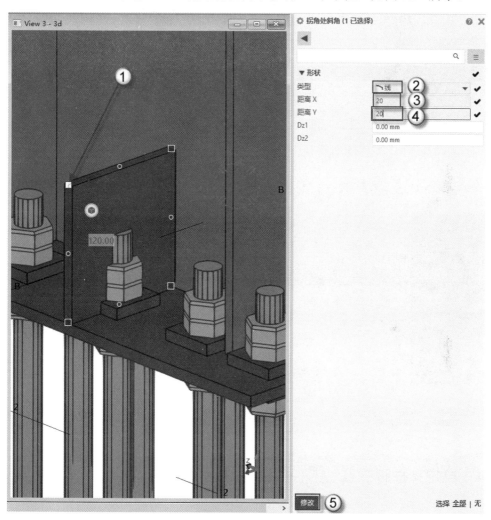

图 8.32　修改倒角 2

（6）镜像加劲板。在图 8.35 所示的"平面图-标高为：基础顶"视图中，按着 Ctrl 键不放，依次选择两块 3 号加劲板（图中①、②处），单按 W 快捷键发出"镜像"命令，以 1 轴为镜像轴（图中③处），在弹出的"复制-镜像"对话框中单击"复制"按钮（图中④处），镜像加劲板并移动到对面（图中⑤、⑥处），单击"确认"按钮（图中⑦处）。如图 8.36 所示，选择 5 号加劲板（图中①处），单按 W 快捷键发出"镜像"命令，以 1 轴为镜像轴（图中②处），在弹出的"复制-镜像"对话框中单击"复制"

按钮（图中③处），镜像 5 号加劲板并移动到对面（图中④处），单击"确认"按钮（图中⑤处）。

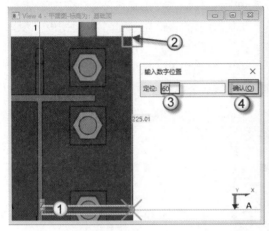

图 8.33　复制 3 号加劲板　　　　　　　图 8.34　移动 3 号加劲板

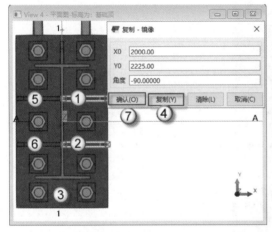
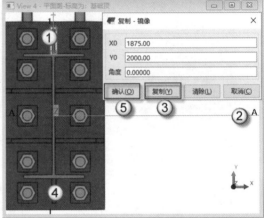

图 8.35　镜像 3 号加劲板　　　　　　　图 8.36　镜像 5 号加劲板

## 8.1.4　自定义柱脚节点

柱脚部分的零件包括柱脚板、地脚锚栓、螺母和垫板，要将这些零件制作成一个组件，方便管理模型。具体操作如下：

（1）自定义组件。按 Shift+D 快捷键发出"自定义组件"命令，在弹出的如图 8.37 所示的"自定义组件快捷方式-1/4"对话框中，选择"类型/说明"选项卡（图中①处），在"类型"栏中选择"节点"选项（图中②处），在"名称"栏中输入"柱脚板"字样（图中③处），单击"下一步"按钮（图中④处）。在 3d 视图中，从左向右拉框，用框选的方式选择柱脚板、预埋件、螺母及螺栓等零件（图中①处），观察状态栏的提示是 67 个零件，在弹出的"自定义组件快捷方式-2/4-对象选择"对话框中，单击"下一步"按钮，如图 8.38 所示。选择钢柱 GZ1 为主零件（图中①处），弹出"自定义组件快捷方式-3/4-主零件选择"

对话框，如图 8.39 所示，单击"下一步"按钮（图中②处）。在图 8.40 所示的视图中，选择柱脚板为次零件（图中①处），在弹出的"自定义组件快捷方式-4/4-次零件选择"对话框中，单击"结束"按钮（图中②处）完成操作。

图 8.37　自定义组件 1

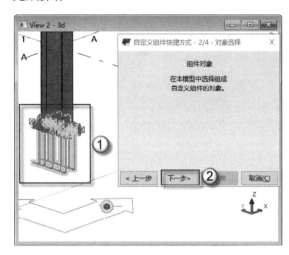

图 8.38　自定义组件 2

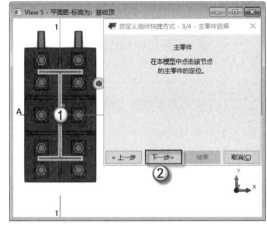

图 8.39　自定义组件 3

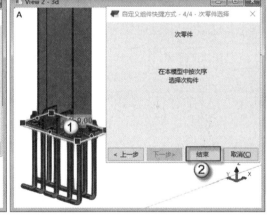

图 8.40　自定义组件 4

注意：节点需要依附一个主零件，但这个主零件又不在节点中，步骤（1）中的钢柱 GZ1 即为主零件。柱脚板为次零件，移动、复制组件皆要选择这个次零件。

（2）复制组件。单按 N 快捷键发出"重画视图"命令，将所有对象全部显示。在图 8.41 所示的 3d 视图中，按住 Ctrl 键不放，依次选择地柱（图中①处）、承台（图中②处）及垫层（图中③处）共 3 个零件，右击这 3 个零件，按住 Shift 键不放，在弹出的快捷菜单中选择"隐藏"命令将它们隐藏。在图 8.42 所示的"平面图-标高为：基础顶"视图中，选择次零件，即柱脚板（图中①处），按 Ctrl+C 快捷键发出"复制"命令，复制柱脚板并将其从 1 轴（图中②处）移动到 2 轴（图中③处）。

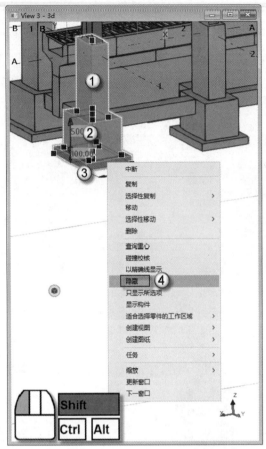

图 8.41　隐藏构件

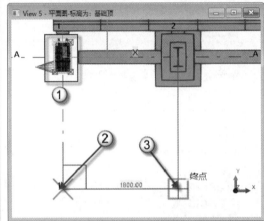

图 8.42　复制组件

## 8.1.5　栓钉

　　栓钉是钢构件同混凝土构件中起组合连接作用的连接件。一般采用拉弧型栓钉焊机和焊枪，将其焊接到钢构件上。具体操作如下：

　　（1）创建栓钉。在"数字轴立面图-轴：1"视图中，按 Shift+Z 快捷键将工作平面切换到该视图上。双按 I 快捷键发出"螺栓"命令，侧窗格将弹出"螺栓"面板，如图 8.43 所示。在"螺栓"设置栏下的"标准"栏中选择 STUD 选项（图中①处），STUD 就是栓钉，在"尺寸"栏中选择 10.00mm 选项（图中②处），在"螺栓组"设置栏的"螺栓 X 向间距"栏中输入 7*100 字样，在"螺栓 Y 向间距"栏中输入 70 字样（图中④处），在"位置"设置栏下的"旋转"栏中选择"上"选项（图中⑤处）。

　　（2）放置栓钉。在图 8.44 所示的"数字轴立面图-轴：1"视图中，选择钢柱 GZ1（图中①处），单击鼠标中键确定栓钉连接的对象，依次选择两点（图中②→③处）确定栓钉方向线。如图 8.45 所示，选择所有栓钉（图中①处），单按 W 快捷键发出"镜像"命令，以 A 轴为镜像轴（图中②处），在弹出的"复制-镜像"对话框中单击"复制"按钮（图中③处），镜像栓钉并放置到对面（图中④处），单击"确认"按钮（图中⑤处）。最后进入 3d 视图中，单按 N 快捷键发出"重画视图"命令，全部显示所有的对象并检查模型，如图 8.46 所示。

图 8.43　设置参数

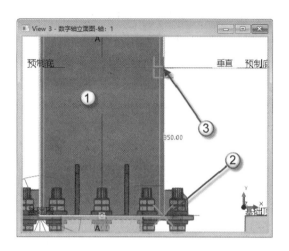

图 8.44　放置栓钉

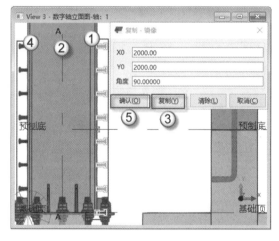

图 8.45　镜像栓钉

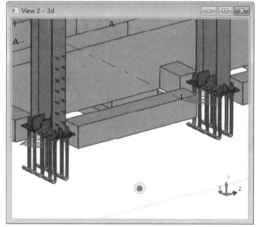

图 8.46　三维效果图

# 8.2　花 篮 螺 栓

　　花篮螺栓由带螺纹的调节杆、螺母及拉杆组成。调节杆上由盖板、固定板和导位板组成一体式的防盗、防松装置。使用时必须要用专用的配套套筒才能旋开防盗螺栓，防盗效果好。防盗装置拆卸后，不需将其拿下，利用导位板沿拉杆滑动或移动就可进行调节操作。花篮螺栓的优点是结构简单、易加工，成本低、安全可靠，实用性强。

## 8.2.1　GZ1 在 A、B 轴间的连接——花篮螺栓

自行车棚例子中的构件完全是以 A、B 轴的中线为基准左右对称的。如果 A、B 轴之间不连接，则模型为两组独立的构件，不成体系。因此本节将使用花篮螺栓将 A、B 轴的 GZ1 连接起来，形成一个完整的结构体系。具体操作如下：

（1）绘制辅助线。在图 8.47 所示的"字母轴立面图-轴：A"视图中，按 Shift+Z 快捷键将工作平面切换到该视图上。单按 E 快捷键发出"辅助线"命令，依次绘制两条辅助线（图中①、②处），辅助线的方向参见坐标系（图中③处）。

（2）导入花篮螺栓与连接件文件。在"字母轴立面图-轴：A"视图中，双按 K 快捷键发出"项"命令，侧窗格将弹出"项"面板，如图 8.48 所示。在"通用性"设置栏的"形状"栏中单击■按钮（图中①处），在弹出的"形状目录"对话框中单击"输入"按钮

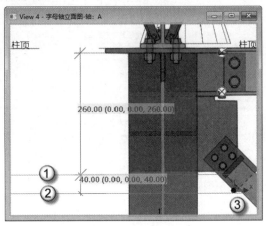

图 8.47　绘制辅助线

（图中②处），在"输入形状"对话框的"目录"栏中找到 SKP 文件夹（图中③处），选择"花篮螺栓.skp"与"连接件.skp"两个文件（图中④处），单击"确认"按钮（图中⑤处），再单击"确认"按钮（图中⑥处）完成操作。

（3）创建并放置连接件。双按 K 快捷键发出"项"命令，侧窗格将弹出"项"面板，如图 8.49 所示。在"通用性"设置栏的"名称"栏中输入"连接件"字样（图中①处），在"材料"栏中单击■按钮（图中②处），弹出"选择材质"对话框，在"其他"栏中选择"304 不锈钢"选项（图中④处），单击"确认"按钮（图中⑤处）。在"等级"栏中选择 11 选项（图中⑥处），在"编号序列"选项中删除"零件编号"栏里的内容，在"构件编号"栏中输入 JS3 字样（图中⑦处），在"位置"设置栏下的"旋转"栏中选择"前面"选项（图中⑧处），在"在深度"栏中选择"中间"选项（图中⑨处）。在图 8.50 所示的"字母轴立面图-轴：A"视图中放置连接件，放置在辅助线与 1 轴交点（图中①处）。按 Shift+Z 快捷键将工作平面切换到"数字轴立面图-轴：1"视图上，如图 8.51 所示，选择连接件（图中①处），单按 W 快捷键发出"镜像"命令，以 A 轴为镜像轴（图中②处），在弹出的"复制-镜像"对话框中，单击"复制"按钮（图中③处），镜像连接件并放置到对面，单击"确认"按钮（图中④处）。在图 8.52 所示的"字母轴立面图-轴：A"视图中，选择镜像后的连接件，按 Ctrl+M 快捷键发出"移动"命令，将连接件从其中点（图中①处）移动到 1 轴与辅助线交点（图中②处）。最后，在"数字轴立面图-轴：1"视图中，删除之前放置的连接件，删除后如图 8.53 所示。

⌂注意：SketchUp 中的 SKP 文件在导入 Tekla 之后，如果使用了"镜像"命令，镜像生成的对象需要调整位置，而复制生成的对象则不需要调整。

图 8.48　导入花篮螺栓与连接件文件

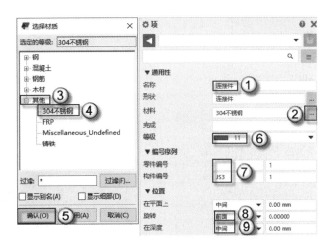

图 8.49　设置参数

（4）镜像钢柱和连接件。在图 8.54 所示的"数字轴立面图-轴：1"视图中，依次选择钢柱和连接件两个零件，单按 W 快捷键发出"镜像"命令，以 A 轴和 B 轴的中线为对称轴（图中①处），在弹出的"复制-镜像"对话框中单击"复制"按钮（图中②处），镜像连接件并放置到对面，单击"确认"按钮（图中③处）。在图 8.55 所示的"字母轴立面图-轴：B"视图中，选择连接件，按 Ctrl+M 快捷键发出"移动"命令，将连接件从其中点（图中①处）移动到连接件底边界延长线与 1 轴交点（图中②处）位置上。

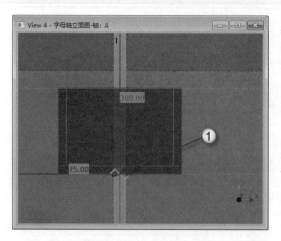

图 8.50　放置连接件

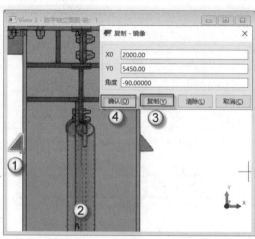

图 8.51　镜像连接件

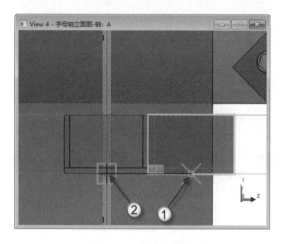

图 8.52　移动连接件

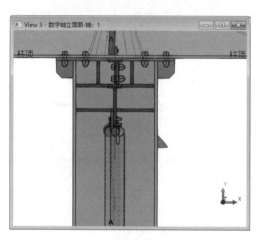

图 8.53　删除之后的连接件

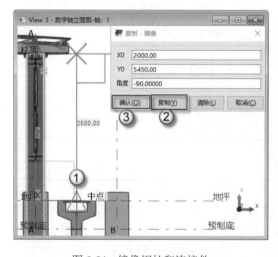

图 8.54　镜像钢柱和连接件

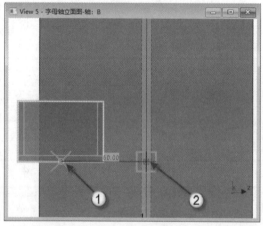

图 8.55　移动连接件

（5）选择花篮螺栓形状。在"数字轴立面图-轴：1"视图中，双按 K 快捷键发出"项"

命令，侧窗格将弹出"项"面板，如图 8.56 所示。在"通用性"设置栏的"形状"栏中单击■按钮（图中①处），在弹出的"形状目录"对话框中选择"花篮螺栓"形状（图中②处），单击"确认"按钮完成操作（图中③处），如图 8.56 所示。

图 8.56  选择花篮螺栓形状

（6）创建并放置花篮螺栓。双按 K 快捷键发出"项"命令，侧窗格将弹出"项"面板，如图 8.57 所示。在"通用性"设置栏的"名称"栏中输入"花篮螺栓"字样（图中①处），在"材料"栏中单击■按钮（图中②处），弹出"选择材质"对话框，在"其他"栏下选择"304 不锈钢"选项（图中④处），单击"确认"按钮（图中⑤处）。在"等级"栏中选择 11 选项（图中⑥处），在"编号序列"选项中删除"零件编号"栏里的内容，在"构件编号"栏中输入 JS4 字样（图中⑦处），在"位置"设置栏下的"旋转"栏中选择"前面"选项（图中⑧处），在"在深度"栏中选择"中间"选项（图中⑨处）。在"数字轴立面图：轴：1"视图中，将花篮螺栓大致放置在与连接件对齐处，如图 8.58 所示。在图 8.59 所示的视图中选择花篮螺栓，按 Ctrl+M 快捷键发出"移动"命令，依次选择两点（图中①→②处），将花篮螺栓与连接件对齐。在图 8.60 所示的"平面图-标高为：柱顶"视图中，选择花篮螺栓，按 Ctrl+M 快捷键发出"移动"命令，将连接件从其中点（图中①处）向左水平移动直至与 1 轴垂直相交（图中②处）。单按 F 快捷键发出"测量"命令，测量花篮螺栓两边与连接件的距离，若发现两边距离不相等，则需要移动花篮螺栓，使其两边到连接件的距离相等。

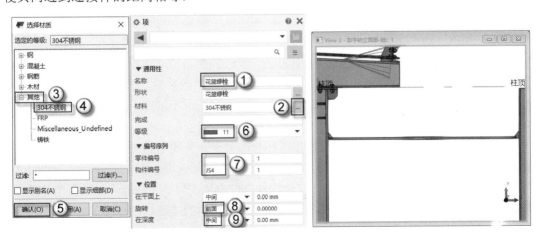

图 8.57  设置参数                    图 8.58  放置花篮螺栓

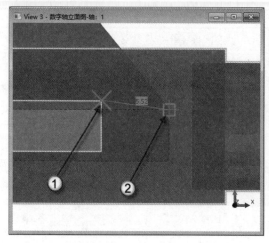

图 8.59　移动花篮螺栓 1

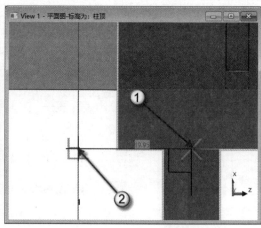

图 8.60　移动花篮螺栓 2

注意：在放置花篮螺栓的过程中，如果花篮螺栓是斜的，可以按 Esc 键取消此次操作，
　　　然后再按 K 快捷键发出"项"命令重复一次操作即可。

### 8.2.2　螺栓连接

本节将使用立面法创建螺栓，这个方法有一定难度，需要借助三维构思想象才能完成。
具体操作如下：

（1）创建螺栓 1。按 Shift+Z 快捷键将工作平面切换到"数字轴立面图-轴：1"视图
上，双按 I 快捷键发出"螺栓"命令，侧窗格将弹出"螺栓"面板，如图 8.61 所示。在"螺
栓"设置栏下的"标准"栏中选择 A 选项（图中①处），在"尺寸"栏中选择 6.00mm 选
项（图中②处），在"构件"栏中依次勾选"螺栓""垫圈""垫圈""螺母"4 个复选
框（图中③处），在"螺栓组"设置栏的"形状"栏中选择"阵列"选项，在"螺栓 X 向
间距"栏中输入 0 个单位，在"螺栓 Y 向间距"栏中输入 0 个单位（图中④处）。在"带
长孔的零件"选项下勾选 3 个"特殊的孔"复选框（图中⑤处），在"位置"设置栏下的
"旋转"栏中选择"上"选项（图中⑥处），在"从…偏移"设置栏下的 Dx 的起点栏中
输入 10 个单位（图中⑦处）。

（2）放置螺栓 1。单按 I 快捷键（因为上一步已经弹出了"螺栓"属性面板，所以此
处只需要单按），发出"螺栓"命令，在图 8.62 所示的"数字轴立面图-轴：1"视图中，
依次选择连接件（图中①处）和花篮螺栓（图中②处），单击鼠标中键确定螺栓连接的对
象，依次单击两点（图中③→④处），以确定螺栓方向线。

（3）创建螺栓 2。单按 I 快捷键发出"螺栓"命令，侧窗格将弹出"螺栓"面板，如
图 8.63 所示。在"螺栓"设置栏下的"标准"栏中选择 A 选项（图中①处），在"尺寸"
栏中选择 6.00mm 选项（图中②处），在"构件"栏中依次勾选"螺栓""垫圈""垫圈"
"螺母"4 个复选框（图中③处），在"螺栓组"设置栏的"形状"栏中选择"阵列"选
项，在"螺栓 X 向间距"栏中输入 0 个单位，在"螺栓 Y 向间距"栏中输入 26 个单位（图
中④处）。在"带长孔的零件"选项下勾选两个"特殊的孔"复选框（图中⑤处），在"位

置"设置栏下的"旋转"栏中选择"上"选项（图中⑥处），在"从…偏移"设置栏下的 Dx 的起点栏中输入 24 个单位（图中⑦处）。

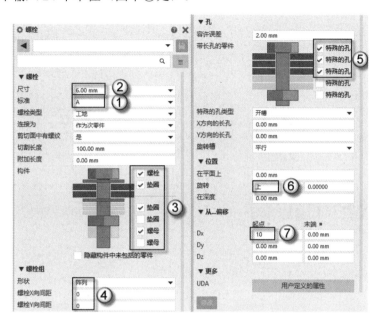

图 8.61 设置参数

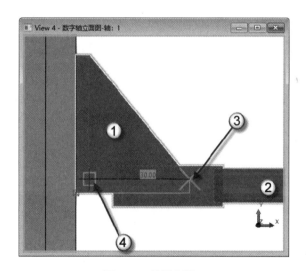

图 8.62 放置螺栓 1

（4）放置螺栓 2。在图 8.64 所示的"数字轴立面图-轴：1"视图中，单按 I 快捷键发出"螺栓"命令，依次选择钢柱（图中①处）和连接件（图中②处），单击鼠标中键确定螺栓连接的对象，依次单击两点（图中③→④处）以确定螺栓方向线。

（5）镜像螺栓。在图 8.65 所示的"数字轴立面图-轴：1"视图中，选择刚绘制的螺栓，单按 W 快捷键发出"镜像"命令，以 A 轴和 B 轴的中线为对称轴（图中①处），在弹出的"复制-镜像"对话框中，单击"复制"按钮（图中②处）复制连接件并放置到对面，单击"确认"按钮（图中③处）。

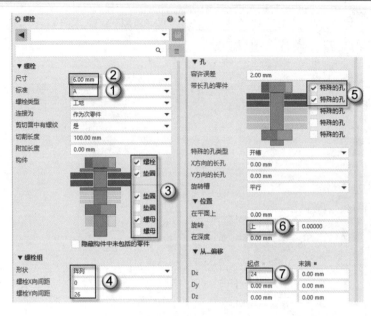

图 8.63　设置参数

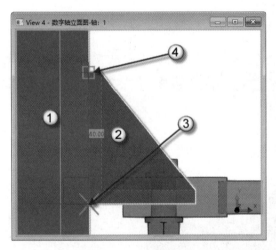

图 8.64　放置螺栓 2

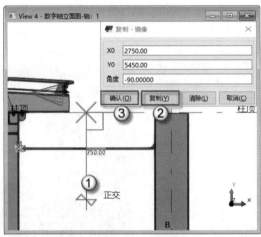

图 8.65　镜像螺栓

## 8.2.3　制作花篮螺栓自定义组件——零件

本节要将花篮螺栓、连接件和螺栓这些零件制作成一个组件，类型为零件，方便管理模型。具体操作如下：

（1）自定义组件。按 Shift+D 快捷键发出"自定义组件"命令，在弹出的图 8.66 所示的"自定义组件快捷方式-1/3"对话框中，选择"类型/说明"选项卡（图中①处），在"类型"栏中选择"零件"选项（图中②处），在"名称"栏中输入 HL 字样（图中③处），单击"下一步"按钮（图中④处）。在图 8.67 所示的 3d 视图中，按住 Ctrl 键不放，依次选择连接件、螺栓及花篮螺栓等 7 个零件（图中①处），在弹出的"自定义组件快捷方式-2/3-对象选择"对话框中单击"下一步"按钮（图中②处）。在图 8.68 所示的视图中，单击支架端点（图中①处）作为插入位置，在弹出的"自定义组件快捷方式-3/3-位置选择"对话框中，单击"结束"按钮（图中②处）。

（2）复制构件。在图 8.69 所示的"平面图-标高为：柱顶"视图中，选择钢柱（图中①处）与上一步制作的 HL 自定义组件（图中②处），按 Ctrl+C 快捷键发出"复制"命令，将其从 1 轴（图中③处）复制到 2 轴（图中④处）。

图 8.66　自定义组件 1

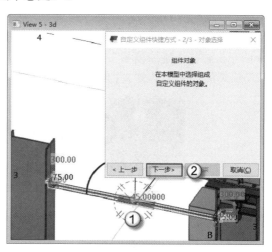

图 8.67　自定义组件 2

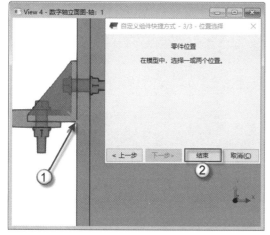

图 8.68　自定义组件 3

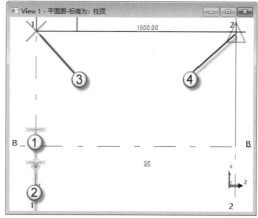

图 8.69　复制构件

# 8.3　碰 撞 检 查

碰撞检查是 BIM 建筑信息化模型（BIM）类软件中一项必不可少的功能，如 Autodesk 公司的 Revit 软件、Graphisoft 公司的 ArchiCAD 软件皆有类似的功能。

Tekla 中的碰撞检查略显"单薄"，只能在结构专业内进行碰撞检查，如 Revit 软件就可以在专业之间进行碰撞检查。下面将重点介绍 Tekla 的钢结构模型是如何导入 Revit 软件中的。导入 Revit 之后，就可以与其他专业的模型进行碰撞检查了。

## 8.3.1　设置碰撞校核

在 Tekla 中，碰撞检查的命令为"碰撞校核"，有校对和核准之意。在进行碰撞检查之前，需要设置相应的参数，具体操作如下：

选择"菜单"|"设置"|"选项"命令，如图 8.70 所示，将弹出"选项"对话框，如图 8.71 所示。选择"碰撞校核"选项卡，在其中主要涉及的选项见图①～④处。碰撞校核中①～④选项的意义，见表 8.1 所示。

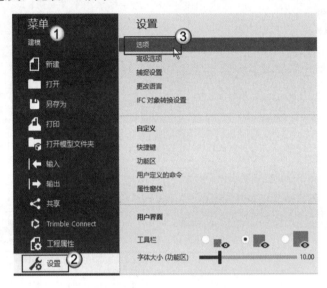

图 8.70　选项

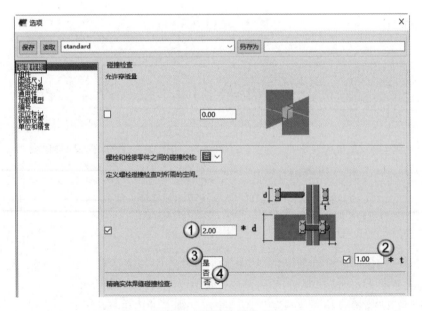

图 8.71　碰撞校核选项

表 8.1　碰撞校核选项说明

| 选　项 | 序　号 | 说　明 |
|---|---|---|
| 定义螺栓碰撞检查时所需的空间 | 1 | 如果小于这个数值，碰撞时会标记。这个空间是套筒扳手转动的空间 |
| | 2 | 如果大于这个数值，碰撞时会标记。这个空间是放置螺母的空间，如果空间过大，手指不易将螺母亲放置到螺栓上 |
| 精确实体焊缝碰撞检查 | 3 | 是——将三维实体焊缝与其他零件进行碰撞检查 |
| | 4 | 否——三维实体焊缝不参与碰撞检查 |

## 8.3.2　碰撞校核管理器

　　Tekla 将碰撞检查的功能集中在"碰撞校核管理器"中。注意在使用这个命令时，要准确选择需要进行碰撞检查的对象。具体操作如下：

　　（1）进行碰撞检查。选择需要进行碰撞检查的对象，如果是全部对象，就按 Ctrl+A 快捷键，然后选择"管理"|"碰撞检查"命令，在弹出的"碰撞校核管理器"窗口中，单击"校核对象" 按钮（或按 Enter 键），如图 8.72 所示。可以看到，"碰撞校核管理器"窗口的底部状态栏有进度条在滚动（图 8.73 中①处），同时有"正在进行碰撞校核-按 Esc 可取消"的提示（图 8.73 中②处）。

图 8.72　校核对象按钮

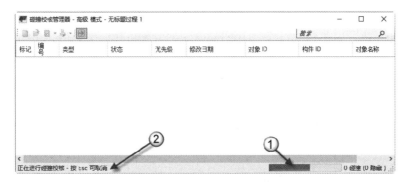

图 8.73　正在进行碰撞校核

　　（2）碰撞信息。碰撞检查完成之后，在"碰撞校核管理器"窗口中会有碰撞的列表信息显示出来，如图 8.74 所示。图中①处为碰撞检查的标记，具体的说明见表 8.2 所示。图中②处为碰撞的类型，具体的说明见表 8.3 所示。

图 8.74　碰撞标记与类型

表 8.2　碰撞校核中的标记

| 标　记 | 状　态 | 说　明 |
|---|---|---|
| ✳ | 新发现 | 第一次发现的所有碰撞都标记为新发现状态 |
| ⚠ | 已修改 | 如果设计师修改了对象（例如更改了尺寸），碰撞校核时，状态将更改为已修改 |
| ☑ | 已解决 | 如果对象不再碰撞，状态将更改为已解决 |
| ❓ | 消失 | 如果从模型中删除了一个或多个碰撞对象，状态将更改为消失 |

表 8.3　碰撞校核中的类型

| 类　型 | 说　明 |
|---|---|
| 位于以下对象内部 | 某个或某些对象位于已标记对象的内部 |
| 碰撞 | 对象与另一个对象部分（或完全）重叠 |
| | 几个对象彼此在一个位置（或几个位置）处有交集 |
| | 对象穿过另一个对象 |

（3）调整碰撞检查。在图 8.75 所示的右击碰撞信息（图中①处），在弹出的快捷菜单中选择"碰撞信息"命令（图中②处），会弹出"碰撞信息"对话框（图中③处），在其中可以看到碰撞信息对应的两个对象（图中④、⑤处）。在其中双击需要调整的对象信息，比如图中④或⑤处，在当前视图中会以此对象为中心自动放大显示，然后设计师就可以对其进行相应的修改了。

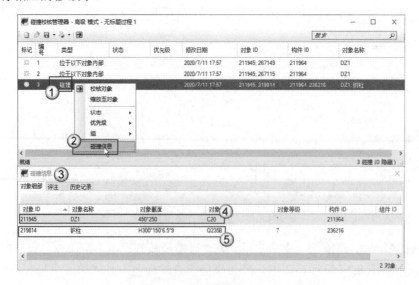

图 8.75　碰撞信息

碰撞对象都调整完之后，还需要再运行一次"碰撞检查"命令，观察"碰撞校核管理器"窗口中原来的碰撞信息是否已经解决了。

# 8.4 将模型导入 Revit 中

不论是钢结构建筑还是混凝土结构建筑，皆需要多个专业进行协力作业。尤其是碰撞检查这个环节，需要对全专业进行操作。而 Tekla 这款软件的局限性就显现出来了，它只能在结构专业中进行碰撞检查。因此当整个模型做完之后，设计师会将 Tekla 做的钢结构模型导入 Revit 中，与其他专业的模型进行碰撞检查。如果有问题，还要返回到 Tekla 中进行修改。

## 8.4.1 导出 IFC 文件

IFC（Industry Foundation Classes，工业基准类标准）是在 1997 年由国际协同工作联盟（IAI)制定的一项关于国际建筑业的工程数据交换标准，目前已经被认可为 ISO 国际标准。IFC 标准是借用 STEP 标准的框架和资源来制定的面向对象的数据标准，目的是通过三维的建筑产品数据标准，使不同专业或者同一专业的不同软件实现统一数据源的共享，从而实现建筑全生命周期各阶段的数据交换与共享。基于 IFC 标准研究 BIM 系统，可以有效解决 BIM 系统普遍存在的信息共享与交换不顺畅问题。

（1）选择"输出"命令。如图 8.76 所示，选择"菜单"|"输出"|IFC 命令，在"输出"栏下有 IFC（图中③处）与 IFC4（图中④处）两个命令，必须选择 IFC 命令。如果选择了 IFC4 命令，会出现模型丢失的情况。

（2）设计高级参数。在弹出的图 8.77 所示的"输出到 IFC"对话框中，选择"高级"选项卡（图中①处），在"对象类型"栏中依次勾选"构件"复选框（图中②处）和"焊缝"复选框（图中③处），去掉"钢筋"复选框的勾选（图中④处），在"其他"栏中去掉"将宽扁的梁输出为板"复选框的勾选（图中⑤处）。

图 8.76 选择"输出"命令

（3）设置参数。在图 8.78 所示的"输出到 IFC"对话框中选择"参数"选项卡（图中①处），在"输出文件"栏中输入".\IFC\自行车棚"字样（图中②处），在"输出"栏中切换至"所有对象"选项（图中③处），（请读者注意，这一步很容易被忽视），单击"输出"按钮（图中④处），可以看到在对话框的底部有"输出"进度条，提示工作的进度，如图 8.79 所示。完成之后，在对话框的底部有"输出完成"的提示（图 8.80 中①处），如果需要，可以单击"浏览日志文件"按钮查看输出日志的相关内容（图 8.80 中②处）。

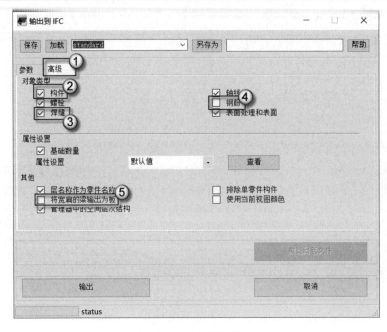

图 8.77　高级参数

注意：在"输出文件"栏输入的".\IFC\自行车棚"字样中"."代表模型文件夹（目录结构是 C:\TeklaStructuresModels），IFC 的目录结构是 C:\TeklaStructuresModels\IFC，"自行车棚"是文件名（其目录结构是 C:\TeklaStructuresModels\IFC\自行车棚.ifc）。

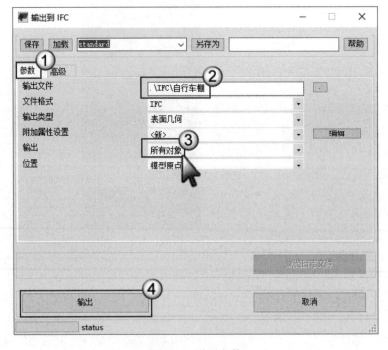

图 8.78　设置参数

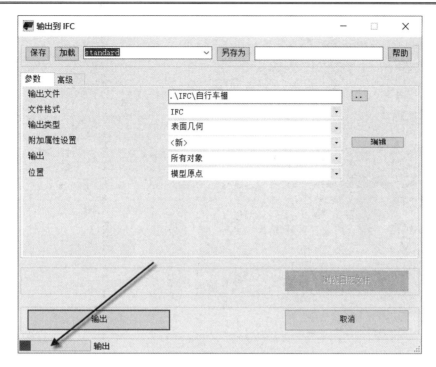

图 8.79　输出进度条

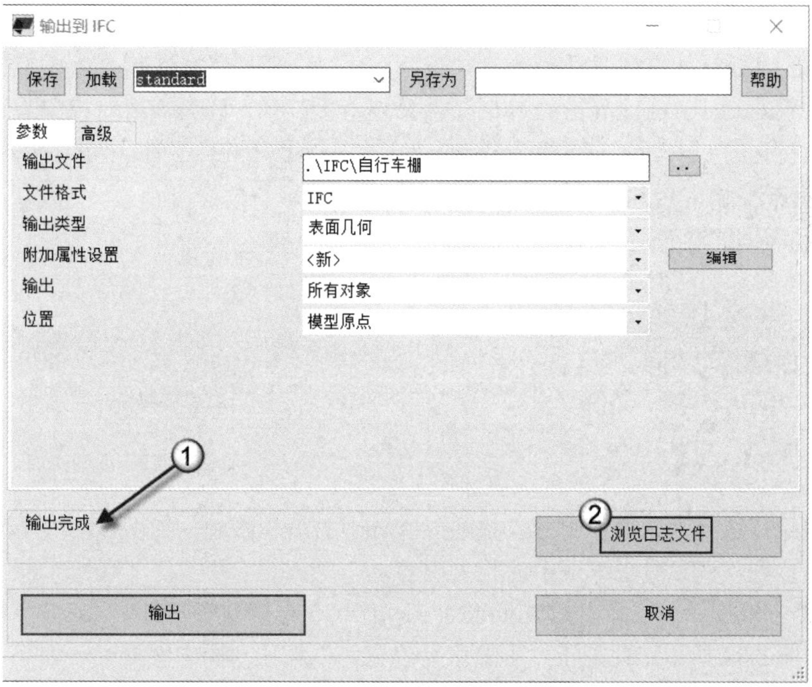

图 8.80　输出完成

（4）查看文件。选择"菜单"|"打开模型文件夹"命令，在弹出的图 8.81 所示的窗口中进入 IFC 目录（图中①处），可以看到其中就有"自行车棚.ifc"文件（图中②处）。

图 8.81　查看文件

## 8.4.2　在 Revit 中打开 IFC

在 Revit 中对 IFC 模型文件的处理有两种方法：一种是直接打开 IFC 文件，另一种是链接 IFC 文件。对于 Tekla 导出的 IFC 文件只能直接打开，因为需要对模型进行处理后才能达到碰撞检查的要求。而对于 Sketch Up 和 CAD 导出的 IFC 文件，两个方法都可以。

（1）选择样板。打开 Revit 软件（笔者建议使用 Revit 2020 版本），选择"项目"|"新建"命令，在弹出的"新建项目"对话框的"样板文件"栏中选择"结构样板"选项，单击"确定"按钮，如图 8.82 所示。

（2）打开 IFC 文件。选择"文件"|"打开"|IFC 命令，弹出"打开 IFC 文件"对话框，在其中找到 Tekla 模型文件夹下"自行车棚"文件

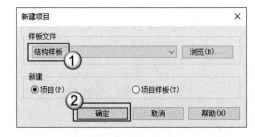

图 8.82　新建项目

夹的 IFC 目录，选择"自行车棚.ifc"文件，单击"打开"按钮，如图 8.83 所示。这个 IFC 文件的具体位置，请参看上一节中的相关内容。

（3）警告性提示。在弹出的 Autodesk Revit 2020 对话框中，选择"确定"按钮（图中①处），如图 8.84 所示。此处千万不要选择"取消"按钮（图中②处），如果选了，将会退出导入的过程（导入 IFC 的过程比较长，轻易退出会影响工作效率）。完成之后，可以看到打开的 IFC 文件（以平面图表示），如图 8.85 所示。

🔔注意：在 Revit 中有两种提示，即警告性提示与错误性提示。警告性提示一般单击"确定"按钮就可以了。

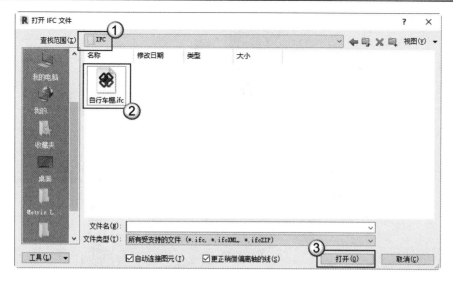

图 8.83　打开 IFC 文件

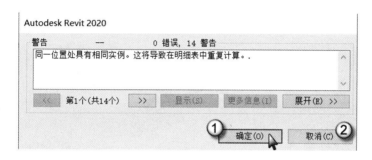

图 8.84　警告性提示

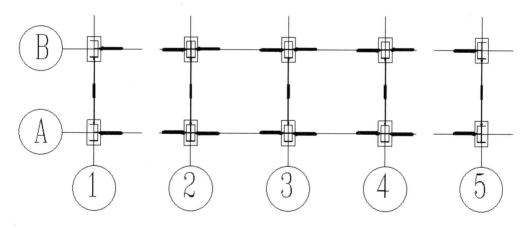

图 8.85　打开的 IFC 文件

（4）检查三维模型。在快速访问工具栏中单击"默认三维视图" 按钮，将启动三维视图，可以放大与旋转视图，方便检查模型。整个模型的三维效果如图 8.86 所示。脚柱板细节如图 8.87 所示。屋顶细节如图 8.88 所示。通过在三维中检查模型发现，在 Revit 中导入 IFC 文件，不会损失模型。

图 8.86　三维效果

图 8.87　脚柱板细节

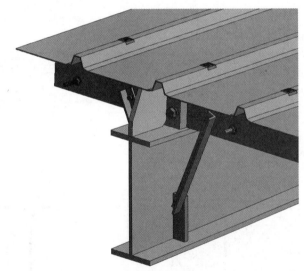

图 8.88　屋顶细节

### 8.4.3　在 Revit 中修饰导入的钢结构模型

导入 Revit 后的钢结构模型主体是不能修改的，因为各零件皆是一个整体，无法调整相应的参数，只能修改轴线、标高、立面标识等内容。千万不要忽略这些内容，它们将为以后的专业间碰撞检查提示定位依据，具体操作如下：

（1）删除立面图。在"项目浏览器"面板中，选择"东""北""南""西"四个方向的立面图，按 Delete 键将其删除，如图 8.89 所示。

（2）增加"南"立面观察点。选择"视图"|"立图"|"立面"命令，在模型的南侧

放置一个立面观察点，如图 8.90 所示。在 Revit 的平面图中，默认情况下是按照"上北，下南，左西，右东"的规则进行布局的。

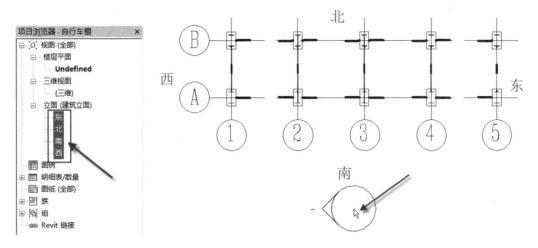

图 8.89　删除立面图　　　　　　　　　　图 8.90　增加"南"面观察点

（3）立面观察点的组成。立面观察点的组成如图 8.91 所示。其中①～⑥的具体说明见表 8.4 所示。

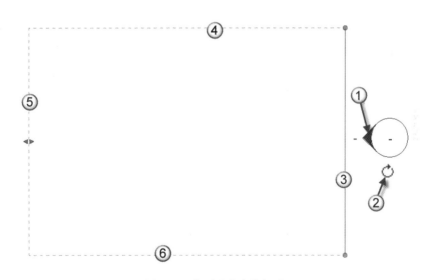

图 8.91　立面观察点的组成

表 8.4　立面观察点的组成

| 序　号 | 组　成 | 备　注 |
| --- | --- | --- |
| ① | 立面观察方向 | 黑色的箭头 |
| ② | 旋转按钮 | |
| ③ | 立面观察起始线 | 一根实线 |
| ④⑤⑥ | 立面观察范围框 | 三根虚线组成的框 |

（4）旋转立面观察点。如图 8.92 所示，选择立面观察点（图中①处），单击旋转按

钮（图中②处），将立面观察点沿顺时针方向旋转 90°（图中③处）。

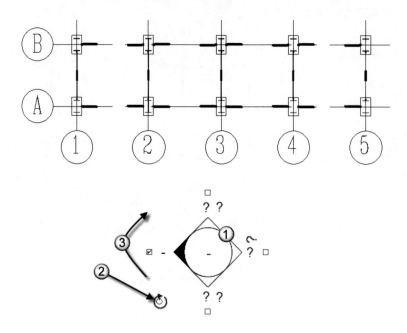

图 8.92　旋转立面观察点

（5）调整立面观察框。在图 8.93 所示的视图中可以看到立面观察点的立面观察方向箭头指向模型（图中①处），选择立面观察箭头（图中②处），调整立面观察起始线的两个端点（图中③、④处），调整立面观察范围框的造型操纵柄（图中⑤处），直至整个立面观察范围框的区域超出模型，如图 8.93 所示。

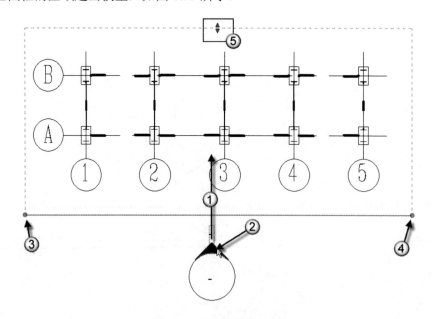

图 8.93　调整立面观察框

（6）重命名立面图。放置了一个立面观察点后，软件会自动命名一个立面图的名称。

如图 8.94 所示,在"项目浏览器"中右击"立面 1-a"立面图(图中①处),这就是自动命名的立面图名称,在弹出的快捷菜单中选择"重命名"命令(图中②处),弹出"重命名视图"对话框,在"名称"栏中输入"南"字样(图中③处),单击"确定"按钮(图中④处)。使用同样的方法,完成"东""西""北"三个立面视图的建立,如图 8.95 所示。

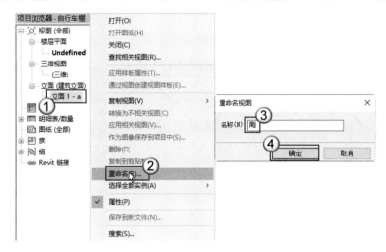

图 8.94　重命名立面视图

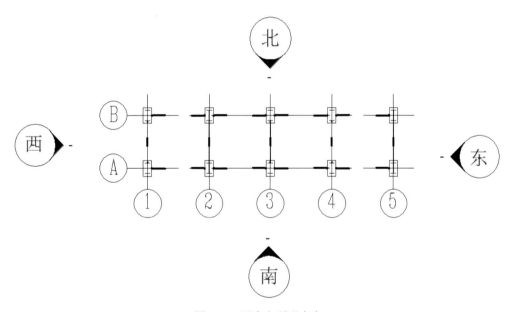

图 8.95　四个立面观察点

　　(7)修改标高名称。进入"南"立面,如图 8.96 所示,可以看到 0.000 标高的名称是 Undefined(未命名)。双击 Undefined 名称(图中①处),在输入框中输入"地坪"字样(图中②处),在弹出的 Revit 对话框中单击"是"按钮(图中③处)。

　　(8)按 L+L 快捷键发出"标高"命令,分别绘制出 2.600(柱顶)、-0.500(预制顶)、-0.850(基础顶)三处标高,如图 8.97 所示。然后检查标高,注意在项目浏览器中,"地坪""基础顶""柱顶""预制顶"平面视图(图中①处)要与立面视中标高的名称对应(图中②处)。

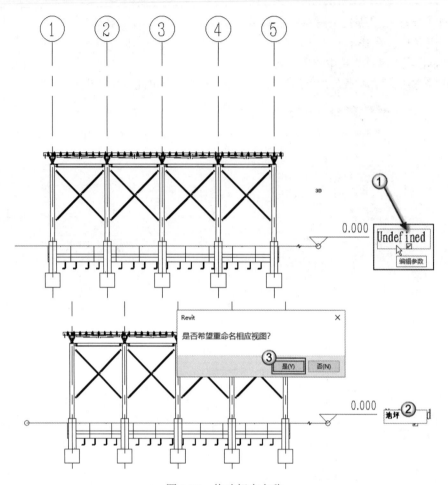

图 8.96　修改标高名称

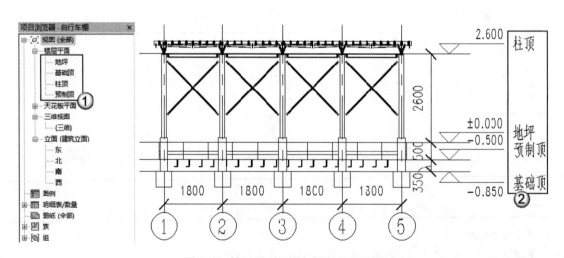

图 8.97　楼层平面视图与标高名相对应

在 Revit 中的简单处理就介绍到这里。如果读者想进一步学习 Revit 的操作，可以阅读笔者的另外两本书——《基于 BIM 的 Revit 建筑与结构设计案例教程》和《基于 BIM 的 Revit 机电管线设计案例教程》。

# 第9章 生 成 报 告

在建筑信息化模型（BIM）中，信息量的运用相当关键。如果零件中带有信息量，就可以使用 Tekla 的"创建报告"功能进行统计计算，从而得到相应的报告。

Tekla 的"创建报告"功能主要分为两大类：一类是直接利用软件自带的报告模板生成相应的报告；另一类是根据项目的特点自己定义报告模板。本章分为两节，将针对这两大类讲述具体的操作过程。

## 9.1 创 建 报 告

本节将讲解采用软件自带的报告模板生成报告的过程。Tekla 自带的报告模板有几十个，基本上可以满足日常工作的需要。如果没有特殊要求，利用 Tekla 自带的报告模板生成报告即可。

### 9.1.1 给零件编号

零件编号是生成报告的前提。没有设置零件编号是不能生成报告的。零件编号不正确，生成的报告就有问题，会影响后期的出料、施工和算量等操作。

选择"图纸和报告"|"运行编号"|"为所选对象的序列编号"命令，将弹出"编号设置"对话框，如图 9.1 所示，图中带编号的 15 个选项的具体说明见表 9.1 所示。

表 9.1　编号设置

| 编　号 | 选　项 | 意　义 |
| --- | --- | --- |
| 1 | 全部重编号 | 去掉零件的原来编号，然后重新对所有零件进行编号 |
| 2 | 重新使用老的编号 | 重新使用已删除零件的编号。这些编号将用于新零件或修改后的零件 |
| 3 | 校核标准零件 | 对当前场景中的零件和标准零件（需要建立标准零件）进行比较 |
| 4 | 新建 | 指新建零件。有两个选项：跟老的比较和采用新的编号 |
| 5 | 修改过的 | 指修改过的零件。有三个选项：跟老的比较、如果可能的话保持编号和采用新的编号 |
| 6 | 跟老的比较 | 零件会获得与以前已编过号的相似零件相同的编号 |
| 7 | 如果可能的话保持编号 | 就算对象已被修改了，也会保留原来的编号。即使一个零件变得与另一个零件相同，也会保留其原始位置的编号 |
| 8 | 采用新的编号 | 即使场景中有相似编号的零件，也会获得新编号 |
| 9 | 自动复制 | 如果修改的零件移至没有编号的图纸上，则会自动复制编号以表示其被修改过 |

| 编　号 | 选　项 | 意　义 |
|---|---|---|
| 10 | 构件编号次序 | 一般依次选择X、Y、Z选项，表示零件编号按X、Y、Z轴向的顺序排序。这样会方便施工管理 |
| 11 | 孔 | 孔的位置、尺寸和数量将影响编号 |
| 12 | 零件名称 | 零件的名称将影响编号 |
| 13 | 梁方向 | 梁的方向将影响编号 |
| 14 | 柱方向 | 柱的方向将影响编号 |
| 15 | 容许误差 | 如果不同零件的尺寸差别小于数值框中的数值，那么这些零件将获得相同的编号 |

图 9.1　编号设置

在进行"编号设置"之后，选择"图纸和报告"|"编号设置"|"为设置编号"命令，对场景中所有的零件进行编号操作。只有进行了编号操作后，才能进行下一步的创建报告工作。

## 9.1.2　创建合计型报告

合计型报告指报告中要统计数量，这样的报告是出料时使用的，可以知道什么样的零件（或材料）需要多少个。

（1）创建《构件清单》报告。按 Ctrl+B 快捷键发出"创建报告"命令，弹出"报告"对话框，如图 9.2 所示。在"报告模板"栏中选择 Assembly_list 模板（图中①处），单击"从全部的…中创建"按钮（图中②处），单击"显示"按钮（图中③处），将弹出"清单"对话框（图中④处），如图 9.2 所示。这个"清单"对话框中显示的就是《构件清单》报告。

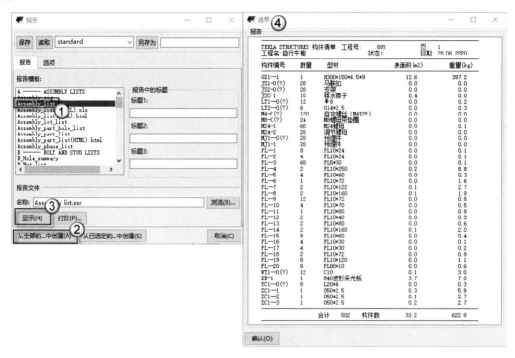

图 9.2　构件清单

（2）创建《列表：螺栓》报告。按 Ctrl+B 快捷键发出"创建报告"命令，弹出"报告"对话框，如图 9.3 所示。在"报告模板"栏中选择 Bolt_List 模板（图中①处），单击"从全部的…中创建"按钮（图中②处），单击"显示"按钮（图中③处），将弹出"清单"对话框，如图 9.3 所示（图中④处）。这个"清单"对话框中显示的就是《列表：螺栓》报告。

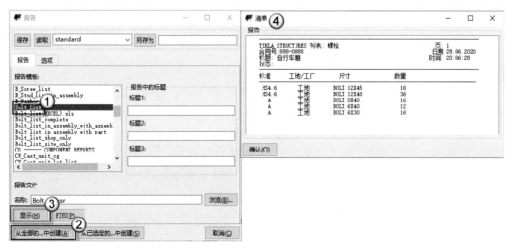

图 9.3　列表：螺栓

（3）创建《零件清单》报告。按 Ctrl+B 快捷键发出"创建报告"命令，弹出"报告"对话框，如图 9.4 所示。在"报告模板"栏中选择 Part_list 模板（图中①处），单击"从全部的…中创建"按钮（图中②处），单击"显示"按钮（图中③处），将弹出"清单"对话框（图中④处），如图 9.4 所示。这个"清单"对话框中显示的就是《零件清单》报告。

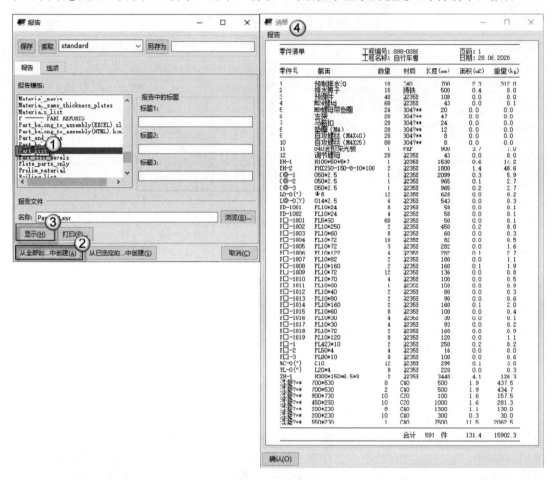

图 9.4　零件清单

## 9.1.3　创建记录型报告

记录型的报告主要有两个：《历史报告》和《焊缝错误列表》。该类报告主要用于统计文本。具体操作如下：

（1）创建《历史报告》报告。按 Ctrl+B 快捷键发出"创建报告"命令，弹出"报告"对话框，如图 9.5 所示。在"报告模板"栏中选择 History_report 模板（图中①处），单击"从全部的…中创建"按钮（图中②处），单击"显示"按钮（图中③处），将弹出"清单"对话框（图中④处）。这个"清单"对话框中显示的就是《构件清单》报告。

（2）创建《焊缝错误列表》报告。按 Ctrl+B 快捷键发出"创建报告"命令，弹出"报告"对话框，如图 9.6 所示。在"报告模板"栏中选择 Weld_Error_list 模板（图中①处），单击"从全部的…中创建"按钮（图中②处），单击"显示"按钮（图中③处），将弹出

"清单"对话框（图中④处）。这个"清单"对话框中显示的就是《焊缝错误列表》报告。

图 9.5　构件清单报告

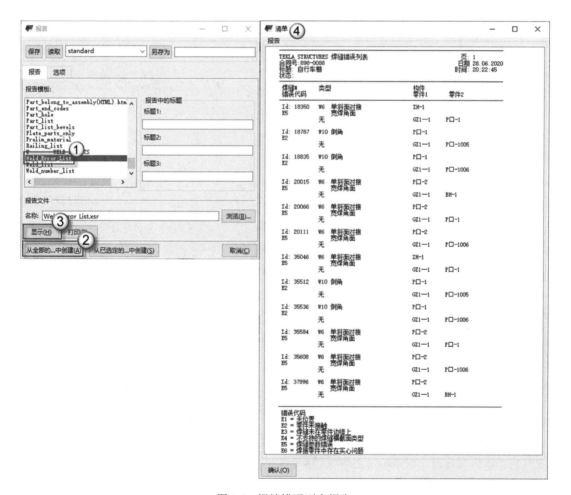

图 9.6　焊缝错误列表报告

# 9.2　制作零件统计明细表报告模板

本节以零件统计明细表模板的制作方法为例，介绍创建模板的一般方法。设计师可以根据具体的项目要求，定义符合本项目的模板。

## 9.2.1　制作模板框架

模板框架主要是指几个"框"，包括"报表页眉""页眉""行""页脚"等。具体的操作方法如下：

（1）启动模板编辑器。在"快速启动"栏中输入"模板"字样，然后选择"模板编辑器"命令，如图 9.7 所示，将弹出"Tekla 模板编辑器"窗口，如图 9.8 所示。制作报告模板的绝大部分操作皆在这个"Tekla 模板编辑器"窗口中进行。

图 9.7　快速启动

图 9.8　模板编辑器

（2）新建文本模板。单击工具栏中的"新模板" 按钮，在弹出的如图 9.9 所示的"新"对话框中选择"文本模板"选项（图中①处），单击"确认"按钮（图中②处）。如图 9.10 所示，双击模板页空白处（图中①处），将弹出"模板页属性"对话框（图中②处），可以看到，"宽度""高度""页边"的单位皆是 char（s），即字符。

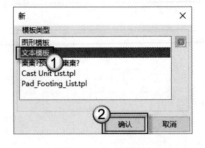

图 9.9　文本模板

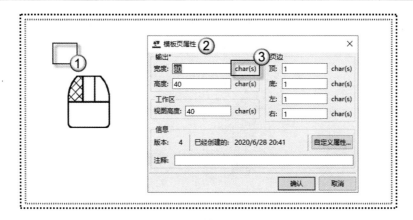

图 9.10　模板页属性

（3）增加报表。单击工具栏中的"报表页眉" 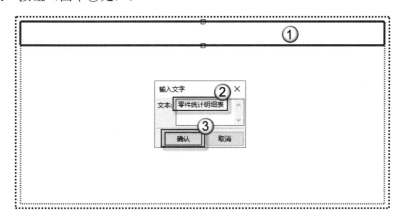按钮，在页面上会出现一个框，如图 9.11 所示（图中①处），这个框就是"报表页眉"。单击工具栏中的"文本" **T** 按钮，在弹出的"输入文字"对话框的"文本"栏中输入"零件统计明细表"字样（图中②处），单击"确认"按钮（图中③处）。

图 9.11　输入文字

（4）更改字体。因为 Tekla 中的默认字体不是中文字体，所以"零件统计明细表"显示的是字符串，如图 9.12 所示。双击这段字符串（图中①处），在弹出的"文本属性"对话框的"字体"栏中单击▦按钮（图中②处），在弹出的"选择字体"对话框中选择"宋体"（图中③处），在"颜色"栏中切换为"黑色"选项（图中④处），单击"确认"按钮（图中⑤处），再单击"确认"按钮（图中⑥处）完成操作。

注意：Tekla 的默认字体为西文类字体。在报告中，字体应改为"宋体"（印刷的要求）；在图纸中，字体应改为"仿宋"（建筑制图规范的要求）。

（5）增加页眉。单击工具栏中的"页眉"▦按钮，在页面上会出现一个框，如图 9.13 所示（图中①处），这个框就是页眉，单击工具栏中的"文本" **T** 按钮，在弹出的"输入文字"对话框的"文本"栏中输入"编号"字样（图中②处），单击"确认"按钮（图中③处）。

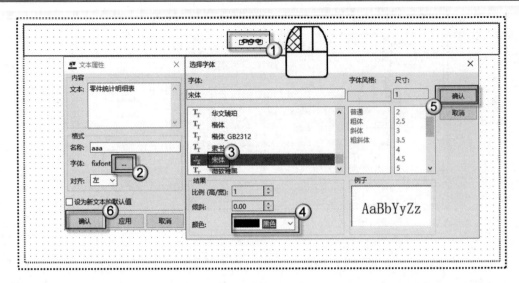

图 9.12　更改字体

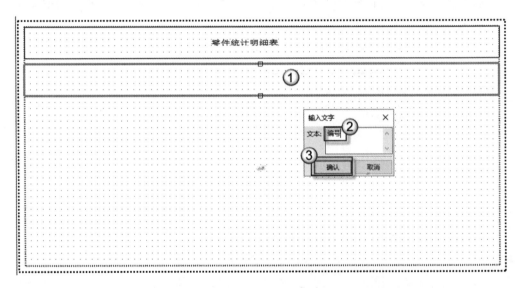

图 9.13　增加页眉

（6）设置默认字体。如图 9.14 所示，双击这段字符串（图中①处），在弹出的"文本属性"对话框中切换"对齐"方式为"中心"选项（图中②处），勾选"设为新文本的默认值"复选框（图中③处），单击 ⋯ 按钮（图中④处），在弹出的"选择字体"对话框中选择"宋体"（图中⑤处），在"颜色"栏中切换为"黑色"选项（图中⑥处），单击"确认"按钮（图中⑦处），再次单击"确认"按钮（图中⑧处）完成操作。

注意：此处勾选"设为新文本的默认值"复选框后，在后面的操作中就不用更换字体了，因为默认的字体已经设置为"宋体"了。

全部设置完成后的效果如图 9.15 所示。可以看到，在页眉处有了编号栏（图中①处）。使用同样的方法制作截面栏（图中②处）、材料栏（图中③处）、长度栏（图中④处）、数量栏（图中⑤处）、单重（kg）栏（图中⑥处）、总重（kg）栏（图中⑦处）。这①～

⑦栏就组成了统计表的表头部分。

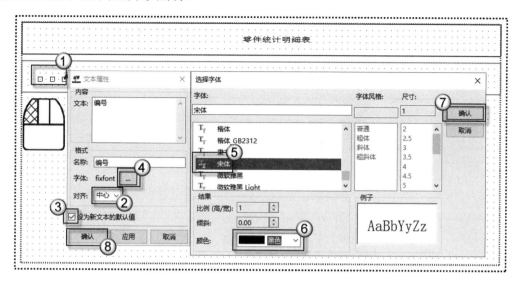

图 9.14　选择字体

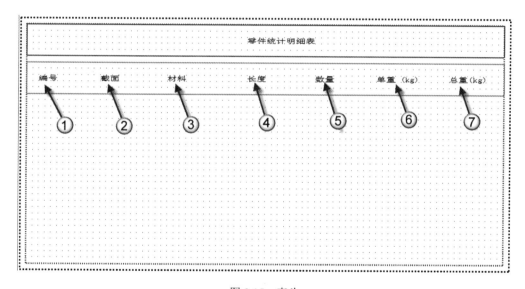

图 9.15　表头

（7）增加行。单击"行" 按钮，在弹出的如图 9.16 所示的"选择内容类型"对话框中选择"零件"选项（图中①处），单击"确认"按钮（图中②处）。完成之后，可以看到页面中新增了一个框，这个框就是行，如图 9.17 所示（图中箭头所指处）。

图 9.16　选择内容类型

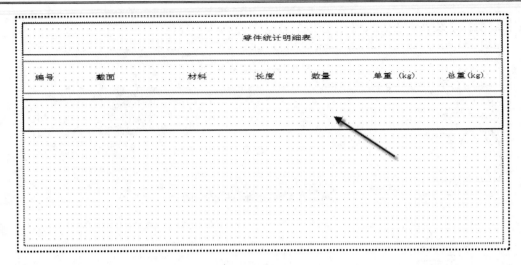

图 9.17　增加行

## 9.2.2　设置参数

报告中的参数主要是在"数值域属性"对话框中进行设置，具体操作如下：

（1）增加数值域。如图 9.18 所示，在工具栏中单击"数值域" ![a] 按钮，将数值域占位提示符放置到"编号"栏所对应的"行"中（图中①处），在弹出的"选择属性"对话框的"属性"栏中选择"零件编号"选项（图中②处），单击"确认"按钮（图中③处）。

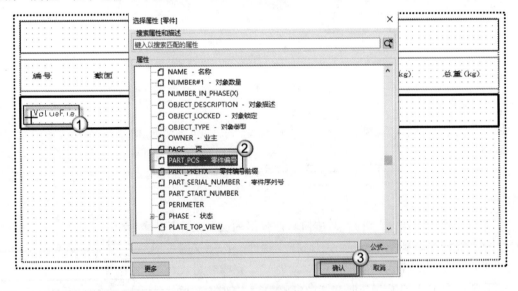

图 9.18　选择属性

（2）修改数值域。双击数值域占位提示符，在弹出的如图 9.19 所示的"数值域属性"对话框中，切换"数据类型"为"文本"选项（图中①处），设置"长度"为 6 个字符（图中②处），切换"对齐"为"中心"选项（图中③处），勾选"设为新数值域的默认值"复选框（图中④处），切换"次序"为"上升"选项（图中⑤处），单击"字体"栏的 ![...]

按钮（图中⑥处），在弹出的"选择字体"对话框中选择"宋体"（图中⑦处），单击"确认"按钮（图中⑧处），再次单击"确认"按钮（图中⑨处）。

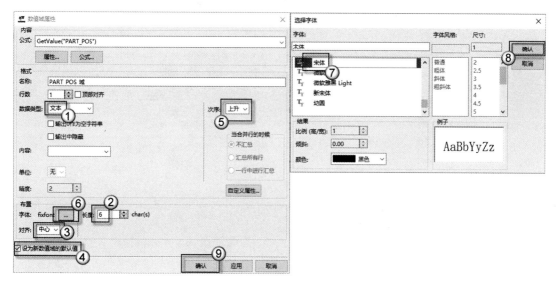

图 9.19　数值域属性

（3）增加数值域。如图 9.20 所示，在工具栏中单击"数值域" 按钮，将数值域占位提示符放置到"截面"栏所对应的"行"中（图中①处），在弹出的"选择属性"对话框的"属性"栏中选择"截面型材"选项（图中②处），单击"确认"按钮（图中③处）。

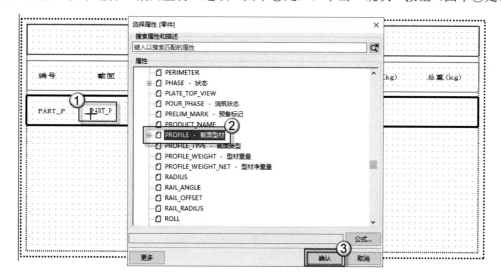

图 9.20　选择属性

（4）修改数值域。双击刚插入的数值域占位提示符，在弹出的如图 9.21 所示的"数值域"属性对话框中，设置"长度"为 16 个字符（图中①处），切换"对齐"为"中心"选项（图中②处），切换"次序"为"无"选项（图中③处），单击"确认"按钮（图中④处）。

（5）完成所有数值域的插入。使用同样的方法，在行中插入与材料栏、长度栏、数量栏、单重（kg）栏、总重（kg）栏所对应的数值域。数值域名的具体属性详见表 9.2 所示。

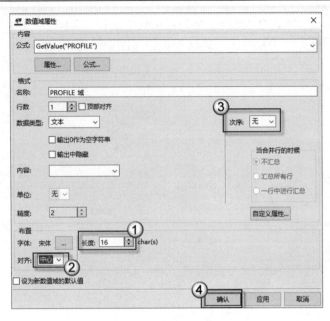

图 9.21　数值域属性

表 9.2　数值域属性

| 选项 | 编号 | 截面 | 材料 | 长度 | 数量 | 单重（kg） | 总重（kg） |
|---|---|---|---|---|---|---|---|
| 属性 | 零件编号 | 截面型材 | 材质 | 长度 | 模型中相同件数量 | 重量 | 重量 |
| 数据类型 | 文本 | 文本 | 文本 | 数 | 数 | 数 | 数 |
| 内容 | | | | 长度 | | 重量 | 重量 |
| 单位 | | | | mm | | kg | kg |
| 长度 | 6 | 16 | 6 | 8 | 4 | 8 | 8 |
| 次序 | 上升 | 无 | 无 | 无 | 无 | 无 | 无 |
| 当合并行的时候 | | | | 不汇总 | 不汇总 | 不汇总 | 汇总所有行 |

在行中插入对应的数值域后，可以看到表头（即"页眉"）中的每一栏与行中的数值域一一对应，如图 9.22 所示。

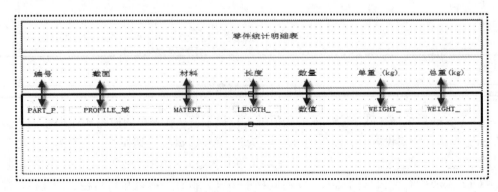

图 9.22　插入数值域

（6）增加页脚。单击工具栏中的"页脚" 按钮，在页面上会出现一个框，如图 9.23 所示（图中①处），这个框就是页脚。单击工具栏中的"文本" **T** 按钮，在弹出的"输入文字"对话框的"文本"栏中输入"合计总重："字样（图中②处），单击"确认"按钮（图中③处）。

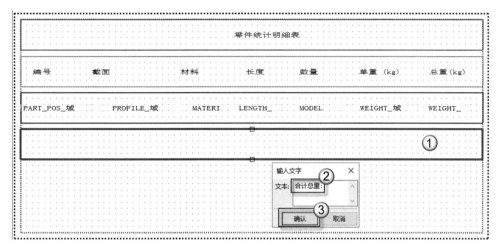

图 9.23 插入页脚

（7）复制数值域名称。如图 9.24 所示，双击行中与总重（kg）对应的数值域占位提示符（图中①处），在弹出的"数值域属性"对话框的"名称"栏中复制"WEIGHT_域_1"文本（图中②处），单击"确认"按钮（图中③处）。复制文本的快捷键是 Ctrl+C，这是 Windows 操作系统中的快捷键。

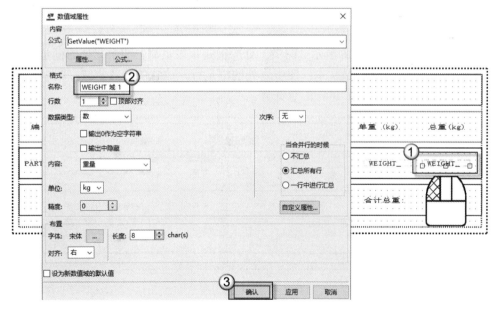

图 9.24 复制文本

📖 注意："WEIGHT_域_1"文本是与"总重（kg）"栏对应的数值域的名称。复制这个文本是为了后面进行汇总计算时的需要。

（8）增加公式。在工具栏中单击"数值域" 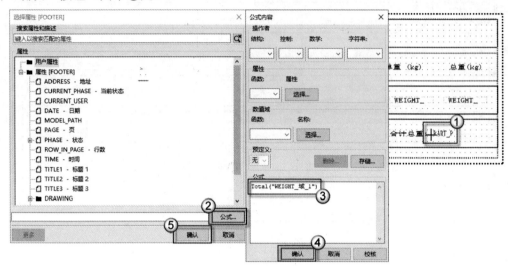 按钮，将数值域占位提示符放置到"页脚"中"合计总重："的右侧，如图 9.25 所示（图中①处），在弹出的"选择属性"对话框中单击"公式"按钮（图中②处），弹出"公式内容"对话框。在"公式"栏中输入"Total("WEIGHT_域_1")"字样（图中③处），单击"确认"按钮（图中④处），再次单击"确认"按钮（图中⑤处）。

图 9.25　输入公式

🔔注意：在"Total("WEIGHT_域_1")"公式中，Total()表示对括号内的内容进行汇总计算。"WEIGHT_域_1"是"总重（kg）"栏对应的数值域的名称，方便前面复制文本。此处只需要使用 Ctrl+V 快捷键粘贴即可。在公式中，数值域名的名称要使用英文双引号。

完成之后的页面如图 9.26 所示。图中①处的框是报表页眉；图中②处的框是页眉，也就是表格中的表头，放置的是文本；图中③处的框是行，放置的是数值域；图中④处的框是页脚，作用是对总重（kg）进行汇总计算。

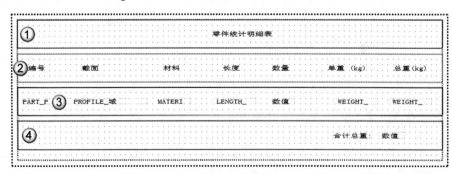

图 9.26　完整的页面

## 9.2.3　对齐命令

如果不将报告对齐，那么报告中每一行之间的行距会非常大，不利于输出。因此在导出报告之前，一定要进行对齐操作。

（1）组件高度的对齐。右击报表页眉的框，如图 9.27 所示（图中①处），在弹出的快捷菜单中选择"对齐"|"组件高度"命令。完成之后，可以看到，报表页眉的框高与文字高度对齐了，如图 9.28 所示（图中箭头所指处）。使用同样的方法，在图 9.29 所示的视图中，将页眉的框高（图中②处）、行的框高（图中③处）、页脚的框高（图中④处）与框内文字的高度对齐。

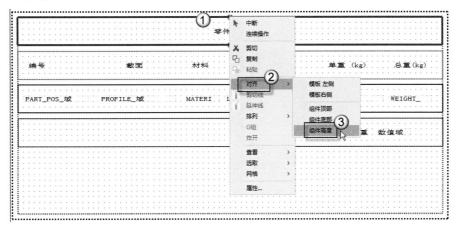

图 9.27　报表页眉组件高度对齐

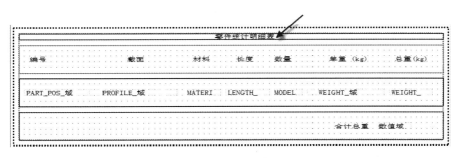

图 9.28　报表页眉对齐的效果

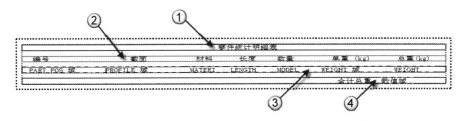

图 9.29　全部组件对齐的效果

（2）模板左右侧对齐。右击页面左侧，如图 9.30 所示（图中①处），在弹出的快捷菜单中选择"对齐"|"模板左侧"命令，可以将模板的左侧对齐。右击页面右侧（图中①处），在弹出的快捷菜单中选择"对齐"|"模板右侧"命令，可以将模板的右侧对齐，如图 9.31 所示。

（3）保存。选择"文件"|"另存为"命令，弹出"另存文件为"对话框，在"文件名"栏中输入"零件统计明细表.xls.rpt"字样，单击 OK 按钮，如图 9.32 所示。

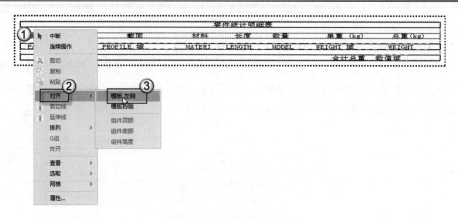

图 9.30　模板左侧对齐

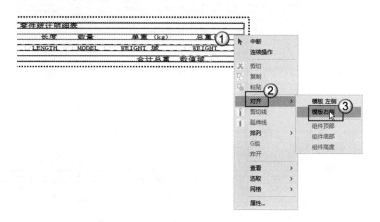

图 9.31　模板右侧对齐

图 9.32　另存为

⌂注意：保存的这个文件名"零件统计明细表.xls.rpt"千万不要写错了。".xls"是指
　　　 Excel 文件的后缀名，".rpt"是指 Tekla 报告模板文件的后缀名。只有用"零
　　　 件统计明细表.xls.rpt"这样的文件名保存方式，在后面才能直接生成 Excel 表
　　　 格类型的报告。

## 9.2.4　使用新模板创建报告

本节介绍使用前面制作的模板生成报告的方法。注意，最后生成的报告一定要选择 Excel 格式，因为 Excel 格式传递、打印、编辑皆更方便一些。

（1）编号设置。选择"图纸和报告"|"编号设置"|"为设置编号"命令，弹出"编号设置"对话框，如图 9.33 所示。在"选项"栏中选择"全部重编号"复选框（图中①处），在"构件编号次序"栏中，依次选择 X 选项（图中②处）、Y 选项（图中③处）、Z 选项（图中④处），单击"确认"按钮（图中⑤处）。

（2）生成报告。按 Ctrl+B 快捷键发出"创建报表"命令，弹出"报告"对话框，如图 9.34 所示。在"报告模板"栏中选择"零件统计明细表.xls"模板（图中①处），这个模板就是前面自定义的报告模板，单击"从全部的…中创建"按钮（图中②处），再单击"显示"按钮（图中③处）。之后将弹出"清单"对话框，其中显示的就是生成的《零件明细统计表》报告，如图 9.35 所示。

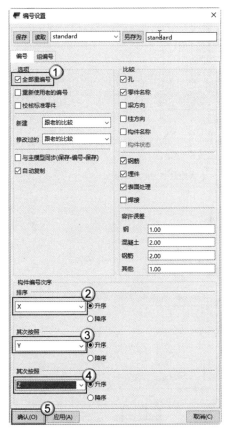

图 9.33　编号设置

图 9.34　报告

（3）打开 Excel 表格。选择"菜单"|"打开模型文件夹"命令，在弹出的模型文件夹中双击 Reports 目录，如图 9.36 所示。Reports 目录就是本项目中所有报告存放的目录。然后双击"零件统计明细表"XLS 文件，如图 9.37 所示。在弹出的 Microsoft Office Excel 对话框中单击"是"按钮，如图 9.38 所示。在打开非 Excel 创建的表格时皆会有这个提示。

可以看到，打开之后的 Excel 表格需要分列，如图 9.39 所示。

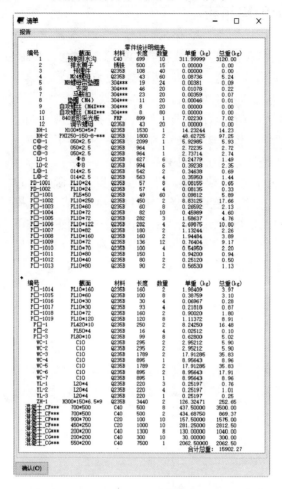

图 9.35　生成报告

图 9.36　模型文件夹　　　　　　　　　　图 9.37　报告文件夹

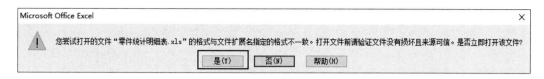

图 9.38　确定打开文件

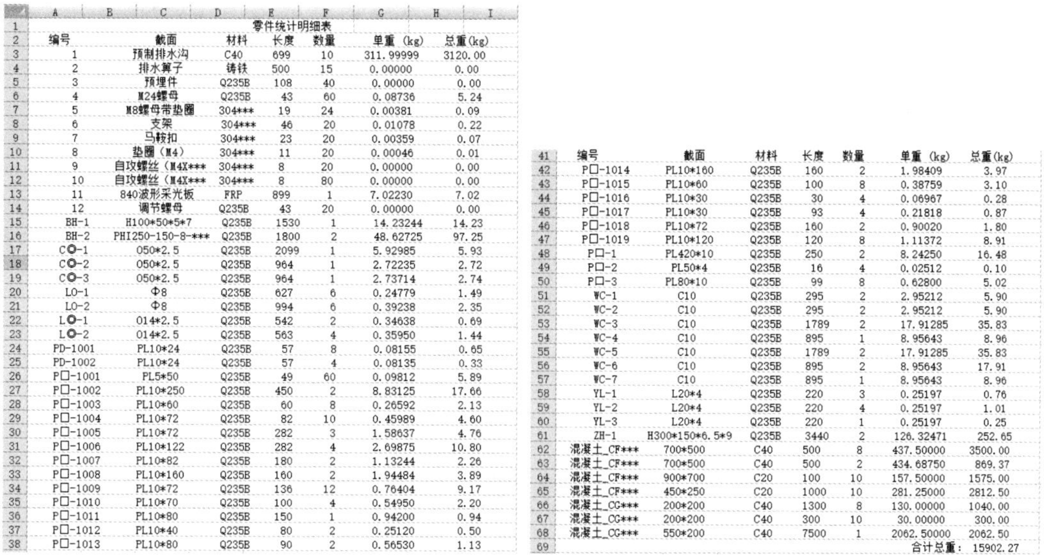

图 9.39　Excel 格式的报告

（4）分列。在 Excel 中选择 A 列，如图 9.40 所示（图中①处），选择"数据"|"分列"命令，在弹出的"文本分列向导-步骤之 1（共 3 步）"对话框中单击"分隔符号"单选按钮（图中②处），单击"下一步"按钮（图中③处）。在弹出的"文本分列向导-步骤之 2（共 3 步）"对话框中选择"空格"复选框（图中④处），单击"下一步"按钮（图中⑤处），在弹出的"文本分列向导-步骤之 3（共 3 步）"对话框中单击"完成"按钮（图中⑥处）。

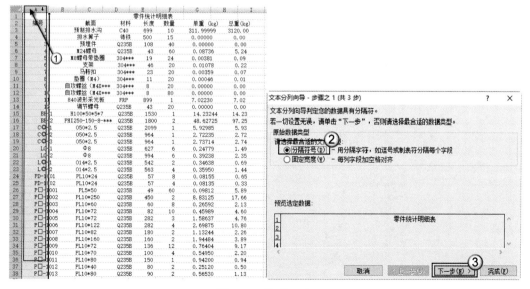

图 9.40　分列（1）

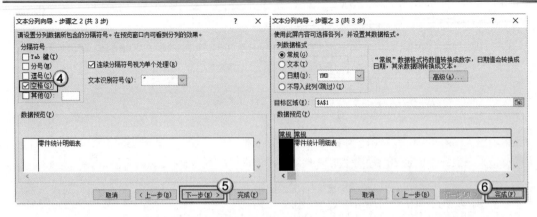

图 9.40　分列（2）

（5）修饰表格。分列之后的表格还需要一些修饰，如合并单元格、删除单元格和移动单元格等操作，最后的表格效果如图 9.41 所示。

| 编号 | 截面 | 材料 | 长度 | 数量 | 单重(kg) | 总重(kg) |
|---|---|---|---|---|---|---|
| | | | 零件统计明细表 | | | |
| 1 | 预制排水沟 | C40 | 699 | 10 | 312 | 3120 |
| 2 | 排水箅子 | 铸铁 | 500 | 15 | 0 | 0 |
| 3 | 预埋件 | Q235B | 108 | 40 | 0 | 0 |
| 4 | M24螺母 | Q235B | 43 | 60 | 0.08736 | 5.24 |
| 5 | M8螺母带垫 | 304*** | 19 | 24 | 0.00381 | 0.09 |
| 6 | 支架 | 304*** | 46 | 20 | 0.01078 | 0.22 |
| 7 | 马鞍扣 | 304*** | 23 | 20 | 0.00359 | 0.07 |
| 8 | 垫圈（M4） | 304*** | 11 | 20 | 0.00046 | 0.01 |
| 9 | 自攻螺丝 | 304*** | 8 | 20 | 0 | 0 |
| 10 | 自攻螺丝 | 304*** | 8 | 80 | 0 | 0 |
| 11 | 840波形采 | FRP | 899 | 1 | 7.0223 | 7.02 |
| 12 | 调节螺母 | Q235B | 43 | 20 | 0 | 0 |
| BH-1 | H100*50*5 | Q235B | 1530 | 1 | 14.23244 | 14.23 |
| BH-2 | PHI250-15 | Q235B | 1800 | 2 | 48.62725 | 97.25 |
| C◎-1 | 050*2.5 | Q235B | 2099 | 1 | 5.92985 | 5.93 |
| C◎-2 | 050*2.5 | Q235B | 964 | 1 | 2.72235 | 2.72 |
| C◎-3 | 050*2.5 | Q235B | 964 | 1 | 2.73714 | 2.74 |
| LO-1 | Φ8 | Q235B | 627 | 6 | 0.24779 | 1.49 |
| LO-2 | Φ8 | Q235B | 994 | 6 | 0.39238 | 2.35 |
| L◎-1 | 014*2.5 | Q235B | 542 | 2 | 0.34638 | 0.69 |
| L◎-2 | 014*2.5 | Q235B | 563 | 4 | 0.3595 | 1.44 |
| PD-1001 | PL10*24 | Q235B | 57 | 8 | 0.08155 | 0.65 |
| PD-1002 | PL10*24 | Q235B | 57 | 4 | 0.08135 | 0.33 |
| P□-1001 | PL5*50 | Q235B | 49 | 60 | 0.09812 | 5.89 |
| P□-1002 | PL10*250 | Q235B | 450 | 2 | 8.83125 | 17.66 |
| P□-1003 | PL10*60 | Q235B | 60 | 2 | 0.26592 | 2.13 |
| P□-1004 | PL10*72 | Q235B | 82 | 10 | 0.45989 | 4.6 |
| P□-1005 | PL10*72 | Q235B | 282 | 3 | 1.58637 | 4.76 |
| P□-1006 | PL10*122 | Q235B | 282 | 4 | 2.69875 | 10.8 |
| P□-1007 | PL10*82 | Q235B | 180 | 2 | 1.13244 | 2.26 |
| P□-1008 | PL10*160 | Q235B | 160 | 2 | 1.94484 | 3.89 |
| P□-1009 | PL10*72 | Q235B | 136 | 12 | 0.76404 | 9.17 |
| P□-1010 | PL10*70 | Q235B | 100 | 4 | 0.5495 | 2.2 |
| P□-1011 | PL10*80 | Q235B | 150 | 1 | 0.942 | 0.94 |
| P□-1012 | PL10*40 | Q235B | 80 | 2 | 0.2512 | 0.5 |
| P□-1013 | PL10*80 | Q235B | 90 | 2 | 0.5653 | 1.13 |
| P□-1014 | PL10*160 | Q235B | 160 | 2 | 1.98409 | 3.97 |
| P□-1015 | PL10*60 | Q235B | 100 | 8 | 0.38759 | 3.1 |
| P□-1016 | PL10*30 | Q235B | 30 | 4 | 0.06967 | 0.28 |
| P□-1017 | PL10*30 | Q235B | 93 | 4 | 0.21818 | 0.87 |
| P□-1018 | PL10*72 | Q235B | 160 | 2 | 0.9002 | 1.8 |
| P□-1019 | PL10*120 | Q235B | 120 | 2 | 1.11372 | 8.91 |
| P□-1 | PL420*10 | Q235B | 250 | 2 | 8.2425 | 16.48 |
| P□-2 | PL50*4 | Q235B | 16 | 4 | 0.02512 | 0.1 |
| P□-3 | PL80*10 | Q235B | 99 | 8 | 0.628 | 5.02 |
| WC-1 | C10 | Q235B | 295 | 2 | 2.95212 | 5.9 |
| WC-2 | C10 | Q235B | 295 | 2 | 2.95212 | 5.9 |
| WC-3 | C10 | Q235B | 1789 | 2 | 17.91285 | 35.83 |
| WC-4 | C10 | Q235B | 895 | 1 | 8.95643 | 8.96 |
| WC-5 | C10 | Q235B | 1789 | 2 | 17.91285 | 35.83 |
| WC-6 | C10 | Q235B | 895 | 2 | 8.95643 | 17.91 |
| WC-7 | C10 | Q235B | 895 | 1 | 8.95643 | 8.96 |
| YL-1 | L20*4 | Q235B | 220 | 3 | 0.25197 | 0.76 |
| YL-2 | L20*4 | Q235B | 220 | 4 | 0.25197 | 1.01 |
| YL-3 | L20*4 | Q235B | 220 | 1 | 0.25197 | 0.25 |
| ZH-1 | H300*150* | Q235B | 3440 | 2 | 126.3247 | 252.65 |
| | | | | | 合计总重: | 15902.27 |

图 9.41　修饰后的 Excel 报告

# 第 10 章　出　　图

出图是建筑信息化模型（BIM）类软件中一项必不可少的功能，如 Autodesk 公司的 Revit 软件、Graphisoft 公司的 ArchiCAD 软件皆可以生成图纸。

Tekla 的出图功能非常强大，可以分门别类地出图，如出零件图、构件图、多件图和现场装配图等，还可以对图纸进行自动标注、标记和增加符号等操作。Tekla 对图纸的修改分为三个层级：图级层级、视图层级和对象层级。每个层级中的修改权限各不相同，在本章中都会详细介绍。此外，还可以在图纸界面中再生成新的图纸，如大样图、剖面图等。

限于篇幅，出图的相关知识只能介绍大体框架，读者可以在学习完本章所讲内容后再深入研究相关知识。

## 10.1　图　纸　列　表

图纸列表也叫文档管理器，其中，设计师可以管理图纸文件、打开所需要的图纸、修改或编辑图纸、设置图纸属性。

在钢结构设计中，由于零件的种量很多，图纸数量也会很多。在这种情况下，文档管理器的作用就体现出来了，通过文档管理器可以很方便地管理这些图纸。

### 10.1.1　文档管理器

启动文档管理器的快捷键有两个：Ctrl+L 是在模型界面启动文档管理器，Ctrl+O 是在图纸界面启动文档管理器。

#### 1. 图纸界面

在 Tekla 中，操作界面主要有两个：模型界面与图纸界面。在本章之前介绍的全部是模型界面，从本章开始讲解图纸界面。打开了一张或多张图纸，Tekla 将会自动进入图纸界面。关闭所有图纸界面之后，Tekla 将返回模型界面。

Tekla 的图纸界面也采用 Ribbon 布局，如图 10.1 所示，其特点是只有 4 个选项卡（图中①～④处），绘图操作区域只显示图纸而不显示模型（图中⑤处），侧窗格区只有 4 个按钮（图中⑥～⑨处）。图中①～⑨的具体布局说明，详见表 10.1 所示。

⚟注意：读者在学习这一章时，一定要分清模型界面与图纸界面。这是两个相对独立的界面，连快捷键都是相对独立的。有些快捷键只能在模型界面中使用，有些快捷键只能在图纸界面中使用，还有些快捷键在两个界面中都可以使用。

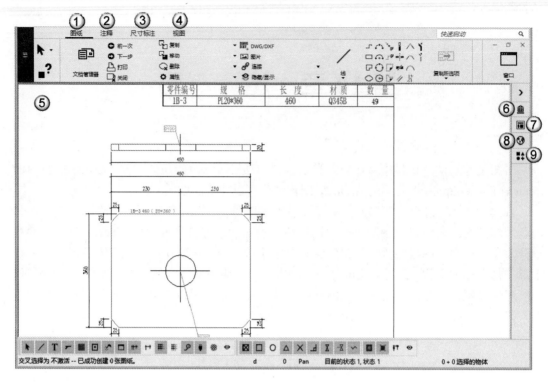

图 10.1  图纸编辑模式

表 10.1  图纸界面

| 序  号 | 区  域 | 选  项 | 图  标 |
|---|---|---|---|
| 1 | 选项卡 | 图纸 | |
| 2 | | 注释 | |
| 3 | | 尺寸标注 | |
| 4 | | 视图 | |
| 5 | 绘图操作区域 | | |
| 6 | 侧窗格 | 2D图库 | 🏛 |
| 7 | | 图纸内容管理器 | 🖽 |
| 8 | | Tekla Online | 🌐 |
| 9 | | 应用程序和组件 | ⁛ |

### 2. 文档管理器

在模型界面中启动文档管理器是按 Ctrl+L 快捷键，而在图纸界面中启动文档管理器是按 Ctrl+O 快捷键。文档管理器启动之后，其界面如图 10.2 所示，图中 13 个选项的具体说明详见表 10.2 所示。

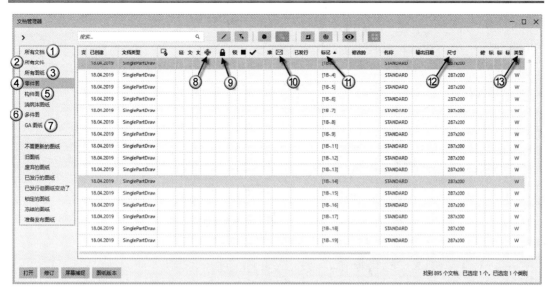

图 10.2  文档管理器

表 10.2  文档管理器功能说明

| 编　号 | 选　　项 | 图　标 | 说　　明 |
|---|---|---|---|
| 1 | 所有文档 | | |
| 2 | 所有文件 | | 详见图10.3所示 |
| 3 | 所有图纸 | | |
| 4 | 零件图 | | 一张图纸中只有一个零件 |
| 5 | 构件图 | | 一张图纸中只有一个构件，也可以显示这个构件下的多个零件 |
| 6 | 多件图 | | 一张图纸中可以设置多个类型的对象，如零件多图、构件多图 |
| 7 | GA图纸 | | 现场装配图纸，也可以设置多件图 |
| 8 | 冻结 | ❄ | 用于在模型视图上停止图纸对象的智能关联性，阻止其更新。例如，会更新零件，但不更新尺寸、关联注释、文本、标记、视图、附加图纸对象 |
| 9 | 锁定 | 🔒 | 图纸锁定后不会被意外修改。锁定功能可防止图纸被打开、更新、复制、删除或修改（即使模型发生更改） |
| 10 | 发行 | ✉ | 当模型更改时不会更新已发行的图纸 |
| 11 | 标记 | | 零件、构件的编号 |
| 12 | 尺寸 | | 图纸的尺寸；297×210（A4）、420×297（A3）、594×420（A2）等 |
| 13 | 类型 | | W表示零件图，A表示构件图，M表示多件图，G表示GA图（现场装配图） |

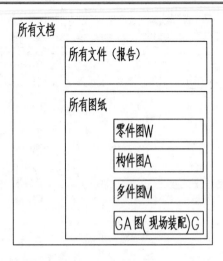

图 10.3　文档、文件和图纸的关系

## 10.1.2　修改图纸的三个层级

Tekla 在修改图纸方面设计得比较合理，用了三个层级：图纸层级、视图层级和对象层级。每个层级进入的方法不一样，并且每个层级的功能也不一样，具体操作如下：

（1）图纸层级。如图 10.4 所示，双击图纸空白处（图中①处），将弹出对应的图纸属性对话框。由于此处是零件图，弹出的是"零件图属性"对话框（图中②处）。在这里修改的参数针对的是整个图纸。

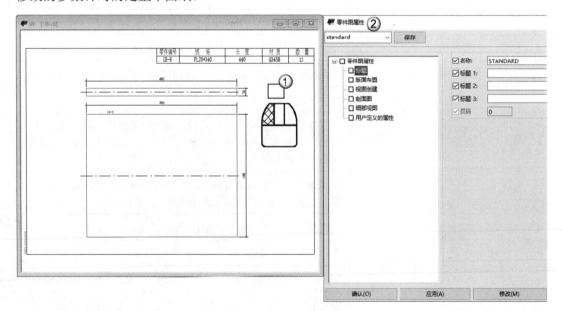

图 10.4　图纸层级

（2）视图层级。如图 10.5 所示，双击图纸中的视图框（图中①处），将弹出 "视图属性"对话框（图中②处）。这里修改的参数针对的是这个视图框内的所有选项。

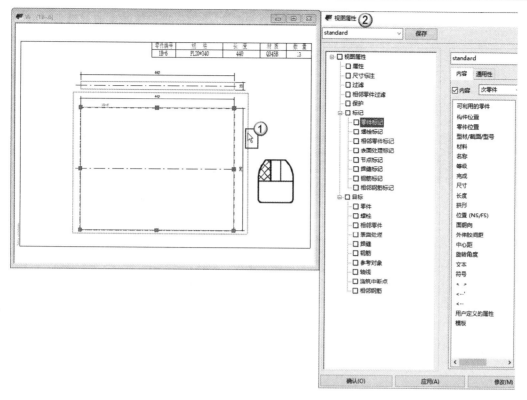

图 10.5　视图层级

（3）对象层级。如图 10.6 所示，双击图纸中的板对象（图中①处），将弹出对应的对象属性对话框。由于此处是板对象（即一个零件），弹出的是"图形零件属性"对话框（图中②处）。在这里修改的参数针对的是所选的这块板。

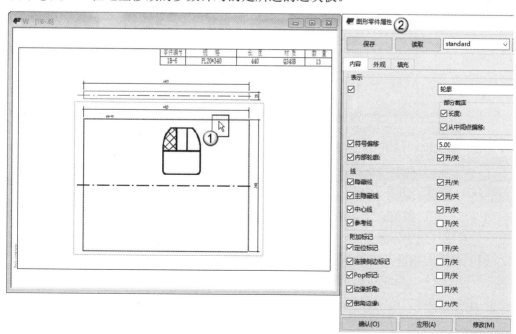

图 10.6　对象层级

注意：在修改了相应层级的参数之后，要先单击"修改"按钮，再单击"确认"按钮关闭属性对话框。

# 10.2 零 件 图

零件图是 Tekla 出图中最基本的图纸。下料、生产、搬运、装配等，皆需要零件图。读者在学习本节内容时，不仅要学习如何生成图纸、如何调整图纸，还要学会如何管理图纸。

## 10.2.1 生成一张零件图

本节介绍在模型界面如何针对某一个零件生成这个零件的零件图。具体操作如下：

（1）创建零件图。在图 10.7 所示的模型界面下，右击板 20（图中①处），其具体位置可参看附录中的图纸，在弹出的快捷菜单中选择"创建图纸"|"零件图纸"命令。在状态栏可以看到"图纸创建完成——已成功创建 1 张图纸"的提示。

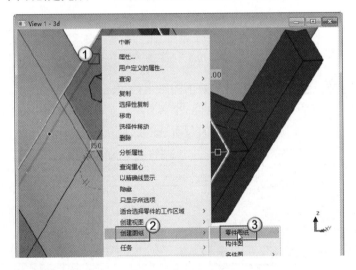

图 10.7　零件图纸

（2）文档管理器。按 Ctrl+L 快捷键发出"打开文档管理器（图纸列表）"命令，在弹出的图 10.8 所示的"文档管理器"对话框中选择"所有图纸"选项（图中①处），可以看到出现了一张图纸信息（图中②处），其默认名称为 STANDARD（图中③处），单击"打开"按钮（图中④处）。

（3）图纸的布局。如图 10.9 所示，观察打开的图纸，可以看到其是由 4 个部分组成：图形（图中①处）、零件列表（图中②处）、零件归属（图中③处）和标题栏（图中④处）。这样的图纸布局是由图纸模板决定的，双击图纸空白处准备修改图纸名称。

（4）修改图纸名称。在弹出的图 10.10 所示的"零件图属性"对话框中，在"名称"栏中输入"板 20（连接板）"字样（图中①处），单击"修改"按钮（图中②处），单击

"确认"按钮（图中③处）。可以看到，在"文档管理器"对话框中，图纸的名称已经更改为"板 20（连接板）"，如图 10.11 所示。修改图纸名称是在图纸层级中操作的。

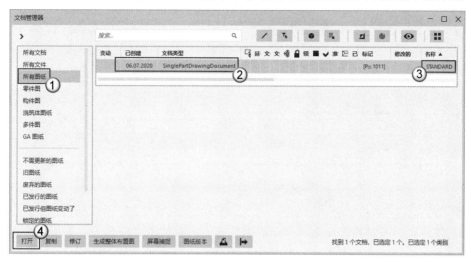

图 10.8　文档管理器中的图纸列表

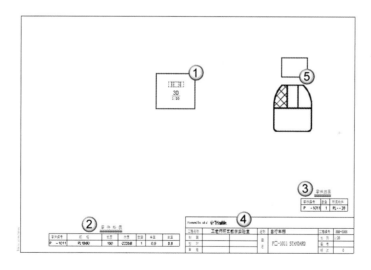

图 10.9　生成的图纸

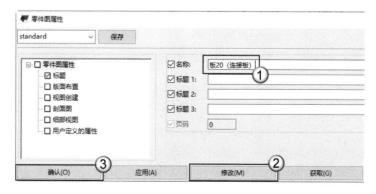

图 10.10　名称

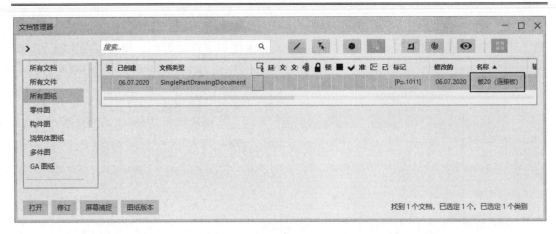

图 10.11　在图纸列表中的名称

注意：修改图纸名称是生成图纸之后对图纸文件进行的第一步操作。这是因为在"文档管理器"的图纸列表中，新建图纸的默认名称皆是 STANDARD，如果未命名图纸，将出现如图 10.12 所示的情况。这时在列表中查找图纸操作将无法进行。

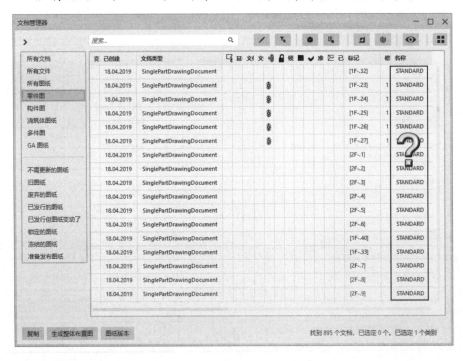

图 10.12　未对图纸进行命名操作

## 10.2.2　设置图纸属性

在生成了第一张零件图之后，需要针对这张零件图设置图纸属性，然后设置相应的模板。后面生成的零件图就可以直接调用模板了。注意本节中，前两步的操作是在图纸层级中进行的，而后面的操作是在视图层级中进行的。具体操作如下：

（1）设置图纸尺寸。在文档管理器中，选择刚生成的零件图，按 Alt+Enter 快捷键发出"属性"命令，弹出"零件图属性"对话框，如图 10.13 所示。选择"版面布局"选项（图中①处），选择"图纸尺寸"选项卡（图中②处），单击"编辑"按钮（图中③处），如图 10.13 所示，侧窗格将弹出"布局编辑器"面板，如图 10.14 所示。单击 ✎ 按钮（图中①处），在弹出的"图纸尺寸设置"对话框中单击 ⊹ 按钮（图中②处），新建一个 A4 的图纸尺寸（图中③处），单击"确认"按钮（图中④处）。在图 10.15 所示的"布局编辑器"面板中，单击"关闭布局编辑器"按钮（图中①处），在弹出的"图纸布置已更改"对话框中单击"保存"按钮（图中②处），在弹出的"保存设置"对话框中单击"保存"按钮，如图 10.16 所示。

图 10.13　零件图属性

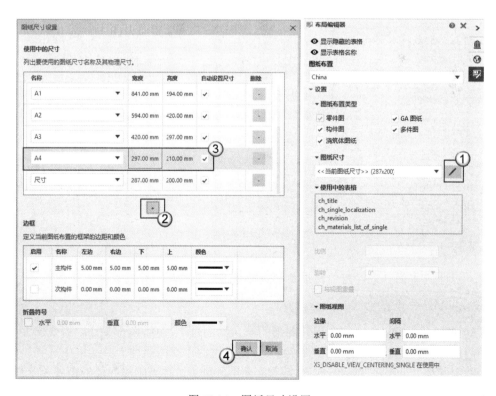

图 10.14　图纸尺寸设置

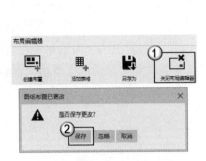

图 10.15　图纸布置已经更改

图 10.16　保存布置

注意：这里新增了一个 A4 图幅的图纸，A4 的尺寸为 297mm×210mm。在零件图中，最常用的就是 A4 图幅，原因是 A4 幅面的黑白打印机价格比较便宜。

（2）应用图纸尺寸。如图 10.17 所示，在"图纸尺寸"栏中选择 A4（297×210）选项（图中①处），在模板栏中输入"零件图"字样（图中②处），单击"保存"按钮（图中③处），单击"修改"按钮（图中④处），再单击"确认"按钮（图中⑤处）。

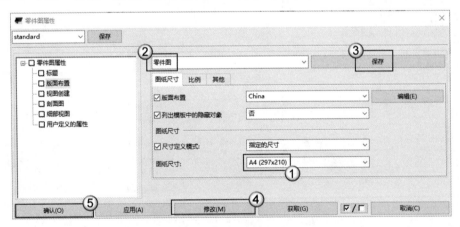

图 10.17　应用图纸尺寸

注意：这里设置的"零件图"模板是"版面布置"的模板，修改层级属于图纸层级，这个模板后面会调用。

（3）调整比例。图纸中这个零件图形的默认比例是 1∶20，图形太小，需要加大比例。如图 10.18 所示，双击视图框（图中①处），在弹出的"视图属性"对话框中选择"属性"选项（图中②处），选择"属性 1"选项卡（图中③处），在"比例"栏中输入 5 字样（图中④处），即 1/5（1∶5），单击"修改"按钮（图中⑤处），单击"确认"按钮（图中⑥处）。

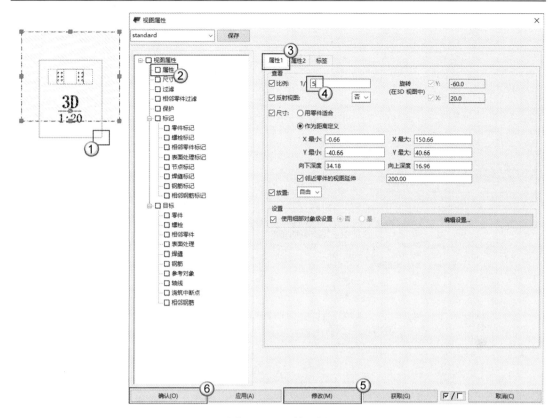

图 10.18　调整比例

💭注意：1∶20（就是 1/20）的比例比 1∶5（就是 1/5）要小。比例小，图形就相应小一些。加大了比例，图形就会相应变大。图形大的情况下，观看图纸会清晰一些。

（4）设置图名标记样式。在图 10.19 所示的"属性面板"中选择"属性"选项（图中①处），选择"标签"选项卡（图中②处），单击 A1 栏处的 ⋯ 按钮（图中③处），弹出"标记内容"对话框。在"内容"栏中选择"视图名称"选项（图中④处），单击"添加"按钮（图中⑤处），将其添加至"标记中的零件"栏，选择 3D 选项（图中⑥处），单击"删除"按钮（图中⑦处），将其从"标记中的零件"栏中删除，单击"修改"按钮（图中⑧处），单击"确认"按钮（图中⑨处），再次单击"修改"按钮（图中⑩处）完成设置。

💭注意：在"标记中的零件"栏中默认是 3D 选项，即图名就是标记 3D。这一步的操作之后，在"标记中的零件"栏只有"视图名称"栏了，那么图名就是视图名称了。

（5）设置零件标记名称。如图 10.20 所示，选择"零件标记"选项（图中①处），选择"内容"选项卡（图中②处），在"内容"栏中切换至"主零件"选项（图中③处），选择"名称"选项（图中④处），单击"添加"按钮（图中⑤处），将其添加至"标记中的零件"栏。选择"零件位置"和"型材/截面/型号"两个选项（图中⑥处），单击"删除"按钮（图中⑦处），将其从"标记中的零件"栏中删除，单击"修改"按钮（图中⑧处）完成设置。

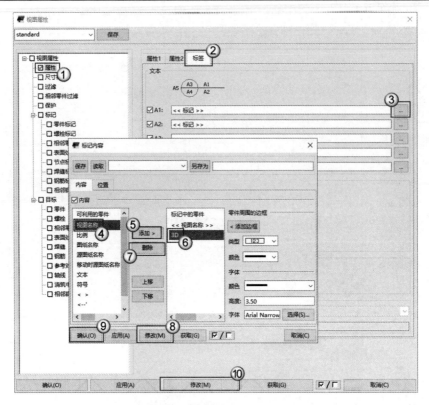

图 10.19　设置图名标记样式

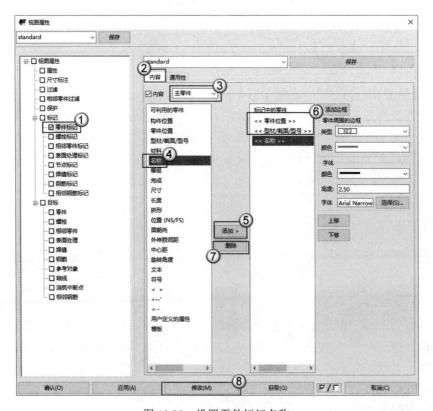

图 10.20　设置零件标记名称

（6）设置零件标记样式。如图 10.21 所示，选择"零件标记"选项（图中①处），选择"通用性"选项卡（图中②处），在"在视图中可见"栏中切换至"总是"选项（图中③处），在"箭头"栏中切换至→选项（图中④处），在"对隐藏零件使用虚线"栏中切换至"是"选项（图中⑤处），单击"修改"按钮（图中⑥处）完成设置。

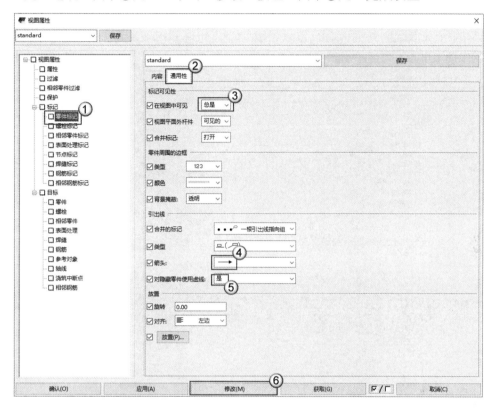

图 10.21　设置零件标记样式

注意：用虚线标记隐藏的对象，这样与显示的对象就有一个直观的对比（显示的对象是用实线表示的）。因此需要在"对隐藏零件使用虚线"栏中选择"是"选项。

（7）设置螺栓标记样式。如图 10.22 所示，选择"螺栓标记"选项（图中①处），选择"通用性"选项卡（图中②处），在"在视图中可见"栏中切换至"分布式"选项（图中③处），在"在主零件内"栏中切换至"可见的"选项（图中④处），单击"修改"按钮（图中⑤处）完成设置。

注意：在"在视图中可见"栏中有两个选项：分布式和总是。"分布式"选项的意思是在图纸中一个位置显示了标记，在其他位置就不显示了。"总是"选项的意思是，在图纸的任何位置皆要显示标记。

（8）保存模板文件。如图 10.23 所示，选择"螺栓"选项（图中①处），在"实体/符号"栏中切换至"符号 2"选项（图中②处），用符号表示螺栓简洁一些（如果用实体表示则显得比较凌乱），单击"修改"按钮（图中③处），在模板栏中输入"零件图"字样（图中④处），单击"保存"按钮（图中⑤处），单击"确认"按钮（图中⑥处）。

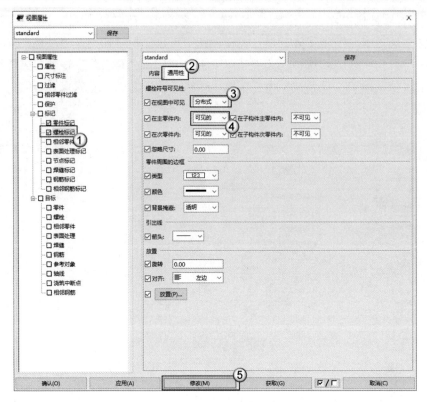

图 10.22　设置螺栓标记样式

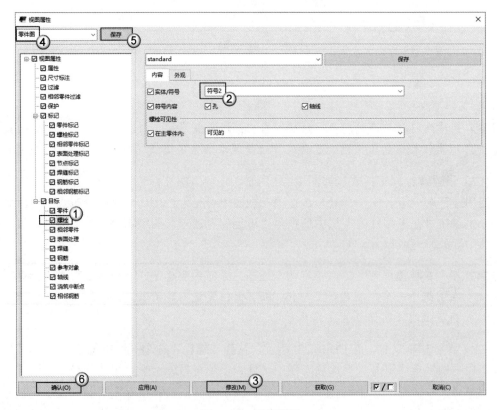

图 10.23　保存模板

注意：这一步中保存的"零件图"模板是视图层级的模板（第（2）步中的模板属于图纸层级，要注意区别），这个模型在后面会调用。

## 10.2.3　创建零件多件图

零件多件图是指在一张图纸上容纳多张零件图。零件图的图形比较小，如果一张 A4 图纸只放一幅零件图则有些浪费，因此会在一张 A4 图纸上放置多幅零件图，具体操作如下：

（1）增加板 21 零件图。在模型界面中右击板 21 零件，在弹出的快捷菜单中选择"创建图纸"|"零件图纸"命令，如在状态栏出现"图纸创建完成——已成功创建 1 张图纸"的提示，则说明图纸创建成功。板 21 的具体位置可参见附录中的图纸。

（2）板 21 零件图命名。在模型界面中按 Ctrl+L 快捷键，在弹出的图 10.24 所示的"文档管理器"中选择刚生成的零件图（图中①处），按 Alt+Enter 快捷键发出"属性"命令，弹出"零件图属性"对话框。选择"标题"选项（图中②处），在"名称"栏中输入"板 21（连接板）"字样（图中③处），单击"修改"按钮（图中④处）。

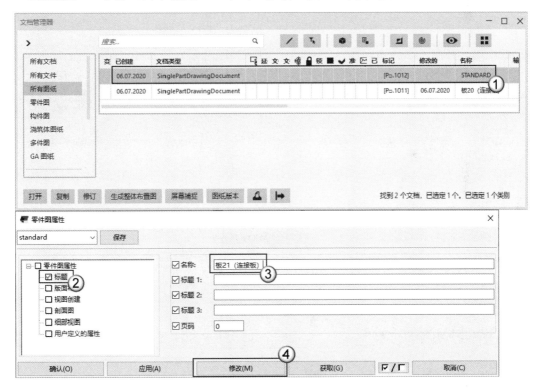

图 10.24　命名零件图

（3）调用版面布置模板。如图 10.25 所示，选择"版面布置"选项（图中①处），在模板栏中选择"零件图"模板（图中②处），单击"修改"按钮（图中③处），再单击"确认"按钮（图中④处）。

（4）生成零件多件图。使用同样的方法生成"板 19（连接板）"零件图。在模型界面中按 Ctrl+:快捷键，在弹出的图 10.26 所示的"文档管理器"对话框中，按住 Ctrl 键不放，

依次选择"板 19（连接板）""板 20（连接板）""板 21（连接板）"3 个零件图（图中①处），然后右击这 3 个零件图（图中②处），在弹出的快捷菜单中选择"生成多件图纸"|"所选图纸"命令。

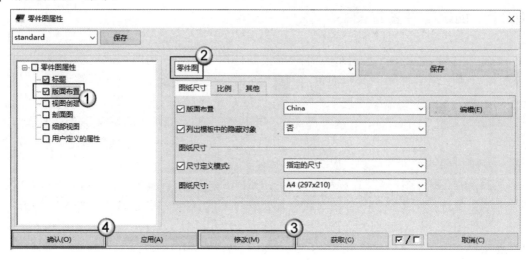

图 10.25　调用版面布置模板

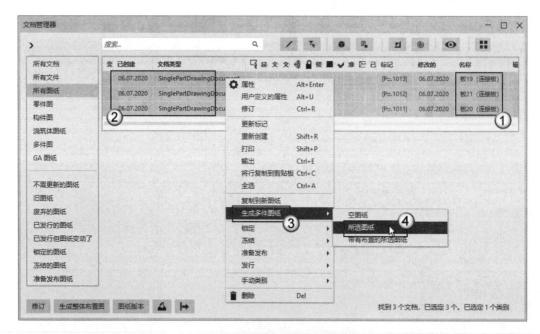

图 10.26　生成零件多件图

（5）命名零件多件图。在图 10.27 所示的"文档管理器"对话框中选择"多件图"选项（图中①处），选择刚生成的多件图（图中②处），按 Alt+Enter 快捷键发出"属性"命令，弹出"多件图属性"对话框。在"名称"栏中输入"板 19/20/21 多件图"字样（图中③处），单击"修改"按钮（图中④处），单击"确认"按钮（图中⑤处）。此时可以在图纸界面中看到生成的零件多件图，如图 10.28 所示。

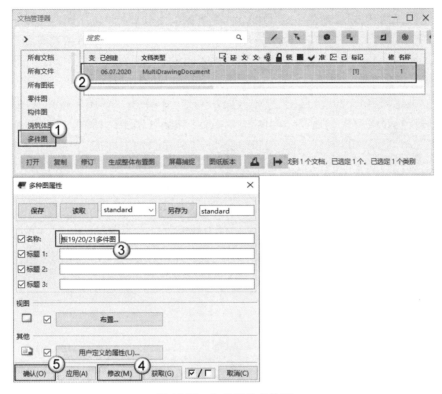

图 10.27 命名零件多件图

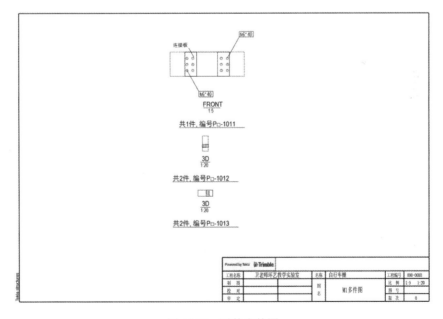

图 10.28 零件多件图

## 10.2.4 设置零件多件图版式

本节的第（1）步操作是在图纸层级中进行的，第（2）步操作是在视图层级中操作的。

零件多件图版式的具体设置如下：

（1）应用版式。在图 10.29 所示的"多件图属性"对话框中，单击"布置"按钮（图中①处），弹出"多件图-视图布置属性"对话框，在"版面布置"栏中切换至 China 选项（图中②处），在"尺寸定义模式"栏中切换至"指定的尺寸"选项（图中③处），在"图纸尺寸"栏中选择 A4（297×210）选项（图中④处），单击"修改"按钮（图中⑤处），单击"确认"按钮（图中⑥处）。再单击"修改"按钮（图中⑦处），单击"确认"按钮（图中⑧处）。之后可以看到在图 10.30 所示的零件多件图中增加了"零件料表"（图中①处）和"零件归属"（图中②处）两栏内容。

图 10.29　应用版式

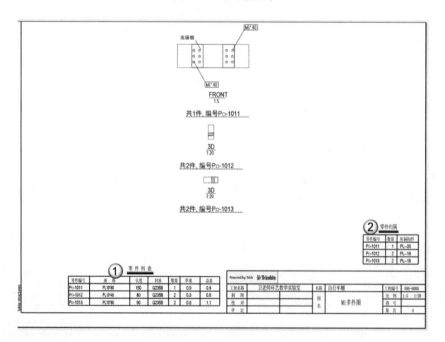

图 10.30　零件多件图

（2）应用模板。双击一个零件的视图框，在弹出的图 10.31 所示的"视图属性"对话框中，选择"零件图"样板（图中①处），单击"修改"按钮（图中②处），单击"确认"按钮（图中③处）。这里是在视图层级下的调用模板。对剩下的另两个零件视图也采用这种方式进行操作，完成之后的零件多件图如图 10.32 所示。

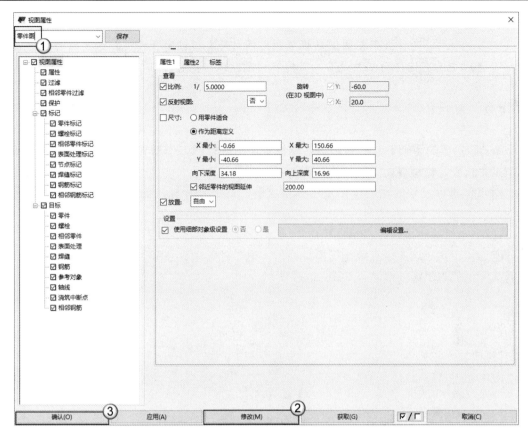

图 10.32　全部组件对齐效果

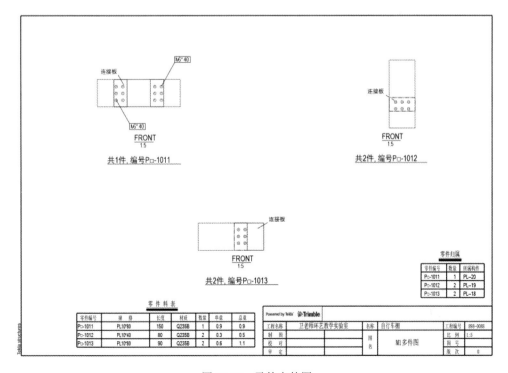

图 10.32　零件多件图

⌒注意：这张零件多件图是由三幅零件图组成的。这里使用了三次在视图层级中调用模板的操作。为什么不在图纸层级中采用调用一次模板的操作呢？这是因为在图纸层级中没有这样的相关设置，只能在视图层级中操作。

### 10.2.5　标注

Tekla 输出的图纸上的标注都是在图纸界面中进行的。模型界面上的标注是为了观察模型是否正确。模型界面上的标注是无法导入图纸的。

对零件进行尺寸标注的操作是不分层级的。修改尺寸标注的样式是在对象层级中进行的。

（1）水平标注。选择"尺寸标注"|"水平标注"命令，依次单击图 10.33 中①、②、③、④这 4 个点（这 4 个点就是需要标注的 4 个零件的边界点）。单击鼠标中键，会出现如箭头所示的水平连续标注，如图 10.34 所示。

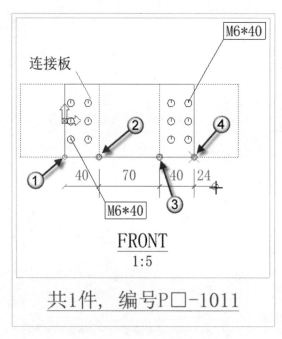

图 10.33　水平标注捕捉点

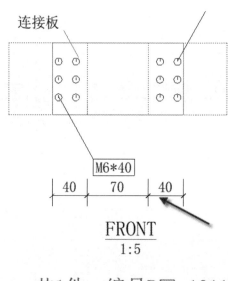

图 10.34　水平标注

（2）垂直标注。选择"尺寸标注"|"垂直标注"命令，依次单击图 10.35 中①和②两个点（这两个点就是需要标注的两个零件的边界点）。单击鼠标中键，会出现如箭头所示的垂直标注，如图 10.36 所示。

⌒注意：在尺寸标注时也可以使用快捷键。快捷键 G 对应的命令是"添加直角尺寸"，就是前面介绍的"水平标注"与"垂直标注"的合成命令。快捷键 F 对应的命令是"添加自由尺寸"，这个命令可以进行任意角度的标注。

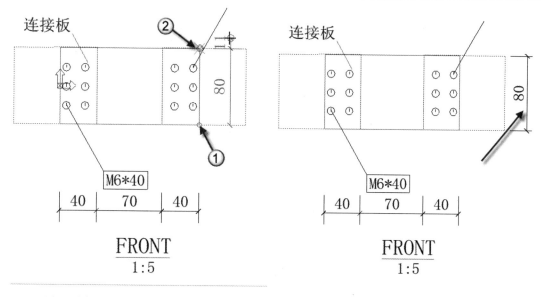

图 10.35　垂直标注捕捉点　　　　　　　　　　图 10.36　垂直标注

（3）组合相同尺寸。选择"尺寸标注"|"垂直标注"命令，对螺栓组进行标注，会发现标注中有 2@20=40 的字样，如图 10.37 所示。双击这组尺寸标注，弹出"尺寸属性"对话框，如图 10.38 所示。在"组合相同尺寸"栏中切换至"关闭"选项（图中①处），单击"修改"按钮（图中②处），单击"确认"按钮（图中③处）。可以看到，标注中的数字变为了两个 20，如图 10.39 所示（图中①、②处）。

注意：这一步是双击尺寸标注，是进入对象层级进行操作，因此修改的结果只影响这个尺寸标注。

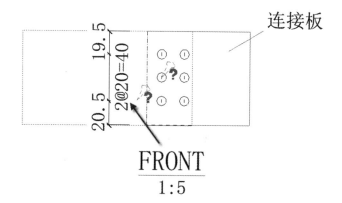

图 10.37　相同尺寸

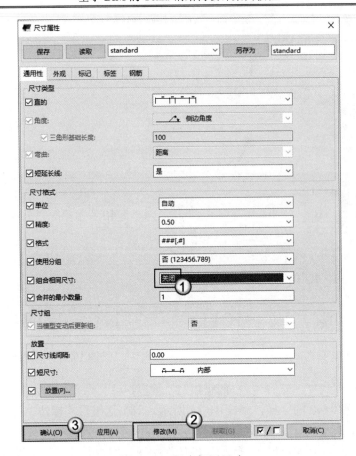

图 10.38　组合相同尺寸

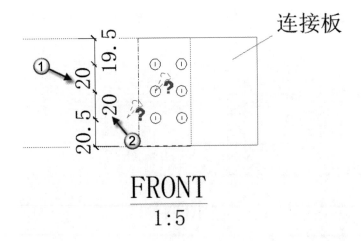

图 10.39　关闭组合相同尺寸

# 10.3　构　件　图

在 Tekla 中，形成了构件的对象可以生成相应的构件图。构件图中同样也可以包括零件图，当然，零件图中的零件是依附在构件之中的。

构件图中大多会包括零件图，因此构件图一般不做成多件图。如果实在需要制作构件多件图，方法与前面讲的零件多件图制作基本一致，此处不再赘述。

## 10.3.1　生成构件图

生成构件图的方法与生成零件图的方法类似。要注意生成构件图之后，也要及时对图纸命名，这样方便管理图纸。本节第（2）～（4）步的操作是在图纸层级中进行的，后面步骤的操作是在视图层级进行的。

（1）创建构件图。在模型界面右击 GZ1，在弹出的快捷菜单中选择"创建图纸"|"构件图"命令，如图 10.40 所示。

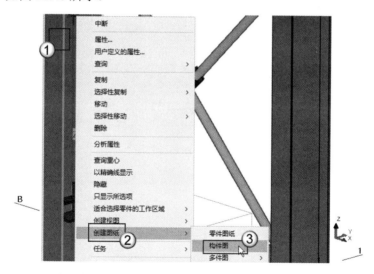

图 10.40　创建构件图

（2）命名构件图。在模型界面，按 Ctrl+L 快捷键，弹出"文档管理器"对话框，如图 10.41 所示。选择"构件图"选项（图中①处），选择刚生成的构件图（图中②处），按 Alt+Enter 键发出"属性"命令，弹出"构件图属性"对话框，选择"标题"选项（图中③处），在"名称"栏中输入"GZ1 构件图"字样（图中④处），单击"修改"按钮（图中⑤处），单击"确认"按钮（图中⑥处）。

（3）在构件图中显示零件图。如图 10.42 所示，选择"版面布置"选项（图中①处），选择"其他"选项卡（图中②处），在"包括零件"栏中切换至"是"选项（图中③处），单击"修改"按钮（图中④处）。这步操作可以在构件图中显示相应的零件图。

（4）关闭其他视图。如图 10.43 所示，选择"视图创建"选项（图中①处），将"顶面视图"栏切换至"关闭"选项（图中②处），将"剖面图"栏切换至"关闭"选项（图中③处），单击"修改"按钮（图中④处），单击"确认"按钮（图中⑤处），如图 10.43所示。这步操作将在图纸中只保留"前视图"。在构件图中图形的其他尺寸，会在零件图或现场装配图中显示，因此此处不需要显示过多视图。

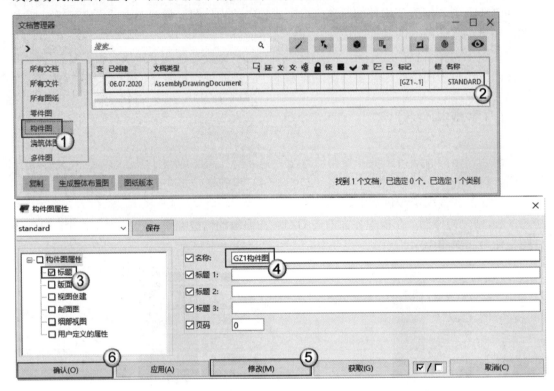

图 10.41　命名构件图

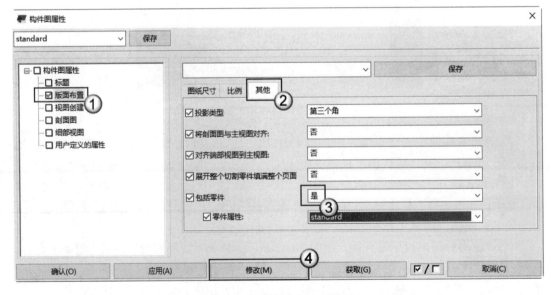

图 10.42　在构件图中显示零件图

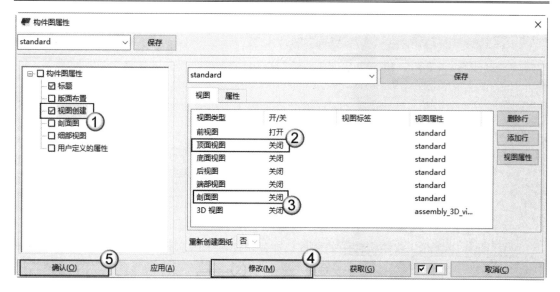

图 10.43　关闭其他视图

（5）放置视图。生成的构件图由两部分图形组成：构件图（图中①处）和零件图（图中②处），如图 10.44 所示。考虑构图的因素，需要将构件图旋转 90°。如图 10.45 所示，右击构件图图框（图中①处），在弹出的快捷菜单中选择"旋转视图"命令（图中②处），弹出"旋转视图"对话框，在"角度"栏中输入 90（图中③处），单击"旋转"按钮（图中④处）。

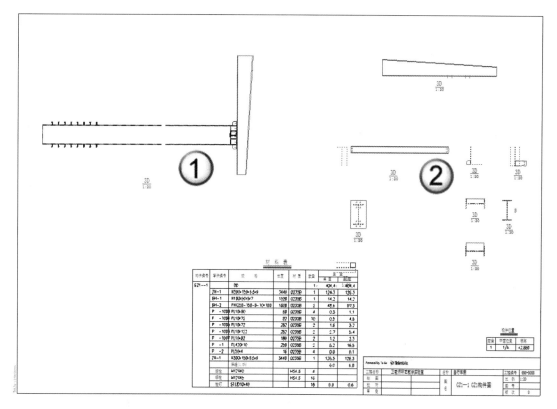

图 10.44　构件图的组成

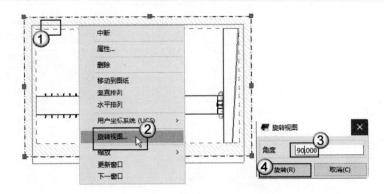

图 10.45　旋转构件图

（6）显示中心线。双击构件图的图框，在弹出的图 10.46 所示的"视图属性"对话框中选择"零件"选项（图中①处），勾选"梁"与"主零件"对应的复选框（图中②处），此处的"梁"指"梁""柱"两类线性零件，单击"修改"按钮（图中③处），单击"确认"按钮（图中④处）。可以看到，构件图中钢柱（图中①处）和钢梁（图中②处）皆出现了中心线，如图 10.47 所示。有了中心线之后，标注和标记等操作就方便了。

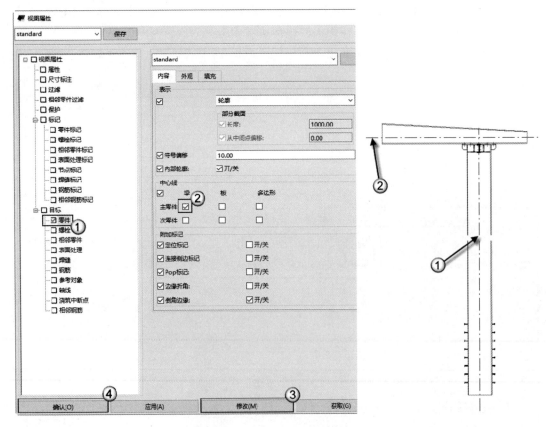

图 10.46　视图属性　　　　　　　　　　　　图 10.47　主零件中心线

（7）切割零件。如图 10.48 所示，选择"属性"选项（图中①处），选择"属性 2"选项卡（图中②处），在"最小切割零件长度"栏中输入 500 个单位（图中③处），在"切割零件间的间隔"栏中输入 10 个单位（图中④处），单击"修改"按钮（图中⑤处），再单击"确认"按钮（图中⑥处）。可以看到，在图 10.49 所示的构件图中钢柱的尺寸变短了（图中③处），间隔变长了（图中④处）。

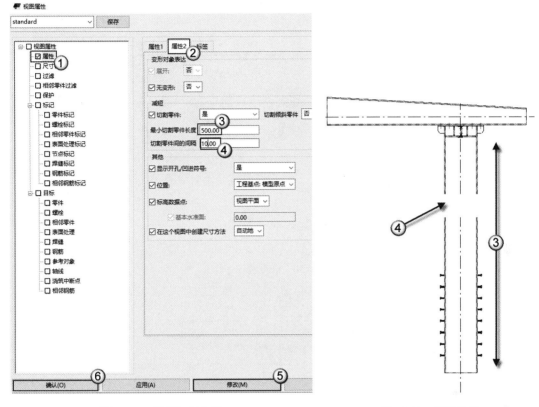

图 10.48　设置切割参数　　　　　图 10.49　切割效果

💬注意：类似钢柱这样比较长的零件，在图纸中没有必要按照实际尺寸比例来绘制。一般会对图形进行切割操作，绘制大致的形状就可以了。这一步的设置就是调整图形切换的参数，两个图（图 10.48 与图 10.49）中，③与④是对应的，即图 10.48 中③的数值对应图 10.49 中③图形，图 10.48 中④的数值对应图 10.49 中④图形。

## 10.3.2　在图纸中生成大样图

Tekla 的出图功能非常强大，甚至可以在图纸中生成新的图纸。本节将介绍两个出图命令。

### 1．细部视图

（1）发出命令。选择"视图"|"细部视图"命令，在图 10.50 所示的图纸中依次单击①、②、③、④这 4 个点，如图 10.50 所示。其中①～④点的功能说明见表 10.3 所示。完成之后，图中①处为细部视图标记，图中②处为细部视图，如图 10.51 所示。

表 10.3  4 个点的功能说明

| 点 编 号 | 功 能 | 备 注 |
|---|---|---|
| 1 | 确定标记圆的圆心 | |
| 1→2 | 确定标记圆的半径 | |
| 3 | 标记文字的起点 | |
| 4 | 细部视图的位置 | 应选择空白处，与其他图形不产生交织 |

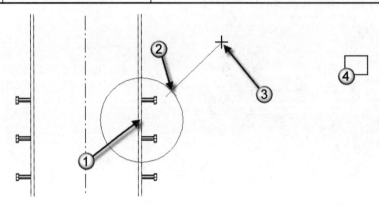

图 10.50  细部视图命令

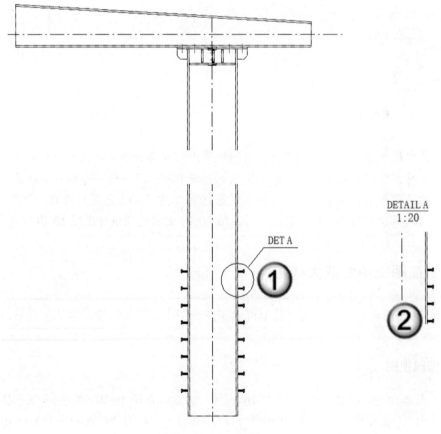

图 10.51  细部视图

（2）调整细部视图的比例。双击细部视图的图框，弹出"视图属性"对话框，如图 10.52 所示。选择"属性"选项（图中①处），在"比例"栏中输入 10（图中②处），即比例为 1/10（也就是 1:10），单击"修改"按钮（图中③处），再单击"确认"按钮（图中④处）。之后可以看到细部视图的比例改为 1:10，并且图形变大了，如图 10.53 所示。这是一步视图层级的操作。

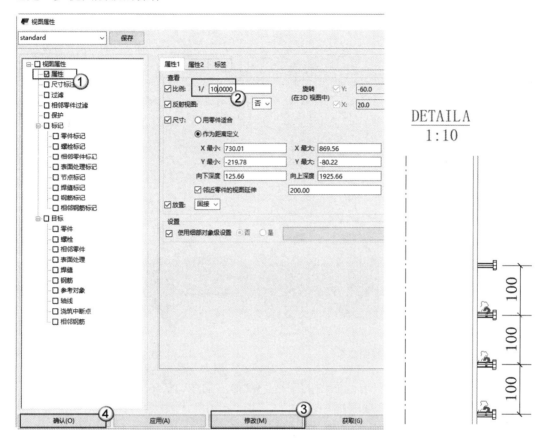

图 10.52　更改比例　　　　　　　　图 10.53　比例变大的细部视图

## 2．剖面图

（1）发出命令。选择"视图"|"剖面图"命令，在图 10.54 所示的图纸中依次单击①、②、③、④、⑤这 5 个点。其中，①～⑤点的功能见表 10.4 所示。完成之后的效果如图 10.55 所示。其中，图中①处为剖面图标记，图中②、③处为剖面视图。这个剖面视图有点小问题，应该只显示②这个部分，但由于剖切深度过大，显示了多余的③部分，下一步将进一步调整。主要是修改剖切深度，修改至只显示②这个部分。

表 10.4　5 个点的功能

| 点　编　号 | 功　　能 | 备　　注 |
|---|---|---|
| 1→2 | 确定剖切面的位置 | |
| 3→4 | 确定剖切框的位置 | |
| 5 | 剖切视图的位置 | 应选择空白处，与其他图形不产生交织 |

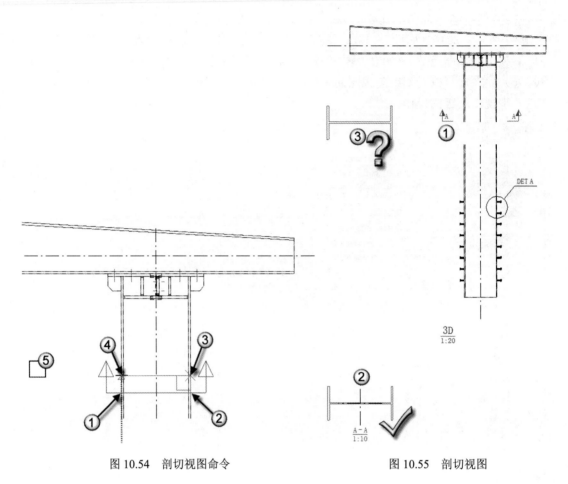

图 10.54　剖切视图命令　　　　　　　图 10.55　剖切视图

（2）修改剖切深度。双击剖面图的图框，在弹出的图 10.56 所示的"视图属性"对话框中，选择"属性"选项（图中①处），在"尺寸"栏中将"Y 最大"值减少到 150 个单位（图中②处），单击"修改"按钮（图中③处），再单击"确认"按钮（图中④处）。然后将剖切视图旋转 90°之后，效果如图 10.57 所示。这一步是视图层级的操作。

（3）剖切部位填充。双击剖面图中的图形对象，弹出"图形零件属性"对话框，如图 10.58 所示。选择"填充"选项卡（图中①处），在"类型"栏中单击 按钮（图中②处），在弹出的"开口"对话框中选择 45°双斜线填充图案（图中③处），这个图案的名称就是 ANSI32（图中④处），在"比例"栏中切换至"自定义"选项（图中⑤处），在 x 向比例中输入 1 个单位（图中⑥处），单击"修改"按钮（图中⑦处），单击"确认"按钮（图中⑧处）。完成之后的剖切图形带有 45°双斜线填充图案，如图 10.59 所示。这一步是对象层级的操作。

⌂注意：我国建筑制图标准规定，剖面比例大于 1：100 时，剖切的图形区域要绘制填充图案，而钢材的填充图案为 45°双斜线。这就是要进行这一步操作的原因。其他材料填充图案的样式，请读者参看相应的规范。

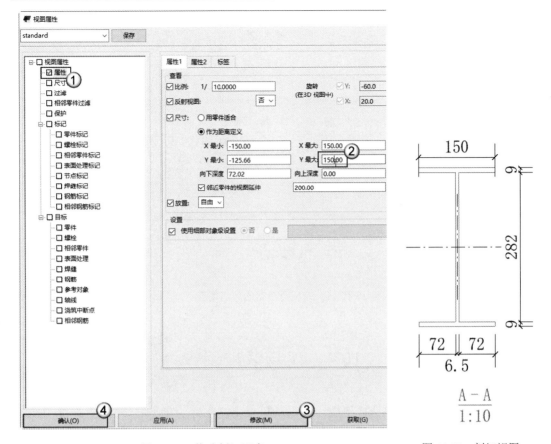

图 10.56　修改剖切深度

图 10.57　剖切视图

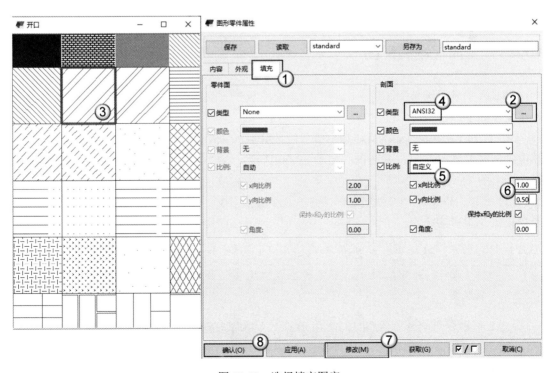

图 10.58　选择填充图案

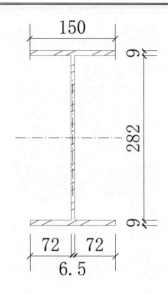

图 10.59　带填充图案的剖切图形

# 10.4　现场装配图

Tekla 中的 GA 图就是现场装配图。钢结构厂家将制作好的各类零件、构件运输到现场之后，安装工人根据现场装配图将这些零构件安装起来，形成钢结构建筑。钢结构现场装配图一般有水平向与垂直向两种。水平向装配图一般是以标高为基准的平面图，垂直向装配图一般是以轴为基准的立面图。

## 10.4.1　生成现场装配图

本节将生成现场装配图，并且将两张装配图放到一张图纸中，形成现场装配多件图。具体操作如下：

（1）发出命令。启动"文档管理器"后，单击"生成整体布置图"按钮（图中①处），弹出"创建整体布置图"对话框，如图 10.60 所示。在"视图"栏中按住 Ctrl 键，依次选择"平面图-标高为：地坪"（图中②处）、"数字轴立面图-轴：1"（图中③处）两个视图，在"选项"栏中选择"创建全部所选视图到一张图纸中"选项（图中④处），单击"创建"按钮（图中⑤处）。

🔔注意：如果在"创建整体布置图"对话框的"选项"栏中选择"每个视图一张图纸"选项（图 10.61 中③处），则不是生成现场装配多件图，而是生成两张独立的现场装配图。

（2）修改图纸名称。在图 10.62 所示的"文档管理器"中选择"GA 图纸"选项（图中①处），可以看到出现了一张现场装配图（图中②处），但是图纸的名称是默认的STANDARD（图中③处），不利于管理图纸，需要修改图纸名称。按 Alt+Enter 键，在弹出的"布置图属性"对话框中的"名称"栏中输入"地坪层与 1 轴现场装配图"字样（图中④处），单击"修改"按钮（图中⑤处），单击"确认"按钮（图中⑥处）。这一步是图纸层级的操作。

图 10.60　创建整体布置图

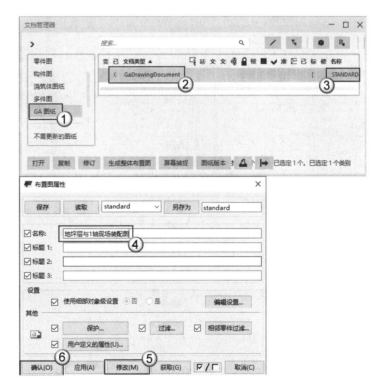

图 10.61　每个视图一张图纸　　　　　　　　图 10.62　修改图纸名称

（3）删除全部标记。在图纸界面下的选择工具栏中只激活"选择图纸中的标记和注释"选项，如图 10.63 所示。在图 10.64 所示的图纸操作区域从右上角向左下角拉框（图中①→②），叉选全部对象。由于设置了选择工具栏，将只会选择标记对象，按 Delete 键将标记对象全部删除。

注意：在生成的现场装配图中，软件会默认对所有显示出来的零构件进行自动标记。这样，图纸会出现密密麻麻的标记，无法清晰地阅读。因此设计师一般是手动对零构件进行标记，哪些对象需要标记，就对那些对象进行标记。

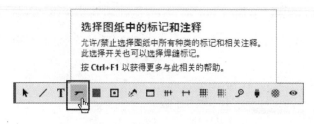

图 10.63　选择图纸中的标记和注释

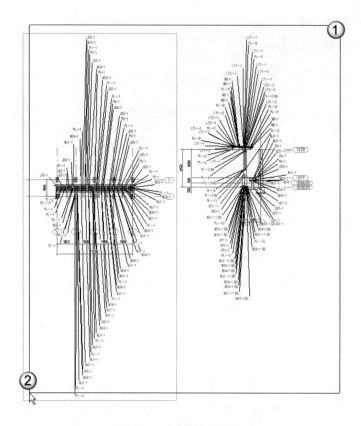

图 10.64　叉选标记对象

（4）设置视图属性。双击两幅装配图中任意一幅图的图框，弹出"视图属性"对话框，如图 10.65 所示。选择"属性"选项（图中①处），再选择"属性 1"选项卡（图中②处），在"比例"栏中输入 25（图中③处），即比例为 1/25（或 1:25），在"向下深度"栏中输入 100 个单位（图中④处），在"向上深度"栏中也输入 100 个单位（图中⑤处），在模板栏中输入"现场装配图"字样（图中⑥处），单击"保存"按钮（图中⑦处），这个模板要给另一个视图使用，单击"修改"按钮（图中⑧处），单击"确认"按钮（图中⑨处）。这一步是视图层级的操作。

🔍注意：图 10.65 是在图纸界面中的"视图属性"对话框。返回模型界面后，同样也是进入"视图属性"对话框，如图 10.66 所示。这两幅图中的④与⑤是一一对应的，即图 10.65 中的"向下深度"选项（④处）与图 10.66 中的"向下"选项（④处）对应，图 10.65 中的"向上深度"选项（⑤处）与图 10.66 中的"向上"选项（⑤

处）对应。在这两个界面的任意一个界面中修改向上、向下参数的效果是一样的。

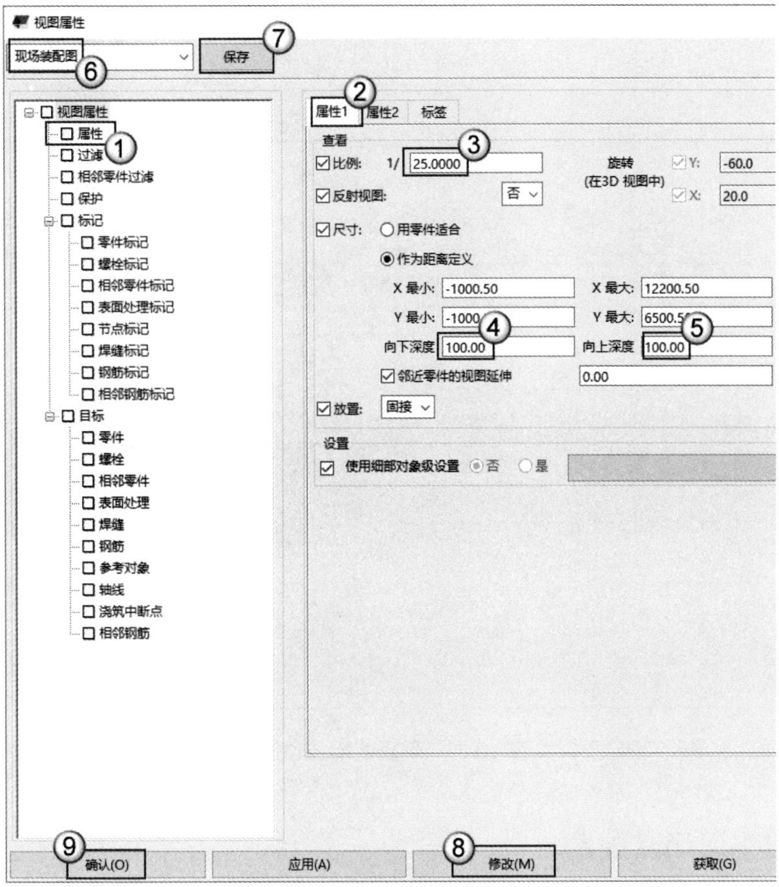

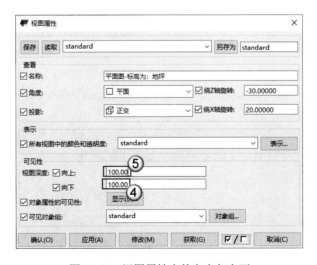

图 10.65　设置视图属性

图 10.66　视图属性中的向上与向下

完成之后的现场装配多件图的效果，如图 10.67 所示。下一节将介绍如何对这个现场装配多件图进行调整。

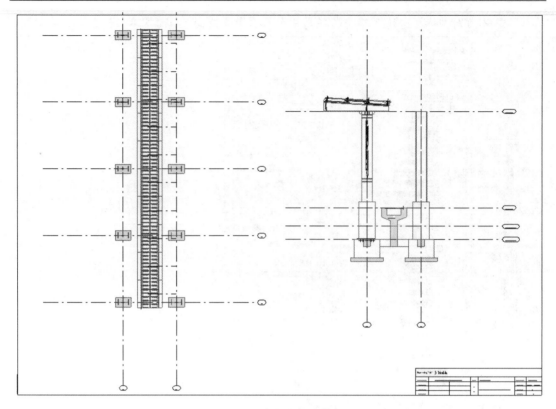

图 10.67　现场装配多件图

## 10.4.2　调整现场装配图

本节介绍现场装配图的调整方法，主要包括调整轴网、设置标记样式、零件标记三个方面。第（1）步是在对象层级完成，第（2）步是在图纸层级完成。具体操作如下：

（1）调整轴网。如图 10.68 所示，选择一个装配图中的轴网，激活轴网中的点控柄，按住 Alt 键不放，从左上角向右下角拉框（图中①→②处），这样会选择到位于 A、B 轴上的两个点控柄，如图 10.68 所示。向上拖曳两个点控柄，如图 10.69 所示。使用同样的方法，将两张装配图中的轴网皆调整好，使网轴变得紧凑，不占用过多的图纸空间，效果如图 10.70 所示。

（2）设置标记样式。双击图纸空白处，弹出"布置图属性"对话框，如图 10.71 所示。在"标记"栏中单击"零件标记"按钮（图中①处），弹出"布置图-零件标记属性"对话框。在"内容"栏中切换至"主零件"选项（图中②处），在"标记中的零件"栏中选择"零件位置"选项（图中③处），单击"删除"按钮（图中④处），选择"名称"选项（图中⑤处），单击"添加"按钮（图中⑥处），在"标记中的零件"栏中选择"名称"选项（图中⑦处），在"字体"栏中单击"选择"按钮（图中⑧处），在弹出的"字体"对话框中选择"仿宋"字体（图中⑨处），单击"修改"按钮（图中⑩处）。在图 10.72 所示的"内容"栏中切换至"次零件"选项（图中①处），选择"名称"选项（图中②处），单击"添加"按钮（图中③处），在"标记中的零件"栏中选择"名称"选项（图中④处），在"字体"栏中单击"选择"按钮（图中⑤处），弹出"字体"对话框。选择"仿宋"字体（图中⑥处），单击"确定"按钮（图中⑦处），单击"修改"按钮（图中⑧处），再单击"确认"按钮（图中⑨处）完成设置。

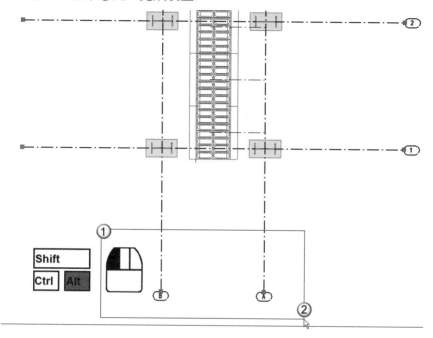

图 10.68　选择点控柄

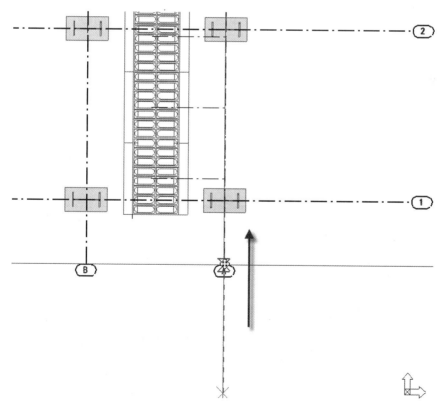

图 10.69　向上拖曳点控柄

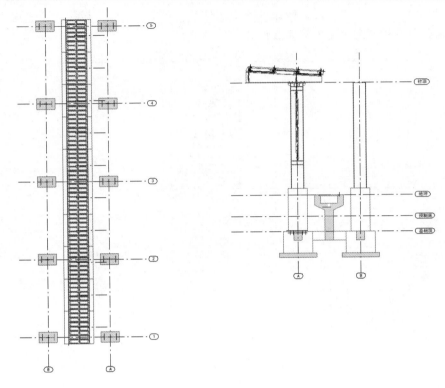

图 10.70    紧凑的轴网

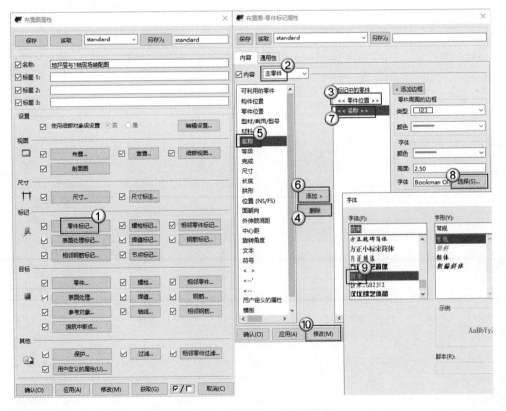

图 10.71    设置主零件标记样式

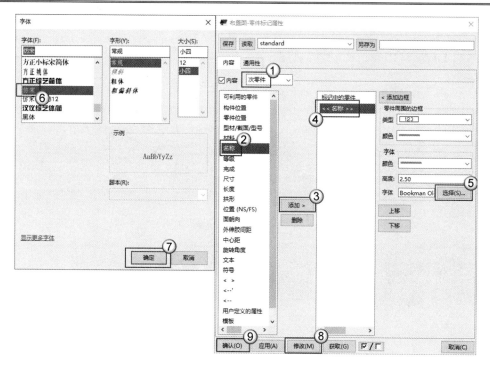

图 10.72　设置次零件标记样式

（3）零件标记。在图 10.73 所示的现场装配图的平面图中，按住 Shift 键不放，依次选择地柱（图中①处）、钢柱（图中②处）、排水算子（图中③处）、预制排水沟（图中④处）4 个对象，选择"注释"|"零件标记"|"为所选零件"命令，软件会自动为其标记。在图 10.74 所示的现场装配图的立面图中，按住 Shift 键不放，依次选择钢梁（图中①处）、隔撑（图中②处）、隔撑板（图中③处）、屋檩条（图中④处）、840 波形采光板（图中⑤处）5 个对象，选择"注释"|"零件标记"|"为所选零件"命令，软件会自动为其标记。

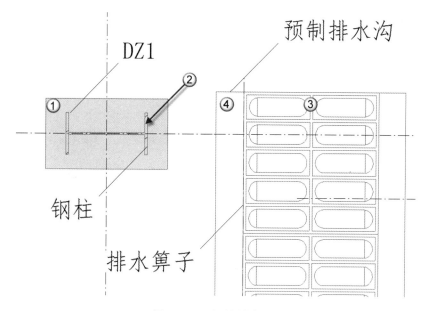

图 10.73　平面图的标记

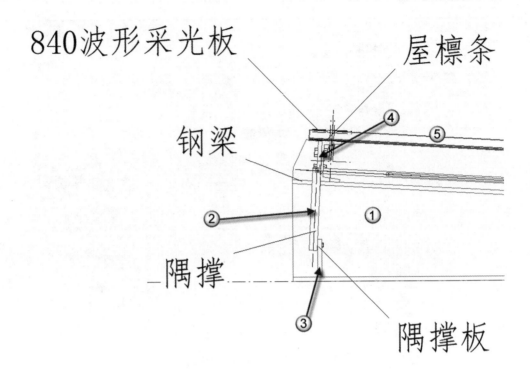

图 10.74 立面图的标记

# 附录 A　Tekla 中的常用快捷键

在使用 Tekla 时，需要使用快捷键进行操作，从而提高设计、建模、出图和修改的效率。Tekla 的快捷键大体上有 4 种表现形式：以单个英文字母（如 O 表示正交）作为快捷键，以键盘上的功能键 F1～F12（如 F2 表示全部选择）作为快捷键，以键盘上的功能键 Pagedown、Pageup、Home 和 Insert 等作为快捷键（如 Home 表示恢复原始尺寸），以 Ctrl、Alt、Shift+按键的组合（如 Ctrl+G 表示选择过滤器，Ctrl+1 表示以线框形式显示零件，Alt+Enter 表示属性）作为快捷键。

建议读者从本书的学习中养成用快捷键操作 Tekla 的习惯。表 A.1 中给出了 Tekla 常用的快捷键使用方式，方便读者查阅。Tekla 的中文命令翻译一直在变，各个版本的翻译会有一些出入，因此表中增加了"其他中文翻译"栏，帮助读者更好地理解相应的命令。

表A.1　Tekla中的常用快捷键

| 类　　别 | 快　捷　键 | 命　令　名　称 | 其他中文翻译 | 备　　注 |
|---|---|---|---|---|
| 常规 | Ctrl+N | 新建 | | |
| | Ctrl+O | 打开（模型界面） | | |
| | Ctrl+Q | 快速启动 | | ■ |
| | Ctrl+S | 保存 | | ■ |
| | Ctrl+Z | 撤销 | | ■ |
| | Ctrl+Y | 重复 | | ■ |
| | Delete | 删除 | | ■ |
| | Esc | 中断 | | ■ |
| | Enter | 重复最后一次的命令 | | ■ |
| | F1 | 在线帮助 | | |
| 捕捉 | F4 | 捕捉到参考线/点 | | |
| | F5 | 捕捉到几何线/点 | | |
| | F6 | 捕捉到最近点（线上点） | | |
| | F7 | 捕捉到任何位置 | 捕捉到任意位置 | |
| | F9 | 捕捉到延长线 | | ★ |
| | F12 | 捕捉到线 | 捕捉到线和边缘 | ★ |
| | Tab | 向前循环捕捉点 | | |
| | Shift+Tab | 向后循环捕捉点 | | |
| | X | 锁定X（沿Y方向移动） | | ■ |
| | Y | 锁定Y（沿X方向移动） | | ■ |

| 类　别 | 快　捷　键 | 命　令　名　称 | 其他中文翻译 | 备　注 |
|---|---|---|---|---|
| 捕捉 | Z | 锁定Z（沿XY平面移动） | | |
| | O | 正交 | | ■ |
| | Ctrl+F7 | 捕捉交点-覆盖 | 捕捉交点-优先 | ★ |
| | Ctrl+F8 | 捕捉中点-覆盖 | 捕捉中点-优先 | ★ |
| | Ctrl+F9 | 捕捉端点-覆盖 | 捕捉端点-优先 | ★ |
| | Ctrl+F10 | 捕捉垂足点-覆盖 | 捕捉垂足点-优先 | ★ |
| | Ctrl+F11 | 捕捉中心点-覆盖 | 捕捉圆心点-优先 | ★ |
| 选择 | S | 智能选择 | 灵巧选择 | ■ |
| | Ctrl+G | 选择过滤器 | | ■ |
| | Shift+选择对象 | 添加到选择区域 | | |
| | Ctrl+选择对象 | 添加或剔除选择区域 | | |
| | F2 | 选择全部 | 全选 | |
| | F3 | 选择零件 | | |
| | Alt+对象 | 选择构件 | | |
| | H | 翻转高亮显示 | 悬停高亮显示 | |
| | Ctrl+A | 选择所有对象 | | |
| | Shift+H | 隐藏对象 | | |
| 查询 | Shift+I | 查询目标 | | ■ |
| | F | 测量距离 | 自由标注尺寸 | ■ |
| | Ctrl+K | 上下文工具栏 | 迷你工具栏 | |
| 打开面板 | Alt+Enter | 属性 | | ■ |
| | Ctrl+E | 高级选项 | | ■ |
| | Ctrl+F | 应用程序和组件 | | |
| | Ctrl+B | 创建报告 | 创建报表 | |
| | Ctrl+H | 状态管理器 | | |
| | Ctrl+L | 文档管理器 | 图纸列表 | |
| | Shift+D | 定义自定义组件 | 用户单元快捷方式 | ★ |
| 建模 | L | 创建梁 | 钢梁 | ★ |
| | B | 创建板 | 压型板 | ★ |
| | K | 创建项 | | ★ |
| | E | 添加辅助线 | 增加辅助线 | ★ |
| | I | 创建螺栓 | | ★ |
| | J | 在零件间创建焊接 | | ★ |
| | Ctrl+X | 创建辅助面 | 增加辅助平面 | ★ |
| 编辑 | Ctrl+D | 拖拉 | 拖和拉 | ★ |
| | D | 直接修改 | | |
| | Ctrl+C | 复制 | | ■ |

续表

| 类　　别 | 快　捷　键 | 命　令　名　称 | 其他中文翻译 | 备　注 |
|---|---|---|---|---|
| 编辑 | Ctrl+M | 移动 | | ■ |
| | Ctrl+J | 创建自动连接 | | |
| | C | 线性的选择性复制 | 复制-线性的 | ★ |
| | W | 旋转的选择性镜像 | 镜像-复制 | ★ |
| | Q | 选择性移动旋转 | 移动-旋转 | ★ |
| | Shift+C | 选择性复制到另一个平面 | 复制到另一个平面 | ★ |
| | Shift+E | 移动到另一个平面 | | ★ |
| | Shift+Q | 复制-旋转 | | ★ |
| | Shift+S | 复制到另一个对象 | | ★ |
| | Shift+W | 线性的选择性移动 | 移动-线性的 | ★ |
| | Backspace | 撤销最后一次多边形切割 | 撤销上次多边形的边 | |
| | Space | 结束多边形输入 | | |
| 零件表示法 | Ctrl+1 | 线框表示 | | |
| | Ctrl+2 | 阴影线框表示 | | |
| | Ctrl+3 | 隐藏线 | | |
| | Ctrl+4 | 渲染 | | |
| | Ctrl+5 | 只显示被选择的 | | |
| 节点表示法 | Shift+1 | 线框表示 | | |
| | Shift+2 | 阴影线框表示 | | |
| | Shift+3 | 隐藏线 | | |
| | Shift+4 | 渲染 | | |
| | Shift+5 | 只显示被选择的 | | |
| 输入数字 | R/@ | 相对 | | ■ |
| | A/$ | 绝对 | | ■ |
| | G/! | 广义 | 全局坐标 | |
| 视图 | P | 平移 | | ■ |
| | Shift+M | 中间按钮平移 | 切换中键平移 | ■ |
| | →/←/↑/↓ | 视图向右/向左/向上/向下移动 | | ■ |
| | Insert | 用鼠标确定中心 | 以鼠标指针为视图中心 | ■ |
| | Home | 恢复原始尺寸 | 视图最大化显示对象 | ■ |
| | End | 恢复原始视图 | 恢复上一个视图 | ■ |
| | Pageup | 放大 | | ■ |
| | Pagedown | 缩小 | | ■ |
| | Ctrl+R | 使用鼠标旋转 | | ■ |
| | Ctrl+↑/↓ | 绕Z轴旋转±15° | | ■ |
| | Ctrl+→/← | 绕X轴旋转±15° | | ■ |
| | Shift+↑/↓ | 绕Z轴旋转±5° | | ■ |

续表

| 类　别 | 快　捷　键 | 命　令　名　称 | 其他中文翻译 | 备　注 |
|---|---|---|---|---|
| 视图 | Shift+→/← | 绕X轴旋转±5° | | ■ |
| | Ctrl+Tab | 视图切换 | 窗口切换 | |
| | Ctrl+I | 视图列表 | 模型视图列表 | ■ |
| | Shift+X | 创建切割面 | 创建夹板平面 | |
| | Ctrl+P | 切换3D/平面 | 三维与平面视图切换 | |
| | V | 设置视图点 | 设置视图旋转点 | ■ |
| | Ctrl+中键 | 旋转视图 | | |
| | Ctrl+Shift+中键 | 自动旋转中心（旋转视图） | | |
| | F8 | 禁用视图旋转 | | ■ |
| | Shift+F | 漫游（在透视视图中） | 巡视 | ■ |
| | Shift+R | 一个圆形物（旋转） | 旋转一圈 | |
| | Shift+T | 继续（旋转） | 连续 | |
| | T | 垂直平铺 | | ★▲ |
| | Shift+Z | 在视图面上设置工作平面 | | ★ |
| | Ctrl+F2 | 由两点创建视图 | 使用两点创建模型视图 | ★ |
| | Ctrl+F3 | 由三点创建视图 | 使用三点创建模型视图 | ★ |
| | Ctrl+F4 | 关闭当前视图 | | ◆■ |
| | M | 重画视图 | 重画当前视图 | ★ |
| | Shift+F2 | 使用工作平面工具 | 设置工作平面 | ★ |
| | Shift+F3 | 生成工作平面视图 | 在工作平面上创建视图 | ★ |
| | Shift+F4 | 缩放选中的对象 | | ★ |
| | N | 全部重画 | 重画所有视图 | ★ |
| 图纸常规 | Ctrl+O | 文档管理器 | 图纸列表 | |
| | Shift+A | 切换关联符号 | | |
| | Ctrl+U | 更新（视口） | | |
| | Ctrl+W | 自动生成图纸 | | |
| | Shift+G | 虚外框线 | | |
| | G | 增加直角尺寸 | 标注正交尺寸 | |
| | B | 周期颜色模型 | 切换图纸中图形的颜色 | |
| | Ctrl+Pageup | 打开之前的图纸 | 打开前一张图纸 | |
| | Ctrl+PageDown | 打开下一个图纸 | | |
| | Shift+P | 打印图纸 | | |
| 图纸UCS | U | 设置UCS原点 | | |
| | Shift+U | 两点设置 | | |
| | Ctrl+T | 切换UCS方向 | | |
| | Ctrl+1 | 重置当前UCS | | |
| | Ctrl+0 | 重置所有UCS | | |

续表

| 类　　别 | 快　捷　键 | 命　令　名　称 | 其他中文翻译 | 备　　注 |
|---|---|---|---|---|
| 图纸列表 | Alt+U | 打开用户定义的属性 | | |
| | Ctrl+M | 添加到主图纸目录 | | |
| | Ctrl+R | 修订 | | |

注意：
- Tekla 的操作界面分为模型界面与图纸界面，表 A.1 中带■的命令表示模型界面与图纸界面皆可以使用快捷键；
- 表 A.1 中带★的命令表示该命令需要读者自定义快捷键；
- 表 A.1 中带▲的命令表示该命令只能在单屏幕下运行；
- 表 A.1 中带◆的命令表示该命令是 Windows 命令。

笔者自定义快捷键的原则是：
- 自定义的快捷键与软件默认的快捷键不冲突；
- 使用软件没有指定的字母作为快捷键；
- 使用 Shift+F2～F4、Ctrl+F2/F3、Ctrl+F7～F11 组合键作为快捷键；
- 使用 Shift+左手英文字母组合键作为快捷键；
- 运用 Ctrl+英文字母组合键作为快捷键；
- 不使用 Alt+类型的快捷键（因为与 Windows 10 系统有冲突）。

自定义快捷键的方法是，选择"菜单"|"设置"|"快捷键"命令，或直接按 Ctrl+Shift+C 快捷键，将弹出"快捷键"对话框，如图 A.1 所示。选择需要设置快捷键的命令（图中①处），单击"请输入快捷方式弦"按钮（图中②处），在键盘上按下相应的快捷键，单击"分配"按钮（图中③处），此时可以看到，在这个命令的右侧已经设置好了快捷键（图中④处）。

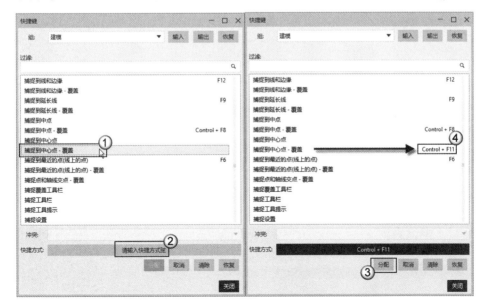

图 A.1　自定义快捷键

导出设置好的快捷键的方法是，在图 A.2 所示的"快捷键"对话框中，单击"输出"

按钮（图中①处），在弹出的"另存为"对话框中找到保存文件的位置，单击"保存"按钮（图中②处）。默认的保存快捷键文件的名称为"快捷径"，文件类型为 XML 文件。

图 A.2 导出快捷键

如果不想一个一个地自定义快捷键，也可以导入笔者提供的快捷键。在图 A.3 所示的"快捷键"对话框中，单击"输入"按钮（图中①处），在弹出的"打开"对话框中找到配套下载资源中的"快捷键"文件夹（图中②处），选择"快捷径"文件（图中③处），单击"打开"按钮（图中④处）。如果想恢复软件默认的快捷键，单击"恢复"按钮（图中⑤处）即可。

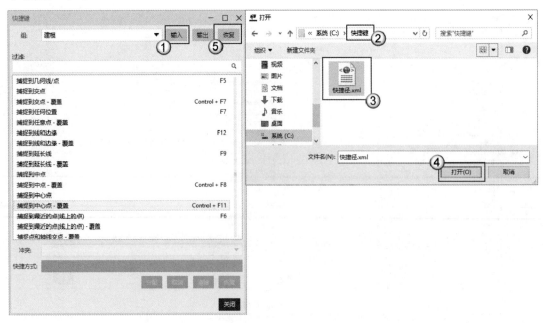

图 A.3 导入配套下载资源中的快捷键

在配套下载资源的"快捷键"目录下还提供了"Tekla 快捷键"的 JPG 图片格式的文件，如图 A.4 所示。读者可以将这个文件复制到手机中，利用空余的时间记忆快捷键。

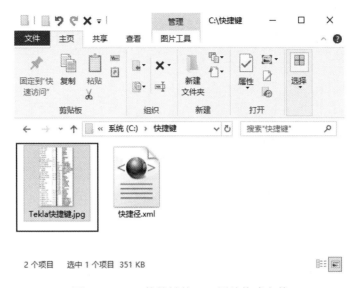

图 A.4　Tekla 快捷键的 JPG 图片格式文件

# 附录 B　钢结构设计图纸

图纸目录

🔔注意：图中未注明的焊缝一律为角焊缝，焊缝高度为 5mm，一律满焊。

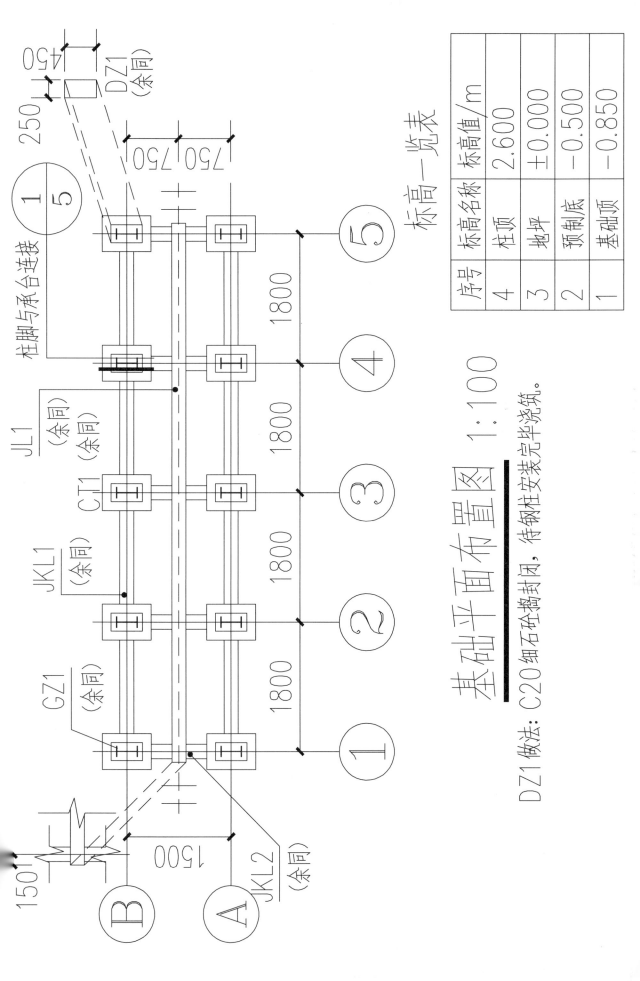

基础平面布置图 1:100

DZ1 做法：C20 细石砼捣封闭，待钢柱安装完毕浇筑。

| 序号 | 标高名称 | 标高值/m |
| --- | --- | --- |
| 4 | 柱顶 | 2.600 |
| 3 | 地坪 | ±0.000 |
| 2 | 预制底 | −0.500 |
| 1 | 基础顶 | −0.850 |

标高一览表

柱脚与承台连接 1/5

DZ1（余同）

JL1（余同）

CT1（余同）

JKL1（余同）

GZ1（余同）

JKL2（余同）

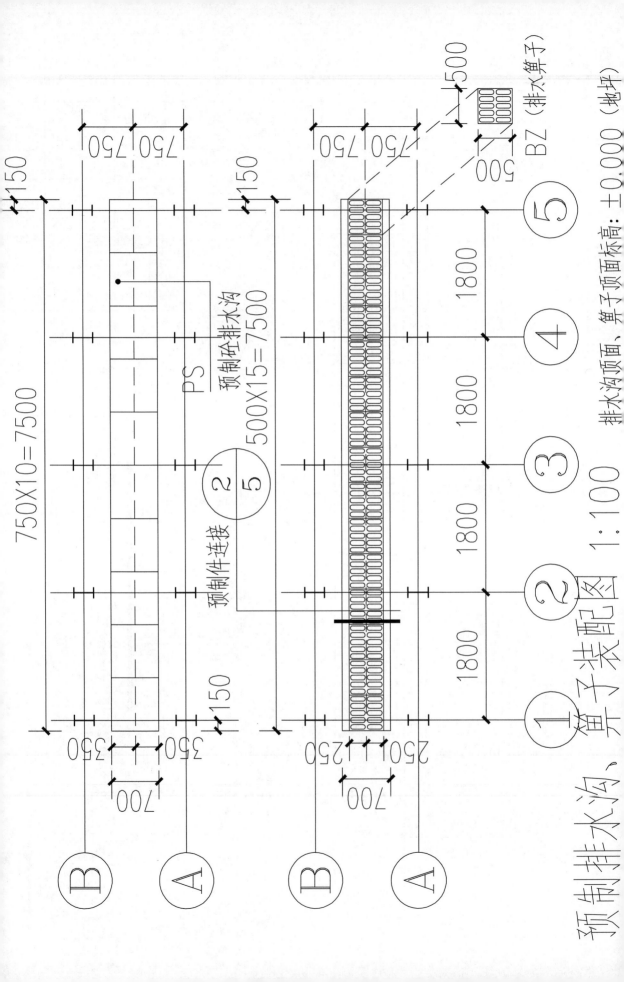

预制排水沟、箅子洪装配图 1:100

排水沟顶面、箅子顶面标高：±0.000（地坪）

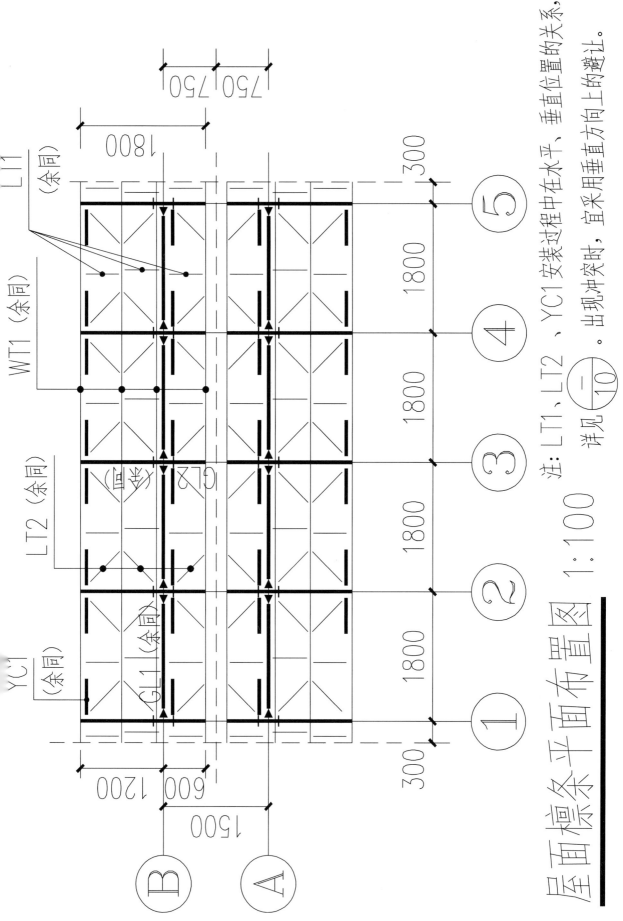

屋面檩条平面布置图 1:100

注：LT1、LT2、YC1 安装过程中在水平、垂直位置的关系，出现冲突时，宜采用垂直方向上的避让。详见 $\frac{-}{10}$。

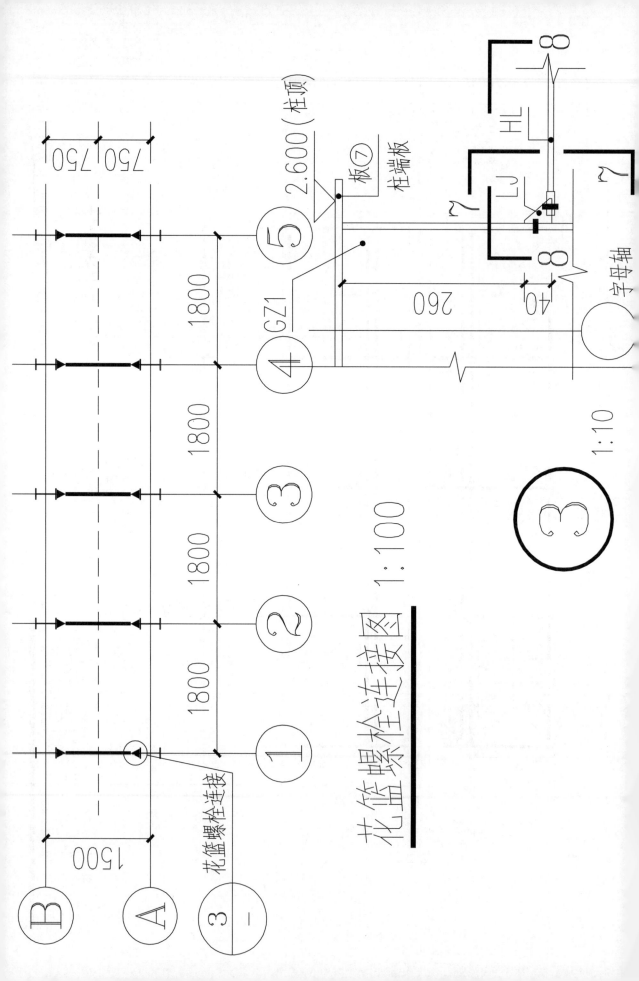

花篮螺栓连接图 1:100

花篮螺栓连接

1500

2.600（柱顶）

板⑦

柱端板

GZ1

HL

LJ

260

40

字母梯

1:10

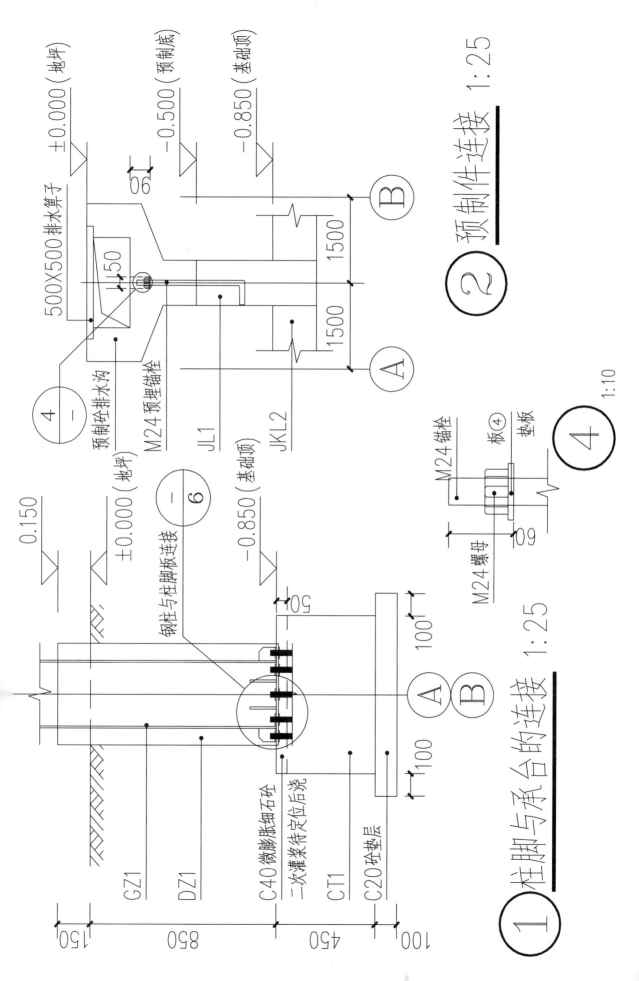

500×500 排水箅子

150

90

±0.000（地坪）

−0.500（预制底）

−0.850（基础顶）

预制砼排水沟

M24 预埋锚栓

JL1

JKL2

1500

1500

Ⓐ Ⓑ

④／－

② 预制件连接 1:25

0.150

±0.000（地坪）

钢柱与柱脚板连接

－／6

−0.850（基础顶）

50

100

100

Ⓐ Ⓑ

M24 锚栓

板④

垫板

M24 螺母

60

④ 1:10

GZ1

DZ1

C40 微膨胀细石砼

二次灌浆待定位后浇

CT1

C20 砼垫层

① 柱脚与承台的连接 1:25

150

850

450

100

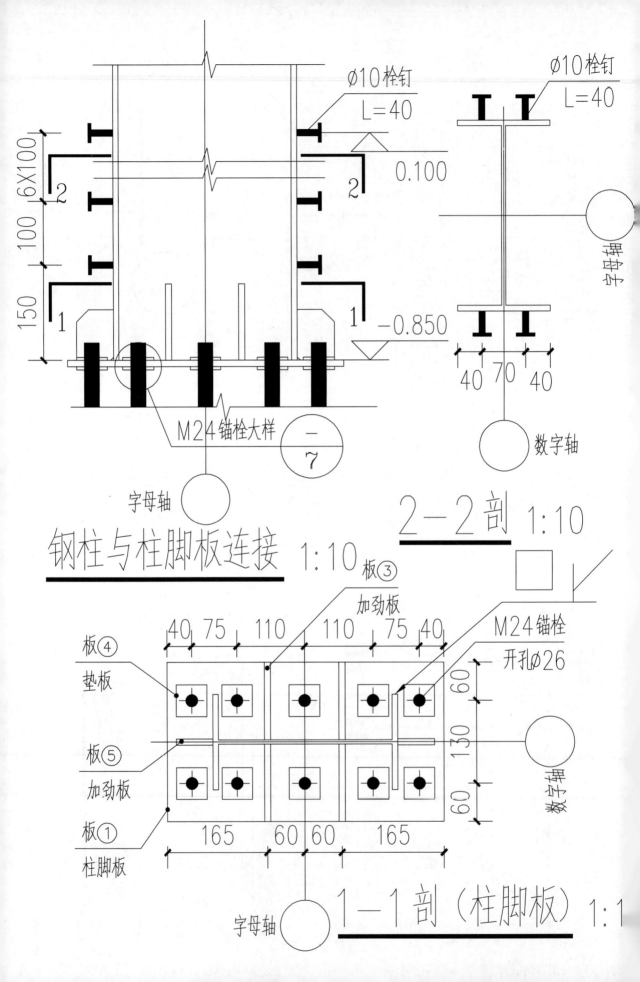

∅10栓钉
L=40

∅10栓钉
L=40

6×100
100
150

0.100

−0.850

数字轴

M24锚栓大样  $\dfrac{-}{7}$

字母轴

**钢柱与柱脚板连接** 1:10

**2−2剖** 1:10

40 70 40

数字轴

板③
加劲板

40 75 110 110 75 40

M24锚栓
开孔∅26

板④
垫板

60
130
60

板⑤
加劲板

板①
柱脚板

165 60 60 165

数字轴

字母轴

**1−1剖（柱脚板）** 1:1

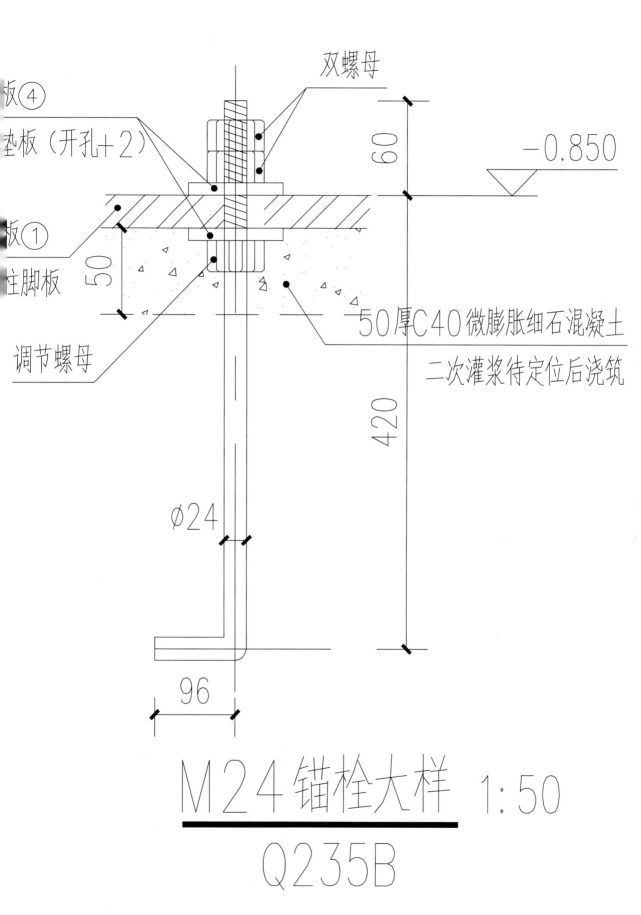

双螺母

板④

垫板（开孔+2）

60

−0.850

板①

50

柱脚板

50厚C40微膨胀细石混凝土

调节螺母

二次灌浆待定位后浇筑

420

⌀24

96

M24锚栓大样　1:50

Q235B

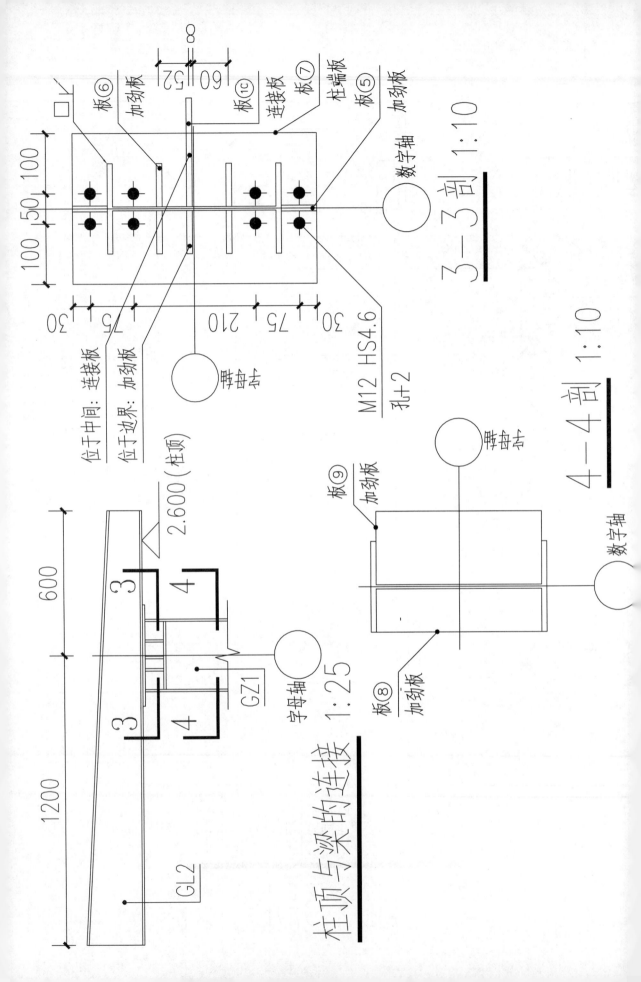

板⑥
加劲板

60 60
52 52
8

位于中间：连接板
位于边界：加劲板

板⑩

连接板

板⑦

柱端板
板⑤
加劲板

100 50 100
100

30 75 210 75 30

螺母拴

数字轴

3—3 剖 1:10

M12 HS4.6
孔+2

板⑨
加劲板

螺母拴

数字轴

4—4 剖 1:10

板⑧
加劲板

600 1200

3 3
4 4

2.600（柱顶）

GZ1

字母轴

GL2

柱顶与梁的连接 1:25

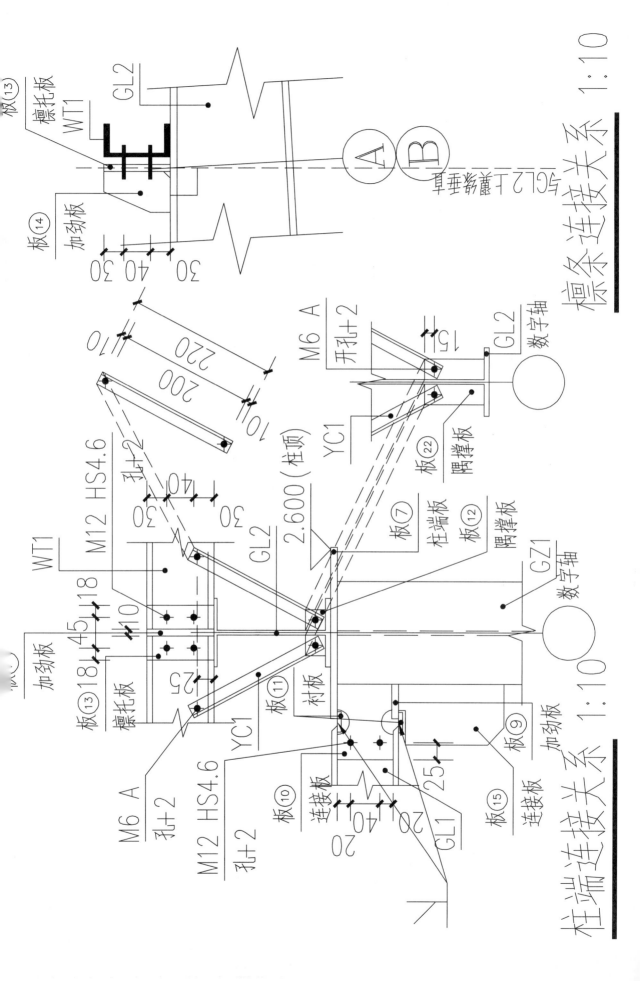

檩条连接关系 1:10

柱端连接关系 1:10

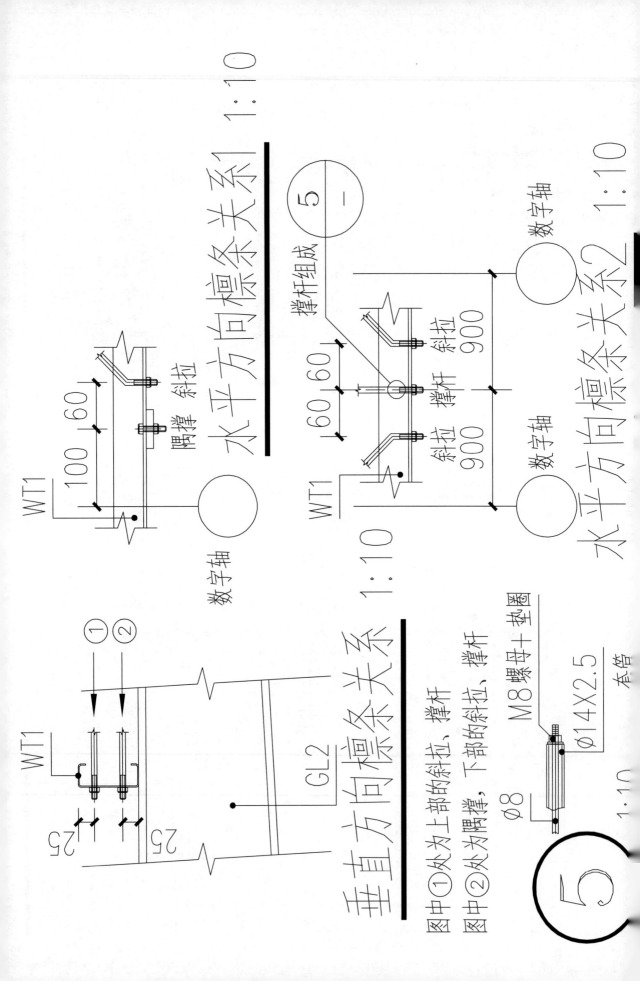

水平方向檩条关系1 1:10

水平方向檩条关系2 1:10

垂直方向檩条关系 1:10

WT1

数字轴

斜拉
隔撑

100 60

WT1

数字轴

数字轴

撑杆组成 ⑤
一

斜拉
撑杆
斜拉

60 60
900
900

WT1

GL2

①
②

25
25

图中①处为上部的斜拉、撑杆
图中②处为隔撑，下部的斜拉、撑杆

M8螺母＋垫圈
Ø14X2.5
套管

Ø8

1:10

⑤

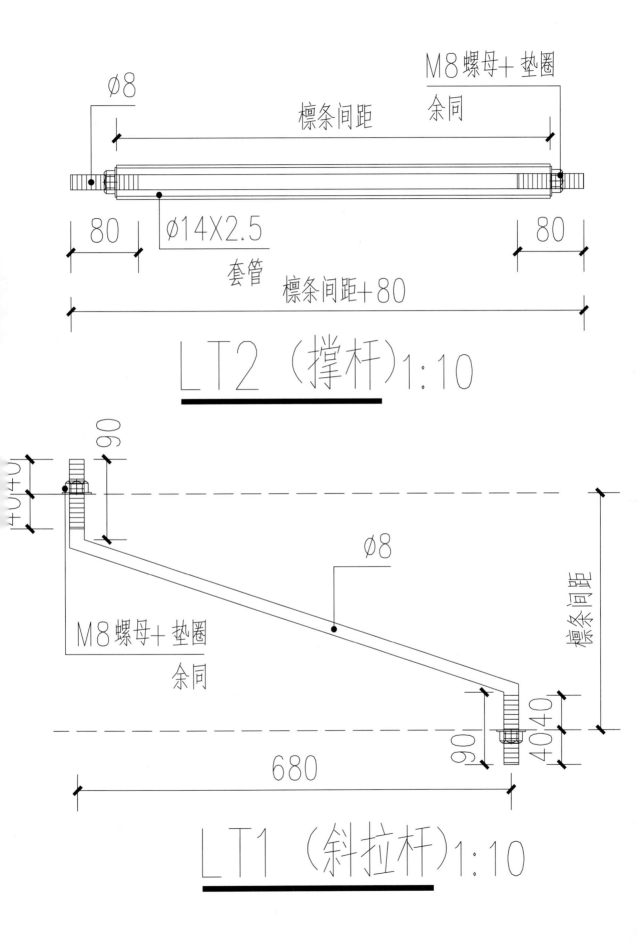

ø8

M8螺母+垫圈

余同

檩条间距

80

ø14X2.5

套管

檩条间距+80

80

# LT2（撑杆）1:10

90

+0+0

ø8

M8螺母+垫圈

余同

檩条间距

40 40

90

680

# LT1（斜拉杆）1:10

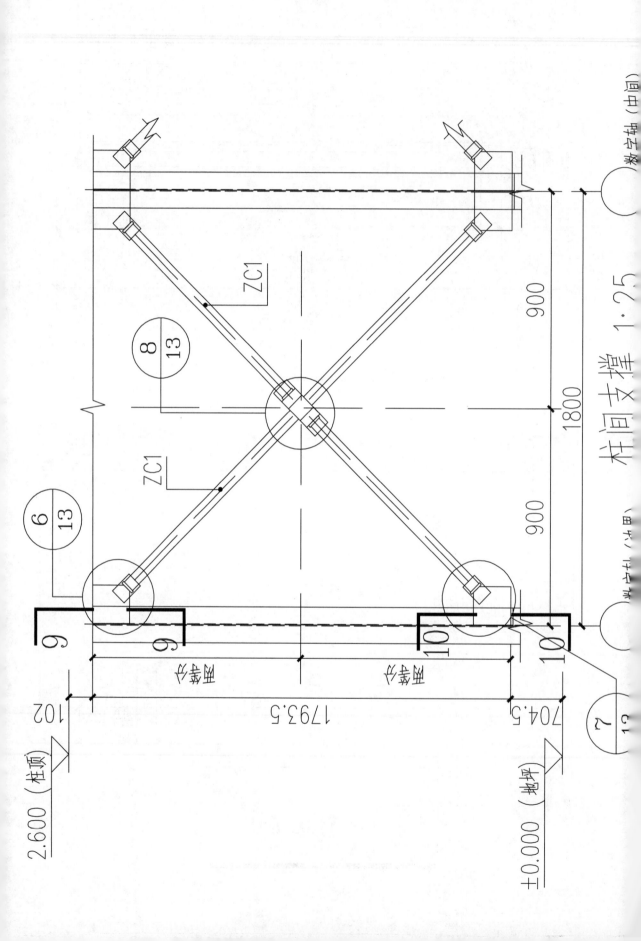

柱间支撑 1:25

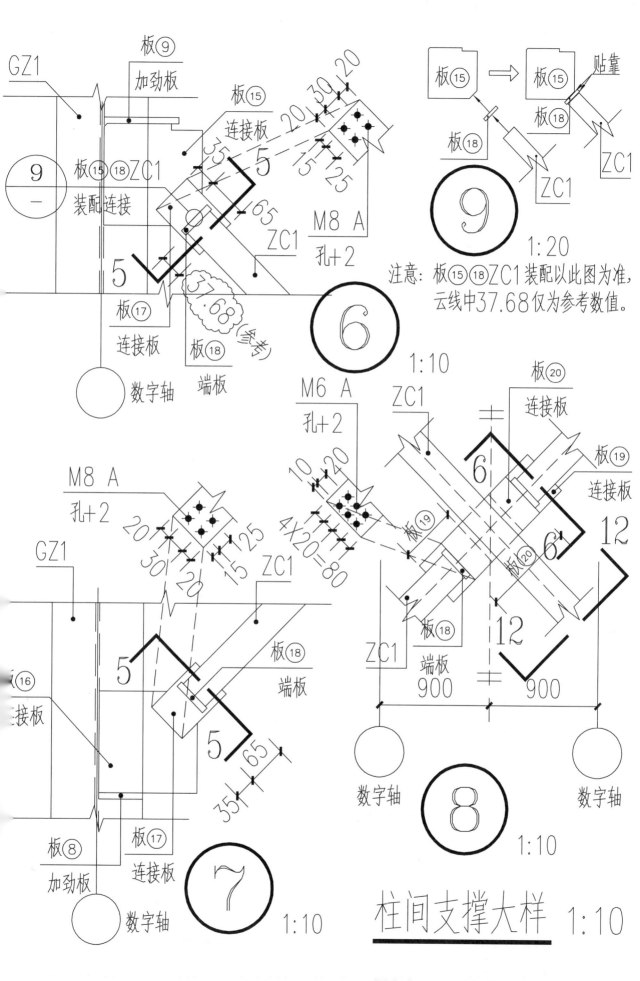

柱间支撑大样　1:10

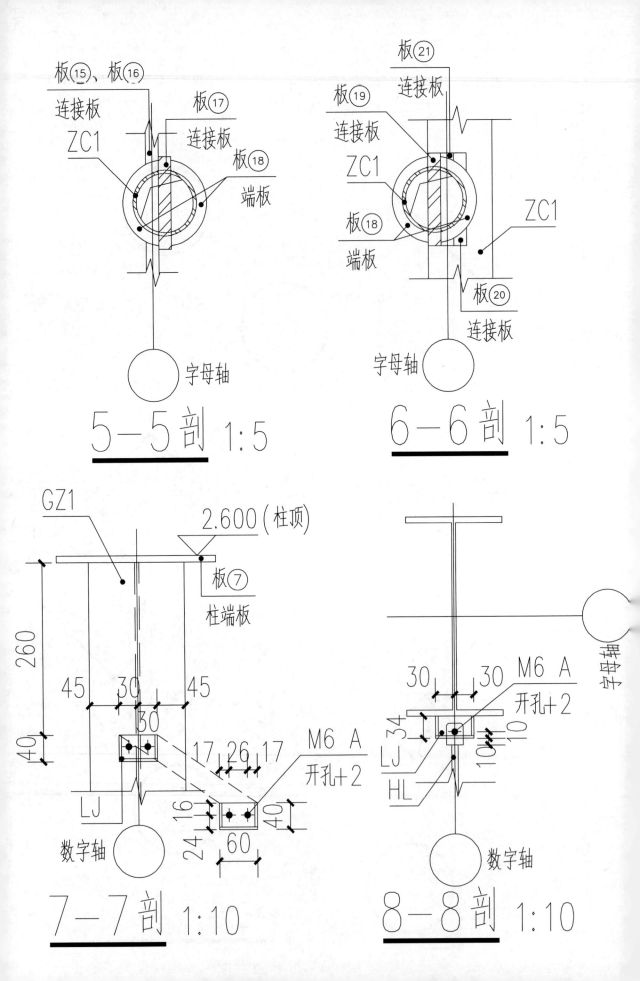

板⑮、板⑯
连接板
ZC1
板⑰
连接板
板⑱
端板
字母轴

**5—5剖** 1:5

板⑲
连接板
ZC1
板⑱
端板
板㉑
连接板
ZC1
板⑳
连接板
字母轴

**6—6剖** 1:5

GZ1
2.600（柱顶）
板⑦
柱端板
260
45 30 45
30
LJ
17 26 17
M6 A
开孔+2
16
24
60
40
数字轴

**7—7剖** 1:10

30 30
M6 A
开孔+2
LJ 34
10 10
HL
字母轴
数字轴

**8—8剖** 1:10

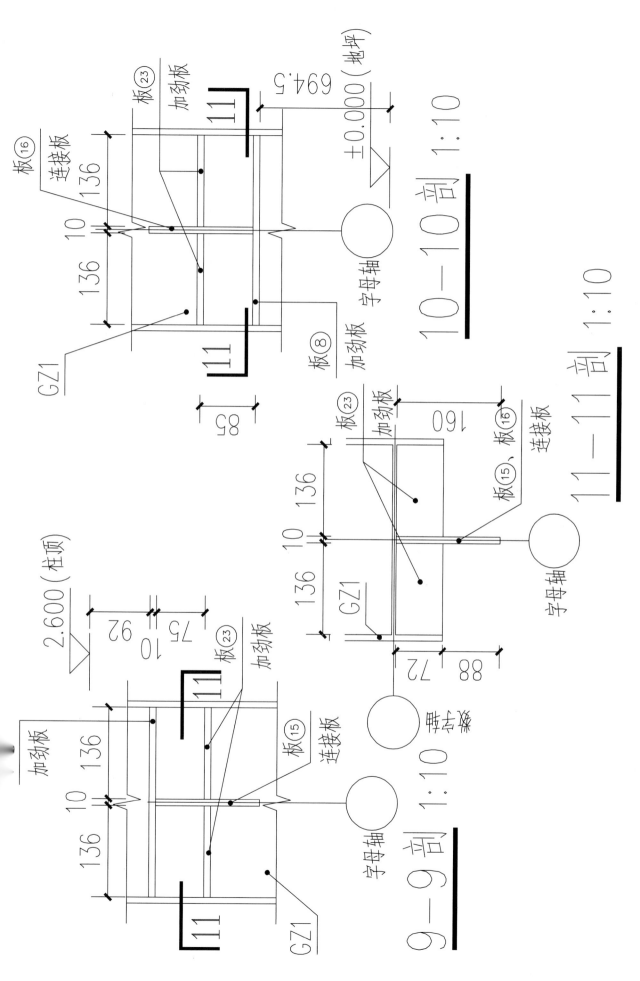

板⑯
连接板
136
10
136
GZ1
板⑧
加劲板
板㉓
加劲板
11
85
694.5
±0.000 (地坪)
11
10—10 剖 1:10

板㉓
加劲板
160
板⑮、板⑯
连接板
136
10
136
GZ1
字母轴
72
88
11—11 剖 1:10

2.600 (柱顶)
75 10 92
加劲板
板㉓
加劲板
11
板⑮
连接板
136
10
136
GZ1
字母轴
加劲板
字母轴
梁节点
9—9 剖 1:10

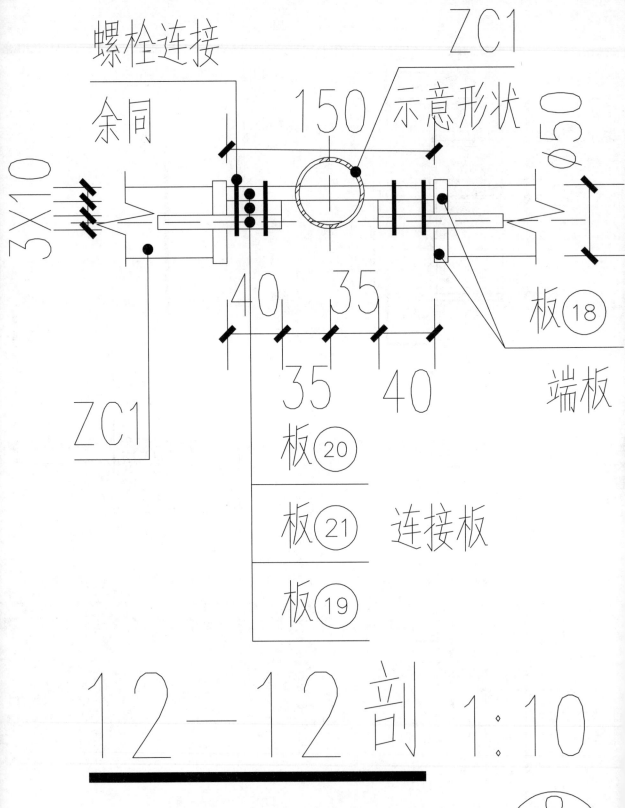

螺栓连接

ZC1

余同

示意形状

150

φ50

3×10

板 ⑱

端板

ZC1

40　35

35　40

板 ⑳

板 ㉑　连接板

板 ⑲

12－12剖　1:10

注：本图中的螺栓具体尺寸详见 ⑧/13

与檩条的连接 (10)
———

30  210  210  210  210  210  30
25

840

840 波形采光板 1:10

马鞍扣
波形采光板
1.5 厚密封条
支架  M4×40
自攻螺钉
M4 垫圈
M4×25
自攻螺钉
WT1
檩条

10
1:2

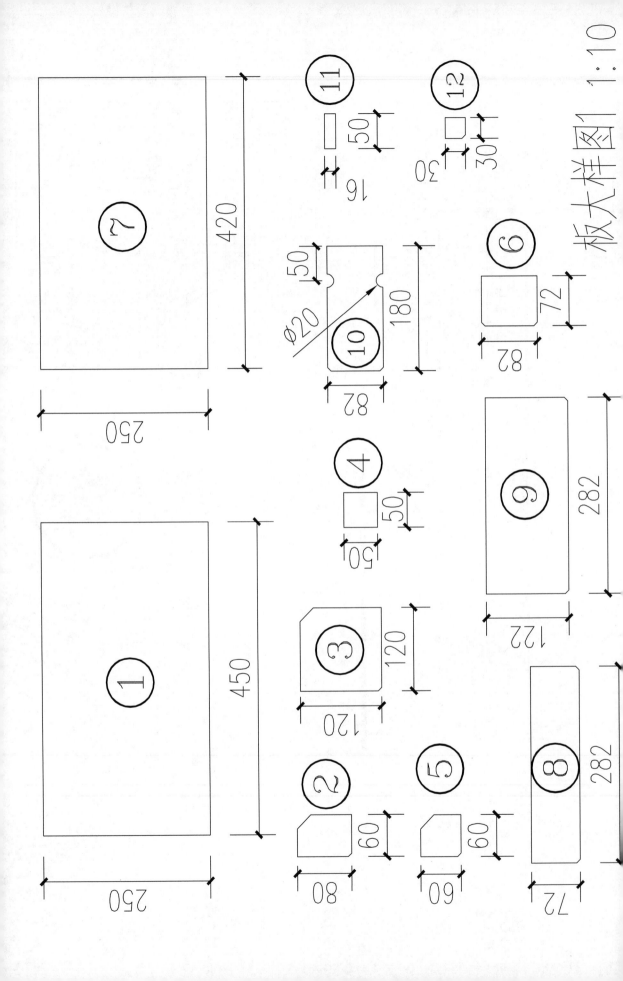

板大样图1 1:10

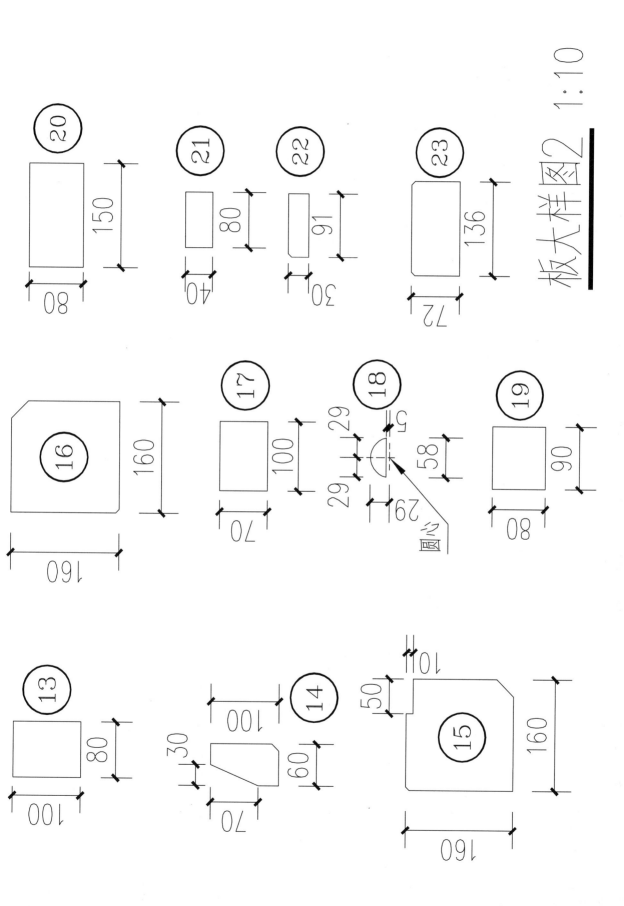

板大样图2 1:10

## 各类构件一览表

| 中文名称 | 代码 | 分类名称 | 截面 | 尺寸 | 材料 | 顶面标高 |
|---|---|---|---|---|---|---|
| 板 | PL | / | PD、P□ | / | Q235B | / |
| 屋檩条 | WT1 | / | C | 10 $t_1$=100、b=48、s=5.3、t=8.5、r1=8.5、r2=4.2 | Q235B | / |
| 隅撑 | YC1 | / | L | 20X4 | Q235B | / |
| 拉条 | LT1 | 斜拉条 | O | ∅8 | Q235B | / |
| 撑杆 | LT2 | 撑杆 | O、◎ | ∅8+∅14X2.5 | Q235B | / |
| 支撑 | ZC1 | 柱间支撑 | ◎ | 50X2.5 | Q235B | 柱顶-0.010 |
| 钢柱 | GZ1 | / | H | 300X150X6.5X9 | Q235B | 柱顶 |
| 钢梁 | GL1 | / | H | 100X50X5X7 | Q235B | / |
| 变截面 | GL2 | 变截面 | H | 250~150X100X8X10 | Q235B | / |
| 承台 | CT1 | / | □ | 长:700、宽:500、高:450 | C40 | 基础顶 |
| 地柱 | DZ1 | / | □ | 长:450、宽:250、高:1000 | C20 | 0.150 |
| 基础梁 | JKL1 | 框架梁 | □ | 200X200 | C40 | 基础顶 |
| 基础梁 | JKL2 | 框架梁 | □ | 200X200 | C40 | 基础顶 |
| 基础梁 | JL1 | 次梁 | □ | 200X550 | C40 | 预制底 |

## 各类预制件一览表

| 代码 | 中文名称 | 材料 | 密度(kg/m³) |
|---|---|---|---|
| PS | 排水沟 | C40 | / |
| BZ | (排水)箅子 | 铸铁 | 7430 |
| M24 | 锚栓 | Q235B | / |
| M4X40 | 自攻螺钉 | 304不锈钢 | 7930 |
| M4X25 | 自攻螺钉 | 304不锈钢 | 7930 |
| M4 | 垫圈 | 304不锈钢 | 7930 |
| M8 | 螺母+垫圈 | 304不锈钢 | 7930 |
| ZJ | 支架 | 304不锈钢 | 7930 |
| MA | 马鞍扣 | 304不锈钢 | 7930 |
| PB | 840波形采光板 | FRP | 1850 |
| LJ | 连接件 | 304不锈钢 | 7930 |
| HL | 花篮螺丝 | 304不锈钢 | 7930 |

## 各类板一览表

| 板编号 | 板厚/mm | 长X宽/mm | 板类型 | 切角/mm |
|---|---|---|---|---|
| ① | 10 | 450X250 | 柱脚板 | / |
| ② | 10 | 80X60 | 加劲板 | 20、5 |
| ③ | 10 | 120X120 | 加劲板 | 20、5 |
| ④ | 5 | 50X50 | 垫板 | / |
| ⑤ | 10 | 60X60 | 加劲板 | 20、5 |
| ⑥ | 10 | 72X82 | 加劲板 | 5、5 |
| ⑦ | 10 | 420X250 | 柱端板 | 5、5 |
| ⑧ | 10 | 282X72 | 加劲板 | 5、5 |
| ⑨ | 10 | 282X122 | 加劲板 | 5、5 |
| ⑩ | 10 | 180X82 | 连接板 | 5、5 |
| ⑪ | 4 | 50X16 | 衬板 | / |
| ⑫ | 10 | 30X30 | 隅撑板 | 5 |
| ⑬ | 10 | 80X100 | 檩托板 | / |
| ⑭ | 10 | 60X100 | 加劲板 | 10 |
| ⑮ | 10 | 160X160 | 连接板 | 25、5 |
| ⑯ | 10 | 160X160 | 连接板 | 25、5 |
| ⑰ | 10 | 100X70 | 连接板 | / |
| ⑱ | 10 | ∅58(半圆) | 端板 | / |
| ⑲ | 10 | 90X80 | 连接板 | / |
| ⑳ | 10 | 150X80 | 连接板 | / |
| ㉑ | 10 | 80X40 | 连接板 | / |
| ㉒ | 10 | 91X30 | 隅撑板 | 5 |
| ㉓ | 10 | 91X30 | 加劲板 | 5、5 |